1982—2017年
中国绿色植被覆盖变化的格局与影响

中国环境监测总站
中国科学院地理科学与资源研究所
编著

中国环境出版集团·北京

图书在版编目（CIP）数据

1982—2017 年中国绿色植被覆盖变化的格局与影响/中国环境监测总站，中国科学院地理科学与资源研究所编著. —北京：中国环境出版社，2020.12
ISBN 978-7-5111-4550-5

Ⅰ. ①1… Ⅱ. ①中…②中… Ⅲ. ①植被—覆盖—研究—中国—1982-2017 Ⅳ. ①Q948.52

中国版本图书馆 CIP 数据核字（2020）第 259432 号

审图号：GS（2020）6172 号

出 版 人 武德凯
责任编辑 曲 婷
责任校对 任 丽
封面设计 宋 瑞

出版发行 中国环境出版社
（100062 北京市东城区广渠门内大街 16 号）
网 址：http://www.cesp.com.cn
电子邮箱：bjgl@cesp.com.cn
联系电话：010-67112765（编辑管理部）
发行热线：010-67125803，010-67113405（传真）
印 刷 北京中科印刷有限公司
经 销 各地新华书店
版 次 2020 年 12 月第 1 版
印 次 2020 年 12 月第 1 次印刷
开 本 787×960 1/16
印 张 14.5
字 数 200 千字
定 价 85.00 元

编委会

主　编：罗海江　张学珍

编　委：（以姓氏笔画为序）

于　洋　刘海江　孙　聪　李侠祥

张学珍　陆泗进　罗海江　周　冏

赵彩杉　董贵华　温倩倩

前 言

为阐明 1982—2016 年中国陆地植被覆盖变化的地域分异规律，辨识植被覆盖变化典型地区，明确典型地区植被覆盖变化的自然、人文因素，支持土地利用/覆盖变化（LUCC）监测结果，为大尺度生态管理提供科技支撑。本书收集 1982—2015 年国内外广泛使用的 AVHRR 的 NDVI 数据集和 MODIS 的 NDVI 数据集，及 1982—2016 年气候变化数据，结合 20 世纪 80 年代以来的社会经济年鉴，并摘录各省以及省内各地市行政单位的农、林业及经济结构的统计数据，并研究以“撂荒”、“抛荒”为主题词检索已公开发表的论文。

1982—2015 年，中国年最大 NDVI 呈增加趋势，增加速率约为 0.011/10a（$p<0.001$），其中，南方年最大 NDVI 增加速率明显大于北方。从空间上看，1982—2015 年中国年最大 NDVI 发生明显趋势性变化的地区主要集中在中国东部，其中中国南方年最大 NDVI 除川西、藏东略有降低外，在其他绝大部分地区均呈增加趋

势，且增加趋势的空间差异性较小，增加速率约介于 0.01～0.02/10a 之间，而中国北方年最大 NDVI 变化趋势的空间差异性相对较大，其中，黄土高原、太行山、东北平原中西部地区以及三江平原地区年最大 NDVI 明显增加，增加趋势介于 0.02～0.07/10a，特别是黄土高原地区年最大 NDVI 增加趋势尤为明显，约为 0.06/10a。华北平原部分地区、长白山、大兴安岭、小兴安岭年最大 NDVI 明显降低，降低趋势介于 0.01～0.05/10a，特别是大兴安岭地区年最大 NDVI 降低趋势尤为明显，约介于 0.04～0.05/10a。在西部地区，除准噶尔盆地南缘、塔里木盆地西北部年最大 NDVI 明显增加外，增加趋势约介于 0.02～0.07/10a，其他地区年最大 NDVI 变化不明显。

1992—2017 年有撂荒记录的 163 个县（市）分布于全国 20 余个省份，集中分布于南方，且基本呈左旋 90 度的“T”字形，其纵轴自北至南贯穿甘肃东南部、四川东部、重庆境内，直至贵州西部和云南北部；横轴位于长江中下游地区，自西向东贯穿湖北南部、湖南北部、安徽中部和南部。“T”字形的形成经历两个阶段，2010 年之前撂荒记录县市主要出现在长江中下游东西向带状地区，此后则主要出现于自甘肃东南部至贵州西部和云南北部的南北向带状地区。撂荒格局的形成过程与区域经济发展和产业结构调整背景下的农业劳动力析出基本同步。农业效益低和劳动力不足是大部分县（市）撂荒形成的共性因素；部分县（市）撂荒的原因涉及生产条件差和制度不完善。

本书通过分析 NDVI 变化与当地降雨量、空气不稳定性和低空大气湿度的相关性，发现黄淮海地区春季 NDVI 变化与降雨日数变化之间为显著负相关，其中小雨的相关性最强。NDVI 每增加 10%，小雨日数和降雨量大约均减少 10%。NDVI 增加导致蒸发/潜热通量增加，显热通量减少。利用 Weather Research and Forecast（WRF）模式，通过集合模拟试验，模拟研究雄安新区城市化对降水的影响，以期为城市规划提供科学参考。

全书由罗海江和张学珍统稿。具体的分工如下：第 1 章由孙聪、李佚祥、温倩倩、董贵华撰写完成；第 2 章由周冏、于洋、董贵华、刘海江、温倩倩、张学珍、罗海江、李佚祥撰写完成；本书第三章由罗海江、张学珍、赵彩杉、陆泗进、孙聪撰写完成；本书第四章由于洋、周冏、刘海江、张学珍、罗海江、李佚祥撰写完成。

因编者水平有限，书中不妥之处在所难免，请读者不吝指正。

作者

2018 年 11 月 18 日

目　录

1
全国绿色植被覆盖概况

1.1 绿色植被覆盖面积变化

植被是地球系统中的活跃成员，为人类提供食物和纤维，是人类福祉的重要来源。年最大归一化差值植被指数（NDVI）是衡量生态环境的重要指标，受气候变化和人类活动双重因素的影响。自 20 世纪 80 年代初以来，气候变化先后经历增暖和停滞两个阶段，转折点大致出现在 1997—1998 年，各地区降水量也发生了不同形式的年代际波动。同时，我国实施改革开放以来，一方面由于农业领域实施家庭联产承包责任制，农业生产力得到了最大限度的释放，粮食产量持续增加；另一方面由沿海外向型经济引领的经济实力迅速增加，并逐步向内陆传导，各地区经济结构发生了不同程度的重大变化，生态环境保护的力度日益增加。

本书拟阐明上述气候变化和人类活动因素变化背景之下，我国年最大 NDVI 变化的时空规律，探究不同阶段、不同地区年最大 NDVI 变化的成因机制，以期为预估未来一个时期内我国年最大 NDVI 的变化趋势提供科学依据。

卫星遥感是获取植被覆盖的有效手段。目前，有多种卫星遥感植被指数可用于表征陆地植被覆盖及其变化，其中 NDVI 以其明确的物理意义和简洁的反演算法被广泛应用于大尺度植被活动变化研究之中。研究表明，NDVI 与植被覆盖状态紧密相关，NDVI 与植被覆盖的波动变化高度正相关，二者的变化趋势基本一致。因此，本书以 NDVI 为分析对象，使用的 NDVI 数据为 GIMMS 3 G 产品，空间分辨率为 8 km，时间间隔半个月，覆盖时段为 1982—2015 年。年最大 NDVI 可以较好反映该年度植被长势最好时地表的植被覆盖情况，因此，本书采用最大合成法计算得到了 1982—2015 年最大 NDVI，并以此分析了地表年最大 NDVI 的变化特征。

如图 1-1 所示，AVHRR NDVI 数据显示 1982—2015 年中国绿色植被覆盖面积整体呈增加趋势，增加速率约为 4.09 万 km^2/10a，34 年来，绿色植被面积约增加 14 万 km^2。同时，中国年最大 NDVI 面积存在较大的年际波动，标准差为 7.22 万 km^2，其中最低值约为 658 万 km^2，出现在 1984 年；最高值约 686 万 km^2，出现在 1994 年和 2013 年。其中，2000 年以后的增加速率略大于整体平均。图 1-2 展示了基于 MODIS NDVI 估算的 2003—2016 年全国绿色植被覆盖面积变化。2003—2016 年全国绿色植被覆盖面积总体呈增加趋势，平均增加速率约为 1 万 km^2/a，大致相当于 2003—2016 年平均绿色植被覆盖面积的 0.13%。

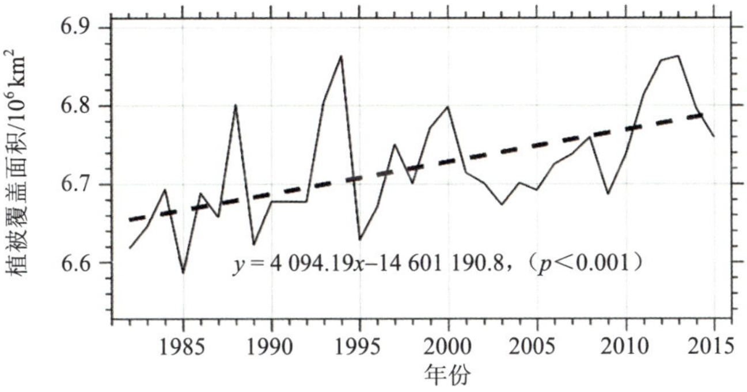

图 1-1 1982—2015 年绿色植被覆盖面积的年变化

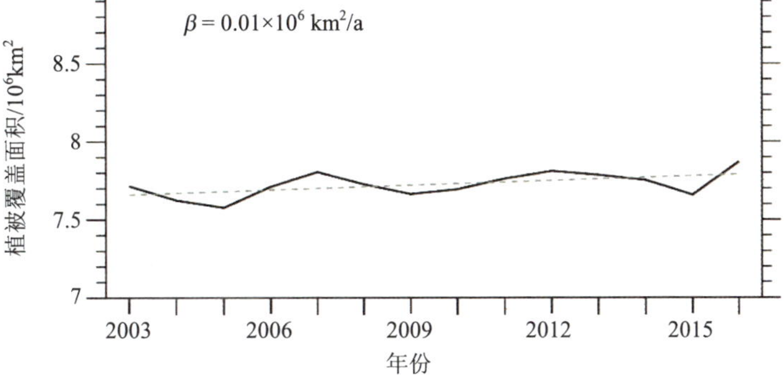

图 1-2 基于 MODIS NDVI 数据的 2003—2016 年全国绿色植被覆盖面积变化

1982—2015 年中国绿色植被覆盖区域的变化如图 1-3 所示，其中绿色区域表示 34 年来始终存在植被覆盖的区域，该区域主要分布在除中国西北部地区之外的大部分地区；灰色区域为空值区，占据了中国西北部的大部分地区；红色区域表示 34 年未始终存在绿色植被的区域，即该区域并非每年均有植被生长，该区域决定了中国绿色植被覆盖区面积的大幅度变化趋势，这些区域主要分布在中国西北部，且集中分布在西藏自治区、新疆维吾尔自治区、内蒙古自治区和青海省等地区。

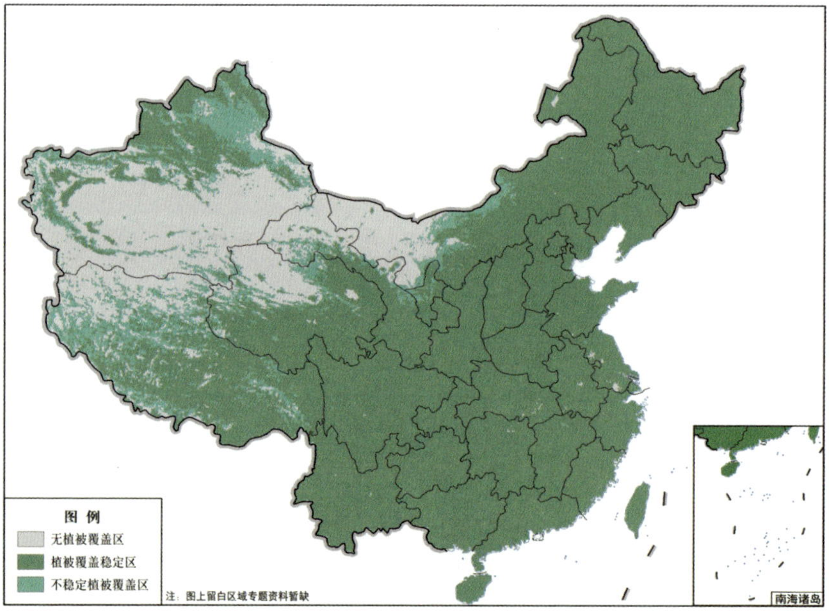

图 1-3　1982—2015 年中国绿色植被覆盖区域变化

1.2　绿色植被区域年最大 NDVI 的变化

1982—2015 年，中国年最大 NDVI 呈增加趋势，增加速率约为

0.011/10a（p<0.001），其中，南方年最大 NDVI 增加速率明显大于北方，南方地区增加速率为 0.014/10a（p<0.01），北方地区为 0.010/10a（p<0.01）（图 1-4）。从多年平均值上看，南方年最大 NDVI 明显大于北方，其中南方平均约为 0.74，北方约为 0.7（图 1-4）。从空间上看，1982—2015 年中国年最大 NDVI 发生明显趋势性变化的地区主要集中在中国东部，其中中国南方年最大 NDVI 除川西、藏东略有降低外，在其他绝大部分地区均呈增加趋势，且增加趋势的空间差异性较小，增加速率为 0.01～0.02/10a，而中国北方年最大 NDVI 变化趋势的空间差异性相对较大，其中，黄土高原、太行山、东北平原中西部地区以及三江平原地区年最大 NDVI 明显增加，增加趋势为 0.02～0.07/10a，特别是黄土高原地区年最大 NDVI 增加趋势尤为明显，约为 0.06/10a。华北平原部分地区、长白山、大兴安岭、小兴安岭年最大 NDVI 明显降低，降低趋势为 0.01～0.05/10a，特别是大兴安岭地区年最大 NDVI 降低趋势尤为明显，为 0.04～0.05/10a。在西部地区，除准噶尔盆地南缘、塔里木盆地西北部年最大 NDVI 明显增加，增加趋势为 0.02～0.07/10a 外，其他地区年最大 NDVI 变化不明显，如图 1-5 所示。

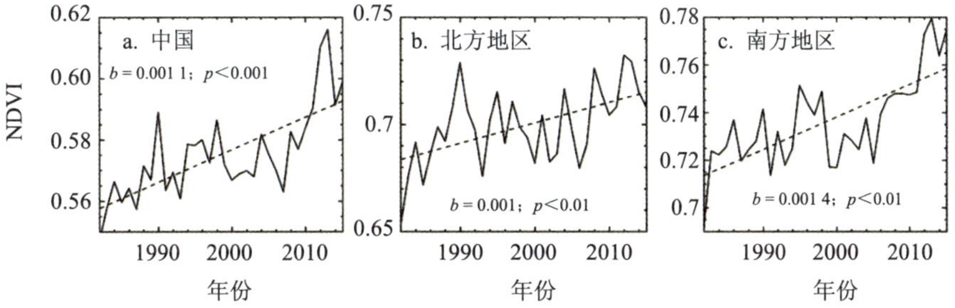

图 1-4　1982—2015 年中国及其南、北方地区年最大 NDVI 变化

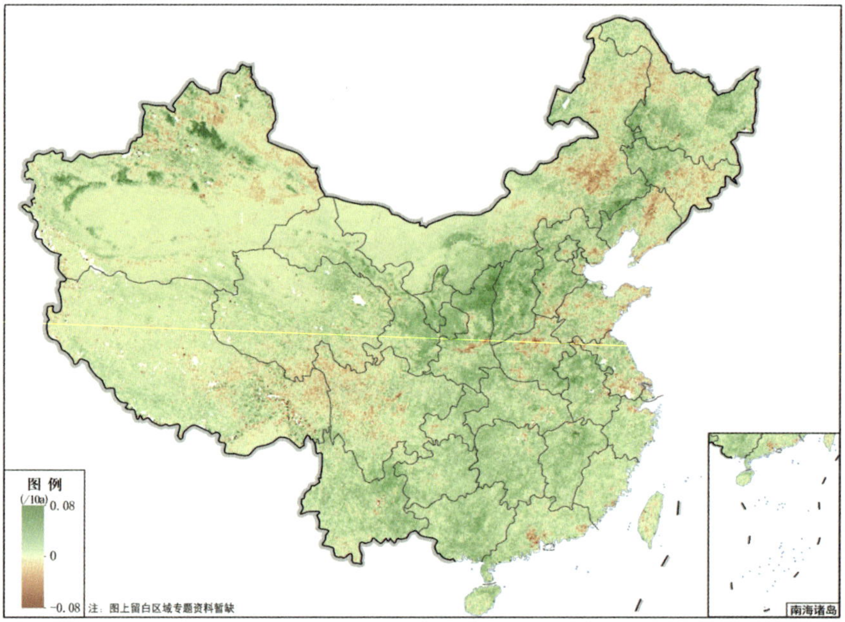

图 1-5　1982—2015 年中国年最大 NDVI 变化趋势的空间分布

中国 2000 年土地利用类型如图 1-6 所示，中国主要土地利用类型（覆盖面积广泛的土地利用类型）包括耕地、林地、草地、未利用地等，其中耕地主要分布在东北平原、华北平原和长江中下游平原。林地主要分布在北方的大兴安岭、小兴安岭、长白山和太行山等地区以及南方的长江中下游以南的高原、山地和丘陵等地。草地主要分布在内蒙古高原、西南山地、天山山脉以及青藏高原等地区。未利用地主要分布在中国西北部地区。从多年平均值上看，不同土地利用类型的年最大 NDVI 差异较大，整体表现为林地＞耕地＞草地（图 1-7）。从变化趋势上看，不同土地利用类型下中国年最大NDVI均呈增加趋势，但增加速率又各不相同，耕地的年最大NDVI增加趋势整体大于林地、草地，其中耕地又以东北平原耕地年最大 NDVI 增加趋势最大，约为 0.014/10a（$p<0.01$）；长江中下游平原耕地次之，约为 0.012/10a（$p<0.01$）；华北平原耕地最小，约为 0.006/10a（$p<0.2$）。在

林地中，南方林地年最大 NDVI 增加趋势大于北方林地，分别为南方林地 0.011/10a（$p<0.001$）和北方林地 0.002/10a（$p<0.60$）。草地年最大 NDVI 增加趋势约为 0.009/10a（$p<0.001$）。

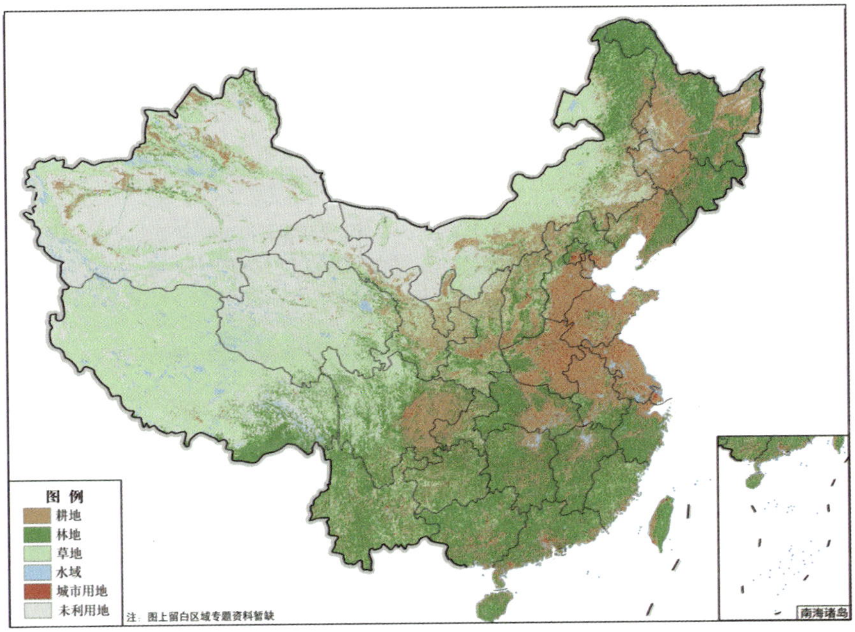

图 1-6 中国 2000 年土地利用类型

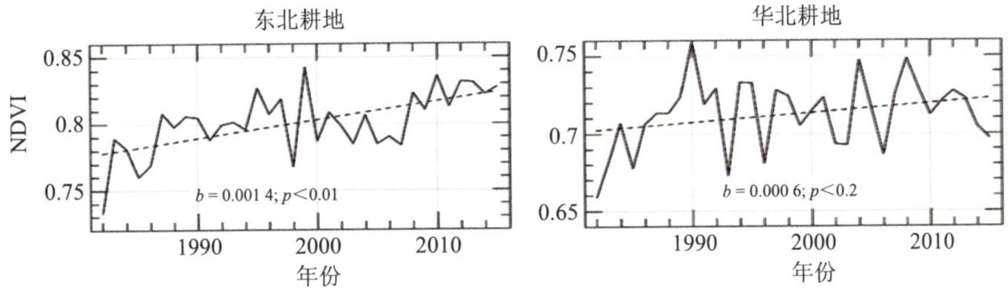

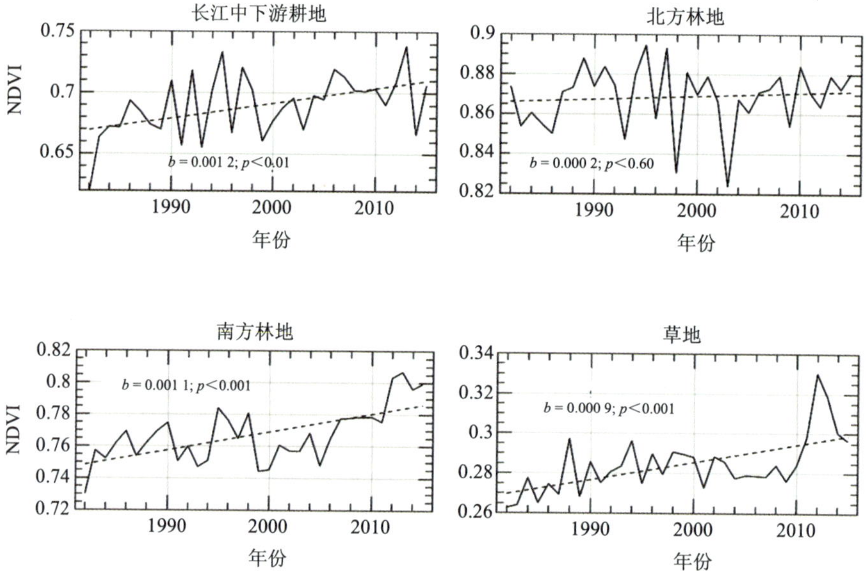

图 1-7　1982—2015 年不同地类的年最大 NDVI 变化

2 植被覆盖变化的空间格局与成因

2.1 绿色植被区域年最大 NDVI 变化的空间差异

中国年最大 NDVI 相邻 5 年平均的空间变化如图 2-1～图 2-6 所示。由图可知，相邻 5 年间，中国年最大 NDVI 变化存在明显空间差异性，并且各相邻 5 年间的年最大 NDVI 变化空间特征不尽相同。具体而言，中国东部（105°E 以东）地区年最大 NDVI 变化最明显，华北地区、内蒙古地区、东北地区为甚，特别是 p1～p2 时期（p1：1982—1986 年；p2：1987—1991 年，p3…p7 所表征的意义依此类推；p1～p2 时期：p2 时期年最大 NDVI 减 p1 时期年最大 NDVI，p2～p3…p6～p7 所表征的意义依此类推），p5～p6 时期以及 p6～p7 时期年最大 NDVI 变化尤为明显。

p1～p2 时期，中国年最大 NDVI 整体增加，平均增加约 0.011 2（图 2-1）。分地区看，各地区年最大 NDVI 变化各不相同，其中，中国东部（110°E 以东）地区年最大 NDVI 整体增加，东北地区、华北地区为甚，分别增加 0.02～0.04 和 0.02～0.06；其次为新疆天山山脉、塔里木盆地以北以及准噶尔盆地以南地区年最大 NDVI 整体增加，增加 0.02～0.05；最后为长江中下游地区，年最大 NDVI 略有增加，增加幅度约为 0.01。而中国西南地区、华南地区、青藏高原地区以及北方中西部地区东部年最大 NDVI 整体下降，西南地区东北部为甚，下降 0.03～0.07；其他地区下降 0.02。

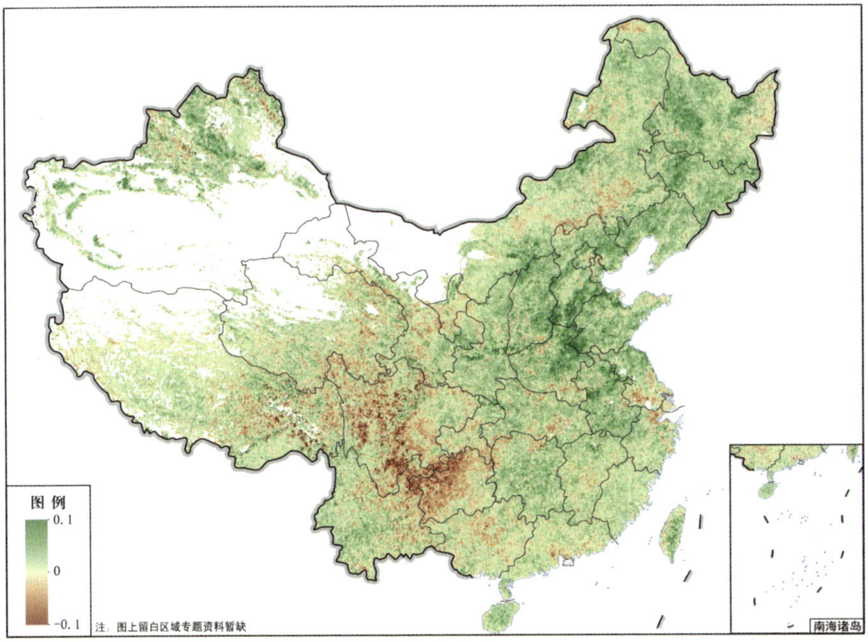

图 2-1 p1～p2 时期中国年最大 NDVI 变化

p2～p3 时期，中国年最大 NDVI 略有增加，增加幅度约为 0.002 9（图 2-2）。其中年最大 NDVI 明显增加的地区自北向南依次为东北平原西部以及内蒙古中部、华北平原南部、西南地区东部以及华南地区，其中东北平原东部、华北平原南部以及西南地区东部增加幅度相对大，增加 0.02～0.06，而华南地区增加幅度相对较小，增加 0.02～0.03。其他地区年最大 NDVI 整体降低，其中华北地区年最大 NDVI 降低最为明显，下降 0.04～0.06；其次为东北地区北部以及长江中下游地区，下降幅度为 0.02～0.04；最后为青藏高原东部，下降 0.01～0.03。

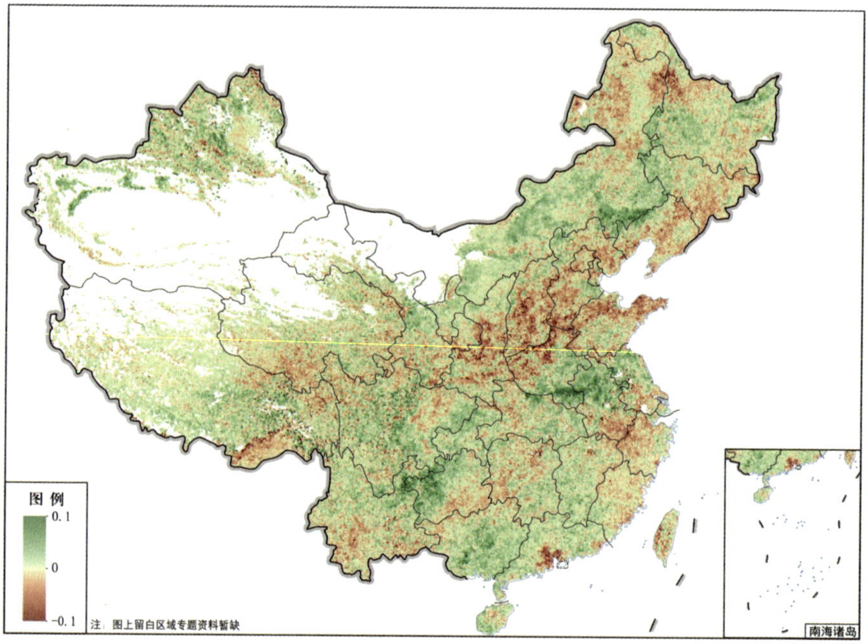

图 2-2　p2～p3 时期中国年最大 NDVI 变化

p3～p4 时期，中国年最大 NDVI 略有增加，增加幅度约为 0.001 2（图 2-3）。分地区看，中国东部地区年最大 NDVI 变化自北向南大致为减—增—减空间分布规律。其中北部地区以大兴安岭地区降低幅度最大，下降 0.04～0.07；中部地区以华北地区中部增加较为明显，约增加 0.03；南部以长江中下游地区以及华南地区降低较明显，降低 0.02～0.04。而中国西部地区年最大 NDVI 除在塔里木盆地北部以及天山山脉南部有所增加，增加幅度为 0.02～0.04 外，其他地区年最大 NDVI 均降低，下降幅度为 0.02～0.05；青藏高原地区年最大 NDVI 略有增加，增加幅度为 0.01～0.03。

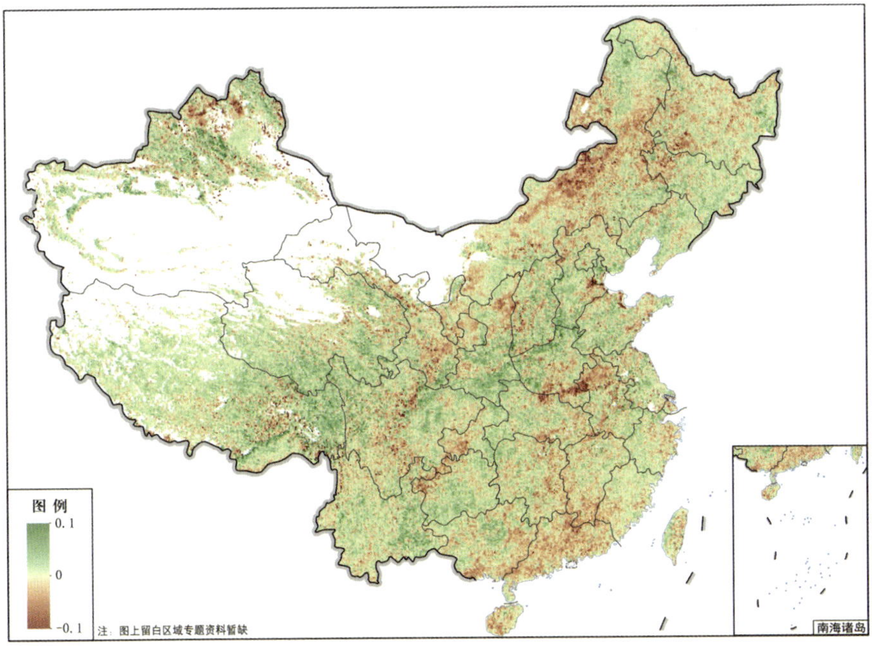

图 2-3 p3～p4 时期中国年最大 NDVI 变化

p4～p5 时期，中国年最大 NDVI 整体下降，下降幅度约为 0.005 4（图 2-4）。分地区看来，长白山地区年最大 NDVI 下降尤为明显，下降 0.04～0.08；其次为华北地区中南部，下降 0.04～0.06；再次是四川盆地及其周边地区，下降 0.03～0.05；最后是青藏高原、北方中西部地区以及东北地区北部，下降 0.02～0.04。其他地区年最大 NDVI 略有增加，其中增加较明显的地区是长江中下游地区南部，约为 0.05，其他地区年最大 NDVI 增加 0.02～0.04。

p5～p6 时期，中国年最大 NDVI 整体增加，增加幅度约为 0.008 8（图 2-5）。分地区看，华北地区年最大 NDVI 增加幅度最大，为 0.04～0.08；其次为北方中西部地区，年最大 NDVI 增加 0.03～0.08；再次为东北平原，增加 0.03～0.06；最后为长江中下游及其以南地区，增加 0.02～0.04。而内蒙古中部地区以及青藏高原东部地区年最大 NDVI 明显降低，内蒙古中部为甚，下降 0.06～0.09，青藏高原东部下降 0.03～0.05。

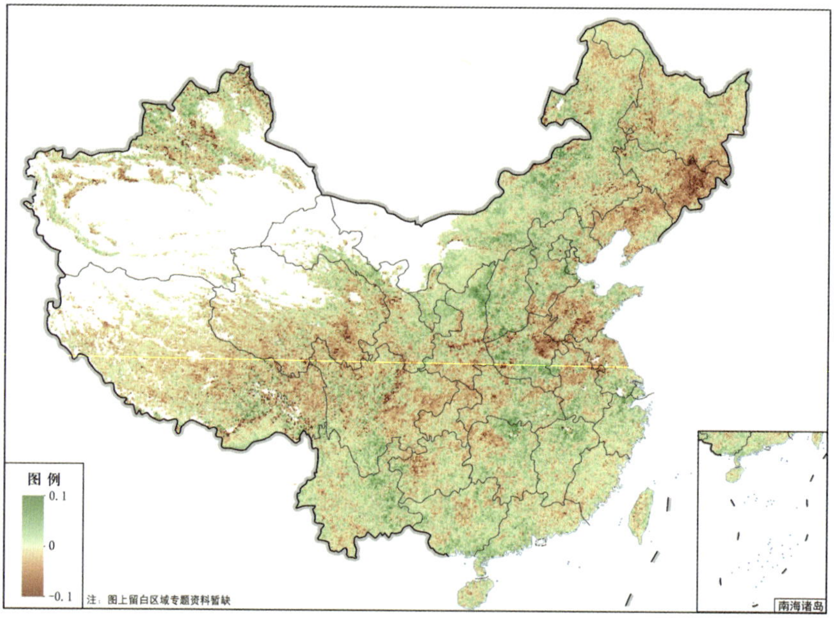

图 2-4　p4～p5 时期中国年最大 NDVI 变化

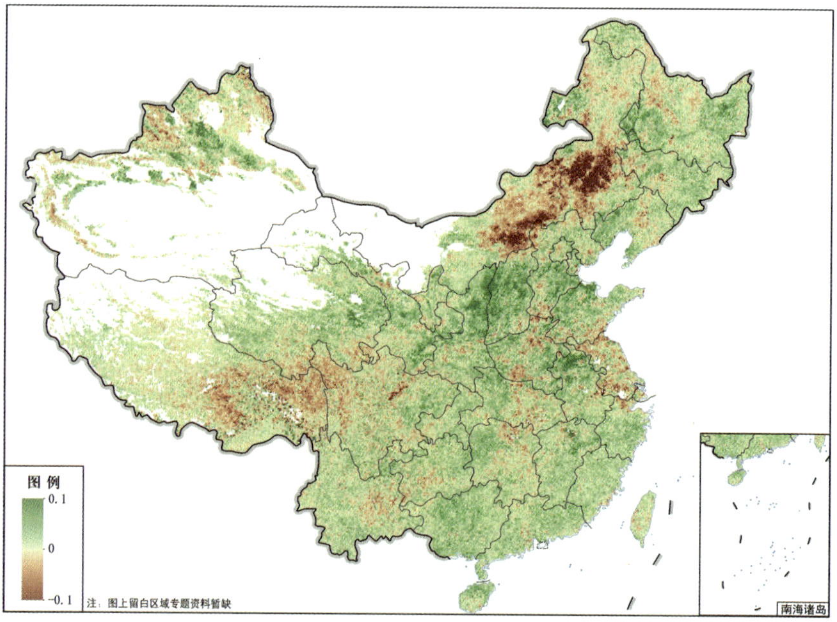

图 2-5　p5～p6 时期中国年最大 NDVI 变化

p6～p7 时期，中国年最大 NDVI 整体增加，增加幅度约为 0.017 6（图 2-6）。分地区看，大兴安岭南部—内蒙古中部—黄土高原一线年最大 NDVI 明显增加，增加幅度为 0.06～0.09；而后是长江中下游西部、北方中西部地区东部地区，年最大 NDVI 增加 0.04～0.06；然后为青藏高原东部，年最大 NDVI 增加 0.02～0.04；最后为塔里木盆地西部、准噶尔盆地南部和阿尔泰山脉地区，年最大 NDVI 增加 0.02～0.03。其他地区年最大 NDVI 均下降，其中华北地区年最大 NDVI 下降最明显，下降幅度为 0.03～0.06；其次为塔里木盆地北部，下降 0.02～0.06；最后为东北平原北部、南部地区，下降 0.02～0.04。

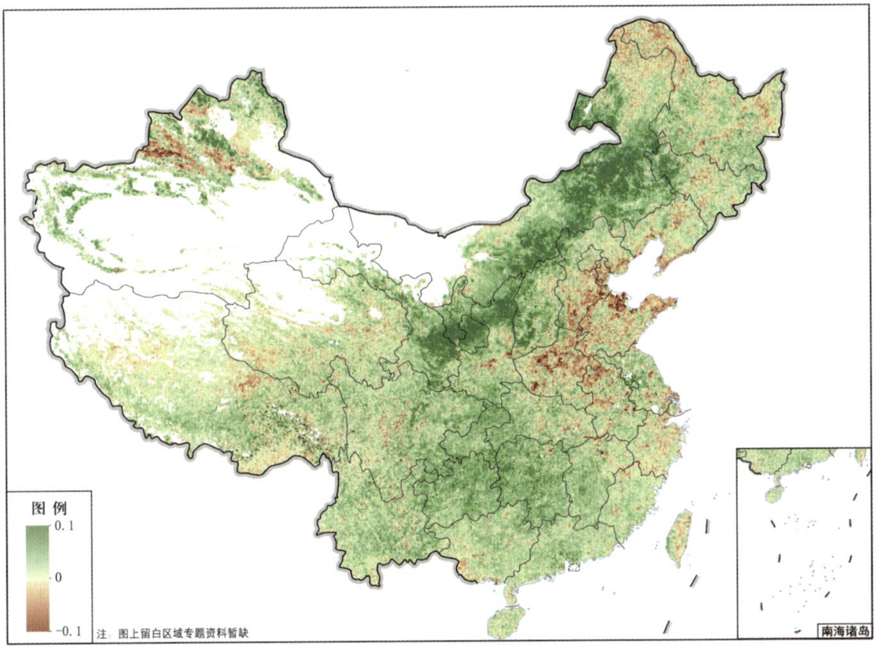

图 2-6　p6～p7 时期中国年最大 NDVI 变化

为印证上述基于 AVHRR NDVI 的分析结果，本书利用 MODIS NDVI 数据计算了 2003—2016 年的有效累积 NDVI 变化的空间格局。2007—2010 年相对于 2003—2006 年，全国范围内各像元累积 NDVI 变化以增加为主要特征，同时伴随局部地区的小幅减少。累积 NDVI 大幅增加主要出现在东北大兴安岭、小兴安岭及长白山，其中以大兴安岭北段增幅较大；其次是在黄土高原东部、黄淮平原，以及中南和西南地区，其中以云贵高原东部增幅较大。累积 NDVI 减少区域范围较小，主要出现在内蒙古高原的东南部、长江三角洲及其北部毗邻地区，以及川西与青藏高原东部的部分地区。

2013—2016 年相对于 2007—2010 年，全国更是大范围出现累积 NDVI 增加。累积 NDVI 大幅增加主要出现在山地和丘陵区，包括：辽东山地与燕山—大青山一带，黄土高原大部分地区，秦岭—大巴山与川西地区，以及云贵高原东部至江南丘陵及其以南地区。由此可见，内蒙古高原东南部和川西地区累积 NDVI 已由前一段的减少转为增加，东北大兴安岭、小兴安岭的累积 NDVI 基本维持 2007—2010 年的状态，略有增加。但是，青藏高原东部累积 NDVI 仍旧维持减少的基本特征，其中三江源地区减幅较大。同时，东部局部地区，如京—津—冀、鲁中山地丘陵、长江中游两湖地区的累积 NDVI 也有不同程度的减少。

为分析中国年最大 NDVI 相邻 5 年间变化的气候背景，本书进一步分析了中国气温、降水量相邻 5 年的变化情况，因年最大 NDVI 多出现在每年的 5—9 月，所以书中平均气温和降水量的分析均为每年 5—9 月的平均气温和总降水量。不同地区对气候变化的响应不同，其中，东北地区属于中温带，热量不足是限制该地区植被生长的重要因素，同时该地区位于温带季风区，降水量年际变率大，同时东北地区西部又处于半湿润—半干旱地区，因此干旱也是限制该地区植被生长的因素之一[1]。华北地区地处暖温带，热量相对充足，但地处温带季风气候区，降水量年际变率大，因此干旱是限制该地区植被生长的主要因素之一，在年降水量充沛的地区或年份，热量亦为该地区植被生长的限制因子[2-4]。长江中下游地区、西南地区以及华南地区地处亚热带湿润气候区，热量、水分充足，但因阴雨天气较多，地表接受的太阳辐射少成为限制该地区植被生长的重要因素之一[4]。而北方中西部地区、青藏高原地区等干旱—半干旱地区，降水量匮乏、水分不足是限制该地区植被生长的重要因素之一[5]。据此，本书进一步分析了气候背景变化对不同地区年最大 NDVI 变化的影响。

p1～p2 时期，生长季平均温度、降水量的空间变化（图 2-7）。p1～p2 时期，生长季平均温度整体升高，降水量整体增加，其中温度整体约升高 0.037 3℃，降水量整体约增加 0.95%。在不同地区温度、降水量的变化又有所差异。东北地区，降水量在南部、北部减少约 20%，其他大部分地区增加 10%～30%；温度在北部升高约 0.5℃，在南部降低约 0.3℃；温度的升高（降低）、降水量的增加（减少）为该地区提供了良好的（较差的）热量、水分条件，（不）利于植被生长。华北地区，北部温度降低、南部小部分地区温度略有升高，其中北部地区温度下降约 0.2℃，南部约升高 0.1℃；降水量在中部增加约 20%，北部、南部减少约 15%；华北中部地区，降水量增加、温度降低使得该地区干旱发生频率降低或强度减弱，有利于该地植被生长，在华北北部、南部地区，降水量减少导致干旱发生频率升高或强度增强，不利于植被生长。长江中下游及其以南，降水量整体呈北增、南减的特征，其中北部增加 10%～20%，南部减少 10%～30%；温度整体呈西降、东升的特征，东部升高约 0.1℃，西部降低约 0.1℃；降水量增加，天空云量减少，太阳辐射减少，不利于植被生长，反之利于植被生长；该地区热量充足，温度小幅变化对该地区植被生长影响相对较小。北方中西部地区、青藏高原地区降水量整体增加约 15%，温度整体升高约 0.3℃；降水量增加有利于缓解该地区干旱，但温度升高导致该地区蒸散发增加，不利于土壤水分保持，在一定程度上抵消了水分增加对植被生长的积极作用。

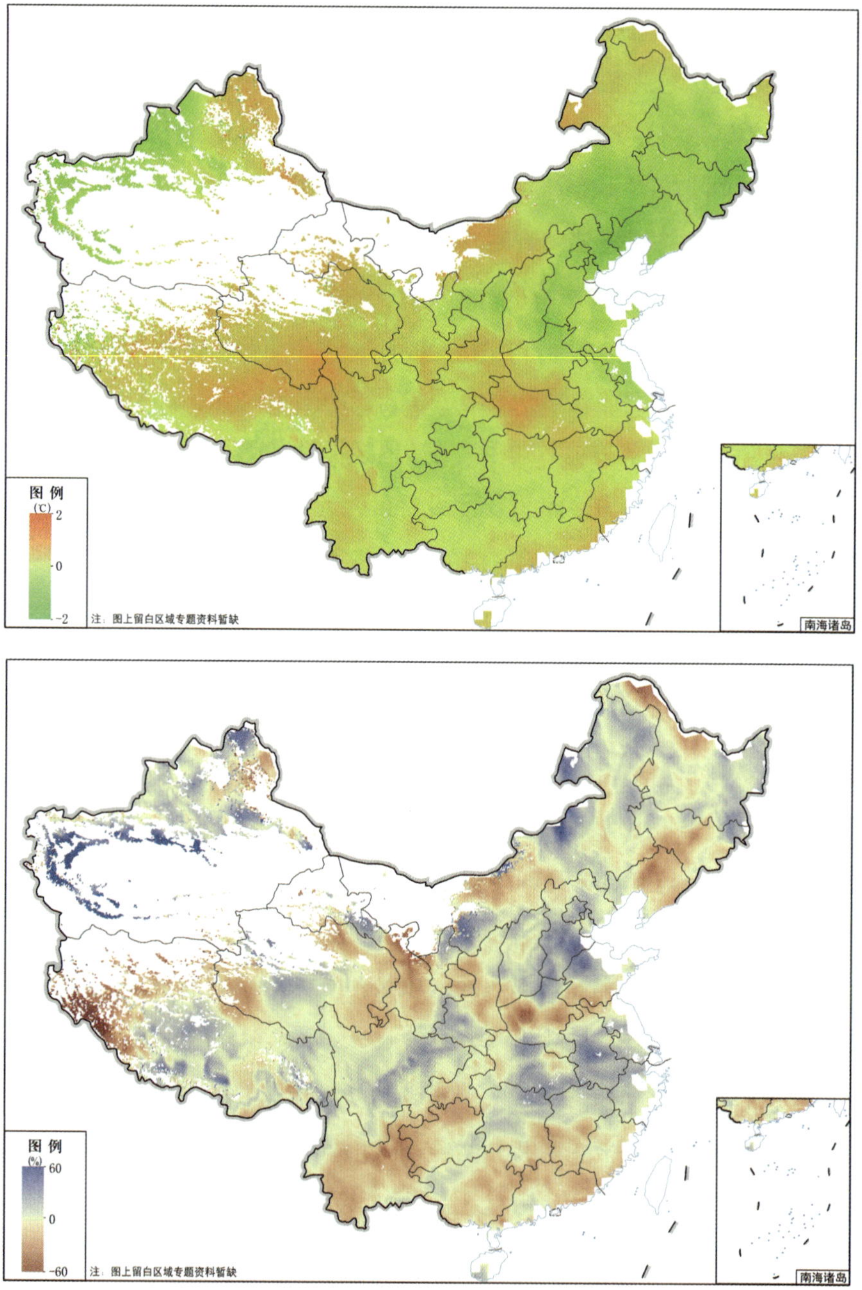

图 2-7　p1～p2 时期中国生长季平均气温（上）和总降水量（下）变化

p2～p3 时期，生长季平均温度整体升高，降水量整体增加，其中温度升高幅度约为 0.070℃，降水量增加幅度约为 1.17 mm（图 2-8）。同时，温度、降水量变化又展示出明显的空间差异性，具体而言：在东北地区，西部温度整体增加，增加幅度约为 0.1℃，东部温度整体降低，降低幅度约为 0.1℃；降水量整体呈现出北部减少，中部、南部增加的空间特征，其中北部减少幅度 20%～30%，南部增加幅度为 20%～40%；西部地区温度升高为该地区提供了相对较好的热量条件，该地区属于半湿润—半干旱地区，温度升高提供良好热量条件的同时，也导致该地区水分更快散失，特别是在降水量减少地区受影响尤为明显；东部地区温度降低且降水量减少，使该地区水分、热量条件均相对变差，不利于植被生长；中部、南部地区降水量增加且温度升高，为该地区提供了良好的水分、热量条件，利于植被生长。华北地区温度呈北部降低、南部升高的特征，其中北部下降 0.1～0.4℃，南部升高 0.1～0.3℃；降水量在华北地区中部和南部有所下降，其中在中部地区下降 5%～10%，在南部地区约下降 10%，在其他地区均略有增加，为 10%～30%，降水量减少导致该地区干旱发生频率或强度增大，特别是温度升高地区，加剧了该地区干旱，不利于该地区植被良好生长；而在降水量增加、温度升高地区，水分和热量条件变好，利于植被生长。长江中下游及其以南的地区，降水量呈现出北部减少、南部增加的特征，其中北部减少 20%～40%，南部增加 10%～40%；温度除在长江中下游东部小部分地区略有下降外，在其他大部分地区均升高，升高幅度为 0.1～0.3℃；北部地区降水量减少，天空云量减少，辐射量增加，利于植被生长，而南部降水量增加，天空云量增加，辐射量减少，不利于植被生长。对于北方中西部地区和青藏高原地区，降水量在青藏高原东部以及北方中西部地区东南部降低 10%～30%，在其他地区均增加，增加幅度约为 20%；温度变化大致与降水量呈反相位，在青藏高原地区以及北方中西部地区东南部升高，约升高 0.2℃，在其他地区降低，约降低 0.1℃；降水量增加（减少）、温度降低（升高）利于（不利于）该地区植被生长。

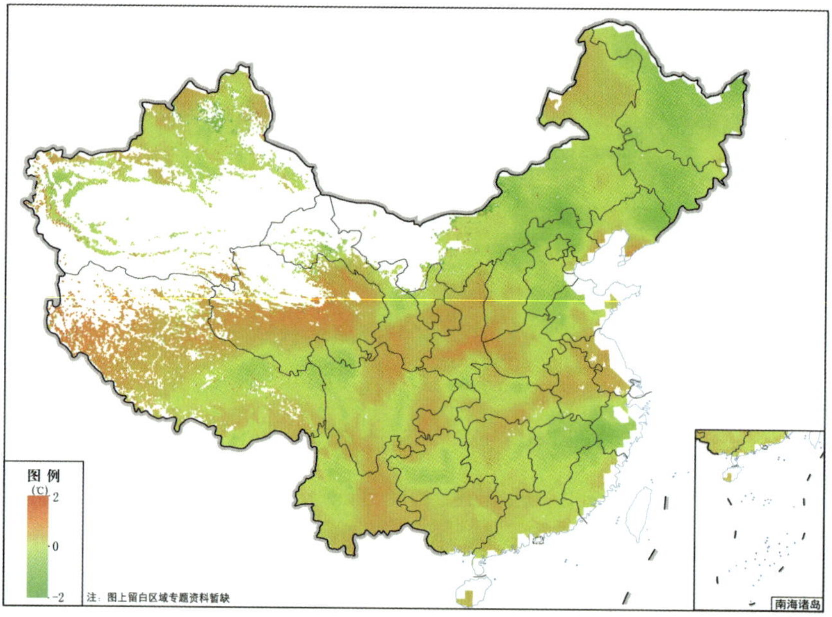

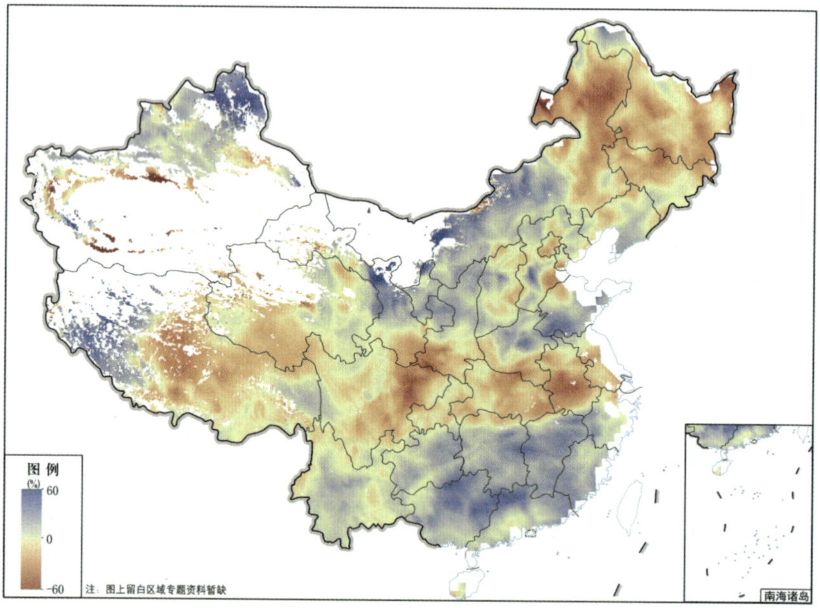

图 2-8　p2～p3 时期中国生长季平均气温（上）和总降水量（下）变化

p3～p4 时期，生长季平均温度整体升高约 0.40℃，降水量整体减少约 4.59%（图 2-9）。同时，温度、降水量变化又展示出明显的空间差异性特征。在东北地区、华北地区温度在全区均明显升高 1～1.5℃；降水量除在大兴安岭中北部有所增加外，在其他大部分地区均减少 15%～30%；降水量减少导致该地区水分条件变差，使得干旱的发生频率或强度增加，不利于植被生长，而温度升高为东北地区提供了相对较好的热量条件，但也使得该地区蒸散发增强，土壤水分散失速度加快，在一定程度上加剧了干旱植被生长的负面影响。对于长江中下游及其以南地区，降水量除在中部减少 10%～25%外，在其他大部分地区均增加 10%～20%，而温度呈北部升高、南部下降的特征，其中北部约升高 0.6℃，南部约下降 0.5℃。中部地区，降水量减少，天空云量减少，太阳辐射量增加，利于植被生长，但温度升高导致蒸散发增加，使得原本已减少的水分进一步减少，在一定程度上抵消了因辐射量增加给植被生长带来的积极作用；而降水量增加地区，天空云量增加，辐射量减少，不利于植被生长。在北方中西部地区和青藏高原地区，温度在全区均升高，其中新疆植被覆盖区温度升高尤为明显，约为 2℃，降水量则在南部增加、北部减少，其中南部增加 20%～25%，北部减少 20%～40%；北部降水量减少、温度升高，导致该地区水分条件恶化，不利于植被生长，而南部降水量增加，为植被生长提供了良好的水分条件，但温度升高导致蒸散发增强，在一定程度上抵消了降水量增加对植被生长的积极作用。

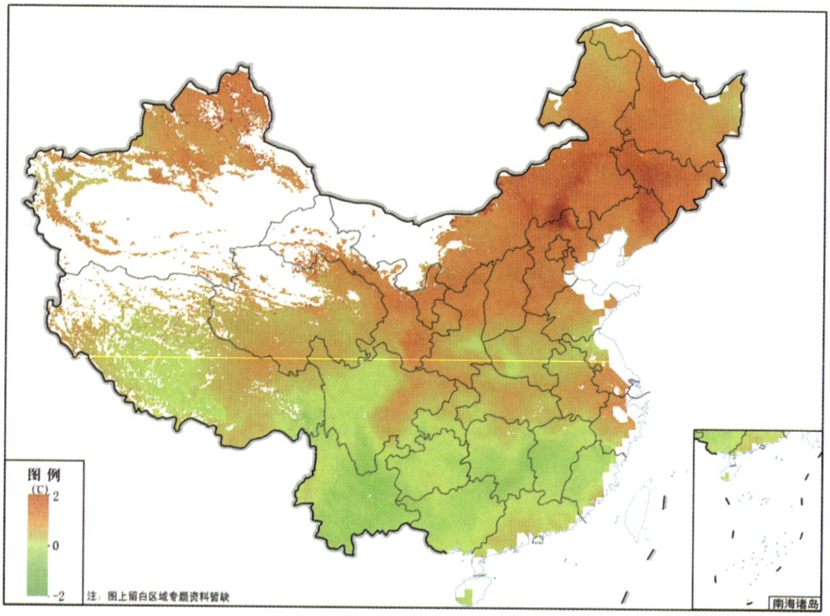

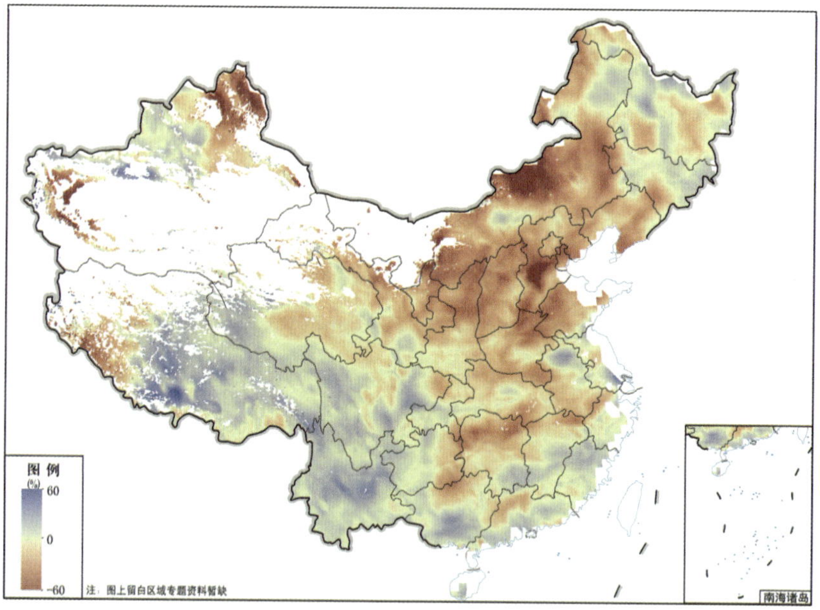

图 2-9　p3～p4 时期中国生长季平均气温（上）和总降水量（下）变化

p4～p5 时期，生长季平均温度整体下降，约下降 0.004℃，降水量整体增加，约增加 2.81%（图 2-10）。在不同地区，温度、降水量的变化各不相同。东北地区，温度除在西部和北部小部分地区略有升高 0.1～0.5℃外，在其他绝大部分地区均下降约 0.3℃；降水量除在西北部减少 10%～20%外，在其他大部分的地区均增加约 20%；西北部降水量减少、温度升高导致该地区水分条件变差，不利于植被生长。华北地区，除东南部小部分地区温度略有升高，约升高 0.2℃外，在其他大部分地区温度均降低 0.1～0.3℃；降水量仅在小部分地区有所减少外，在绝大部分地区均增加 10%～50%，降水量增加导致该地区水分条件变好，减少了该地区干旱的发生，利于植被生长，但阴雨天气增加导致温度降低，导致该地区热量条件变差，在一定程度上抵消了降水量增加带来的积极影响。长江中下游及其以南地区，温度在北部降低、在南部升高，其中在北部约下降 0.3℃，在南部升高 0.3～0.6℃；降水量变化与温度相反，呈北部增加、南部减少的特征，其中北部增加 20%～40%，南部减少 10%～30%；降水量减少意味着该地区云量减少，天空辐射量增加，利于该地区植被生长。北方中西部地区和青藏高原地区，降水量在北部减少，约减少 15%，南部增加 5%～15%，温度除在天山山脉有所升高，约升高 0.5℃外，在其他大部分地区均下降约 0.3℃；北部降水量减少，加剧了该地区干旱程度，而温度升高又导致地表蒸散发强度增强，在一定程度上加剧了干旱；南部降水量增加，可有效缓解该地区干旱，利于植被生长。

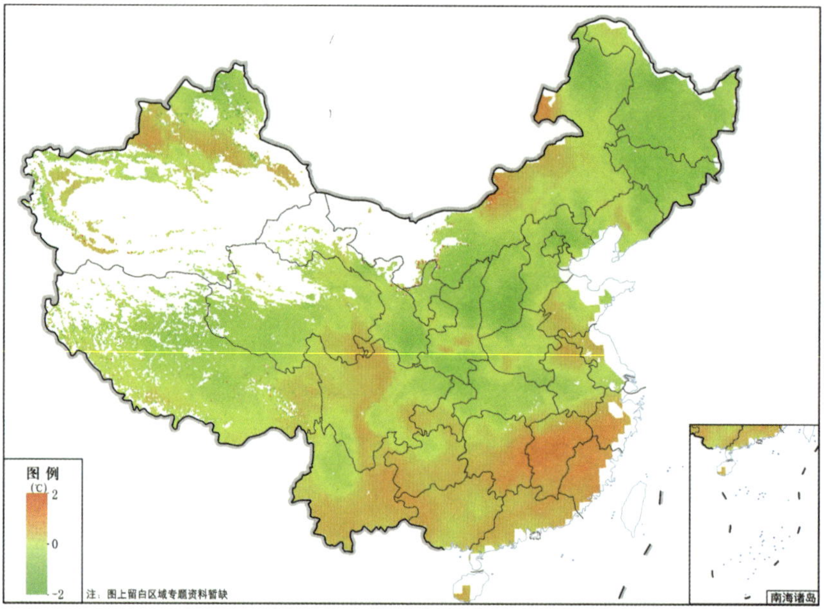

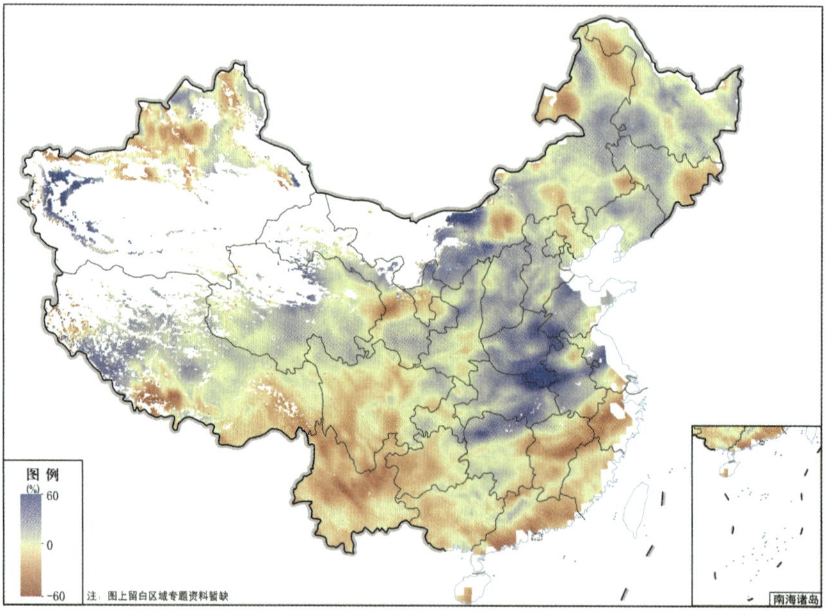

图 2-10　p4～p5 时期中国生长季平均气温（上）和总降水量（下）变化

p5～p6 时期，生长季平均降水量整体减少，约减少 1.08%，温度整体升高，约升高 0.14℃（图 2-11）。在不同地区，温度和降水量的变化又各有不同。东北地区，温度除在长白山地区有所降低、降低约 0.1℃外，在其他地区升高 0.2～0.5℃；降水量在西北部和东南部约增加 10%，在东北部和西南部减少 10%～30%；温度升高为该地区提供了较好的热量条件，利于植被生长，但在降水量减少地区则导致水分条件变差，发生干旱的频率或强度增加，不利于植被生长。在华北地区，温度呈北部、中部降低，东部、西部升高的特征，其中北部温度降低 0.1～0.3℃，东部、西部温度升高约 0.2℃；降水量则在南部、北部减少，减少 10%～20%，其他地区增加，约增加 10%；降水量减少、温度升高使得该地区水分条件变差，且发生干旱的频率或强度增大，不利于植被生长，如华北北部地区；而降水量增加、温度降低一方面为植被生长提供了良好的水分条件，另一方面温度降低导致该地区蒸散发强度减弱，减小了干旱的发生频率或强度，利于植被生长，例如华北西部、东部地区。长江中下游及其以南地区，温度除在南部地区略有下降、约下降 0.4℃外，在其他地区均升高，升高 0.2～0.4℃；降水量仅在西南和东北小部分地区略有增加，约增加 15%，在其他大部分地区均减少，减少 10%～25%；降水量增加，天空云量增加，辐射减少，不利于植被生长，而南部降水量减少，则利于植被生长。该地区热量资源丰富，温度发生小幅度变化对植被生长的影响相对较小。北方中西部地区和青藏高原地区，温度在全区升高 0.2～0.7℃，降水量除在塔里木盆地边缘略有减少外，在其他大部分地区均增加，增加 20%～30%；降水量增加为该地区提供了良好的水分条件，但温度升高导致该地区蒸散发强度增加，在一定程度上抵消了水分增加为植被生长带来的积极影响。

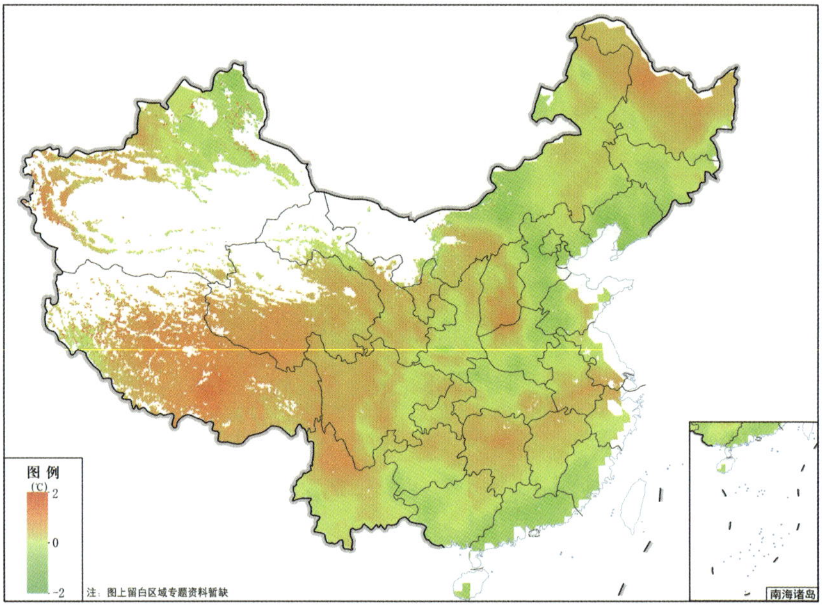

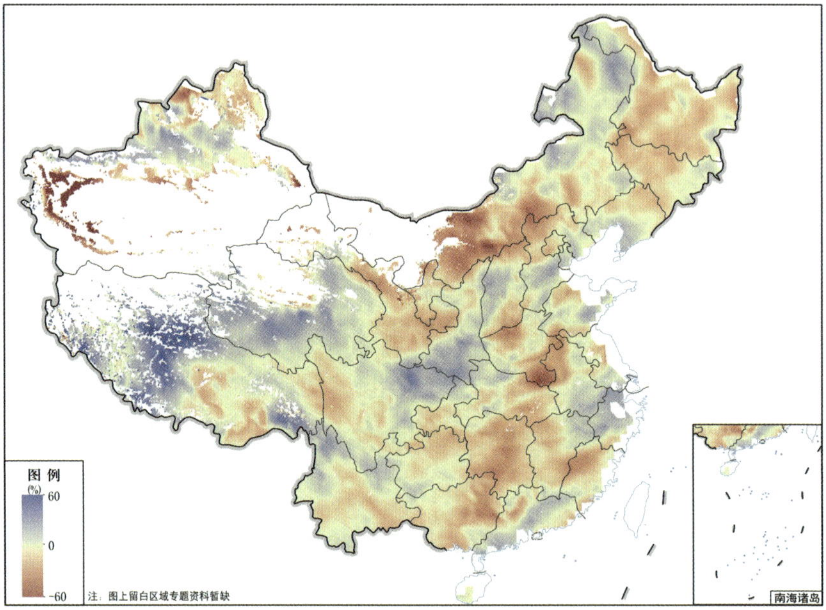

图 2-11 p5～p6 时期中国生长季平均气温（上）和总降水量（下）变化

p6～p7 时期，生长季降水量整体增加，约增加 3.84%，温度整体升高，约升高 0.07℃。但在不同地区，温度、降水量变化又有所差异（图 2-12）。东北地区，降水量除在长白山南部减少、约减少 20%外，在其他绝大部分地区均增加 10%～40%，特别是西部地区增加尤为明显，增加 20%～40%；温度则在西部降低，约降低 0.5℃，东部增加，约增加 0.5℃；西部地区降水量增加为该地区提供了良好的水分条件，利于植被生长，但温度降低导致热量减少，在一定程度上抵消了降水量增加为植被生长带来的积极影响，该地区植被长势是否变好取决于降水量增加带来的积极影响是否大于温度降低带来的负面影响；东部地区降水量增加、温度升高，为该地区提供了良好的水分、热量条件，利于植被长势变好。华北地区，温度呈东部升高、西部降低的特征，其中东部升高 0.2～0.7℃，西部约降低 0.3℃；降水量则呈北部、中部增加，南部减少特征，其中北部、中部增加 10%～20%，中部、南部减少 10%～30%；中部、南部降水量减少导致该地区干旱发生的频率或强度增加，土壤墒值下降，不利于植被生长，同时温度升高增加了当地蒸散发强度，加快了土壤水分散失速度，进而加剧了干旱；华北北部地区降水量增加，利于植被生长，但温度升高导致该地区地表蒸散、蒸发速度加快，不利于土壤保墒，在一定程度上抵消了降水量增加给植被生长带来的积极影响。长江中下游及其以南的地区，降水量增加，约增加 20%，温度除在长江中下游地区有所下降，约下降 0.2℃外，其他地区均升高 0.3～0.5℃，降水量增加导致天空云量增加，辐射量减少，不利于该地区植被生长，该地区属于亚热带气候区，温度相对偏高，热量充足，因此对温度变化的影响敏感性相对较小。北方中西部地区和青藏高原地区，降水量整体减少 10%～50%，温度则呈北部升高、南部降低的特征，其中北部约升高 0.2℃，南部约降低 0.2℃；在北部地区，降水量减少导致该地区水分条件变差，同时温度升高加剧了该地区土壤水分散失速度，进一步降低了土壤墒值，不利于植被生长；在南部地区，降水量减少，导致该地区水分条件变差，不利于植被生长，同时，该地区温度下降，降低了该地区土壤水分散失速度，利于土壤保墒，在一定程度上缓解了降水量减少导致的干旱。

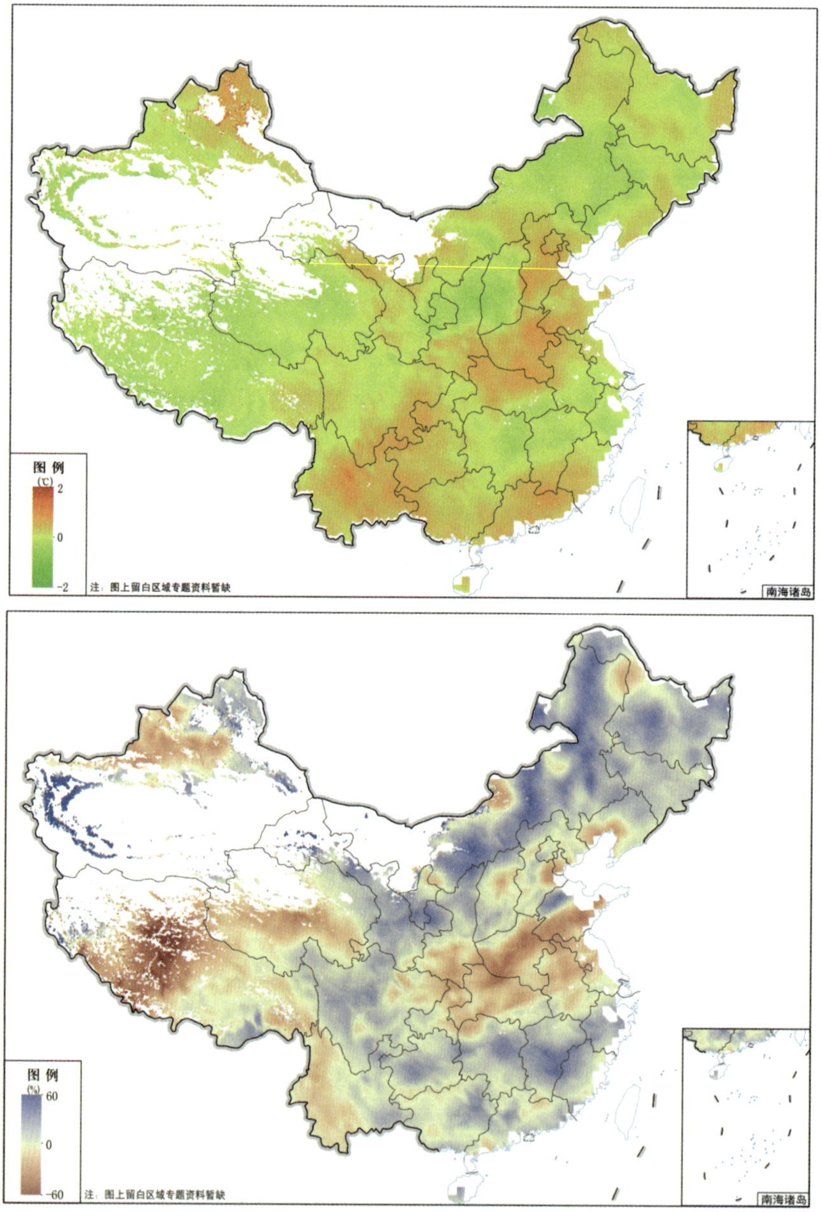

图 2-12　p6～p7 时期中国生长季平均气温（上）和总降水量（下）变化

2.2 年最大 NDVI 变化的省际差异

分析各行政单元年最大 NDVI 变化及其影响因素利于决策者因地制宜地制订计划。因此，本节按照行政区划将中国划分为八大地理分区，分别为东北地区、华北地区、北方中西部地区、长江流域及其以南地区、东南沿海与华南地区、西南地区、青藏和新疆地区以及快速城市化地区（表 2-1）。并以分区和省（自治区、直辖市）为单位进一步分析了不同时期年最大 NDVI 的波动变化特征及其影响因素。

表 2-1 中国八大地理分区以及涵盖省（自治区、直辖市）

分区	涵盖省（自治区、直辖市）
东北地区	黑龙江省、吉林省、辽宁省
黄淮海地区	河北省、河南省、山东省、安徽省、江苏省
北方中西部地区	山西省、陕西省、甘肃省、宁夏回族自治区、内蒙古自治区
长江中游地区	江西省、湖北省、湖南省
东南沿海与华南地区	浙江省、福建省、广东省、广西壮族自治区、台湾省、海南省
西南地区	云南省、贵州省、四川省、重庆市
青藏和新疆地区	青海省、西藏自治区、新疆维吾尔自治区
快速城市化地区	北京市、天津市、上海市

2.2.1 分析思路

为剖析各地区年最大 NDVI 的波动变化情况，首先展示了各省（自治区、直辖市）相邻 5 年年最大 NDVI 变化的箱式图。并在此基础上揭示了相邻 5 年年最大 NDVI 变化的气候变化背景。人类活动对下垫面的改变也是影响年最大 NDVI 变化的重要因素之一，因此，本书进一步分析了相邻 5

年各省的土地利用变化情况。考虑到土地利用变化既可以增加地表年最大 NDVI（例如，未利用地面积大幅减少，林地面积大幅增加），也可能减小地表年最大 NDVI（例如，林地面积大幅减少，未利用地面积大幅增加），本书分别分析了年最大 NDVI 增加和减少地区的土地利用变化情况。本书将 1980 年、1990 年、1995 年、2000 年、2005 年、2010 年和 2015 年 7 个时间断面的土地利用分别代表本书 p1～p7 时期的下垫面类型。

2.2.2 东北地区

东北地区各省相邻 5 年年最大 NDVI 变化箱式图如图 2-13 所示，总体看来，东北各省相邻 5 年年最大 NDVI 变化特征基本一致，均展示出先下降后升高的变化特征。其中，在 p2 时期、p6 时期和 p7 时期东北地区各省年最大 NDVI 均相对前一时期增加，其中 p2 时期相对前一时期增幅最大，p6 时期次之，p7 时期最小；p5 时期各省均相对前一时期明显下降；p3 时期、p4 时期年最大 NDVI 均相对前一时期变化较小。从相邻 5 年年最大 NDVI 变化幅度上看，各省表现不尽相同，吉林省年最大 NDVI 波动最剧烈，辽宁省次之，黑龙江省最小。

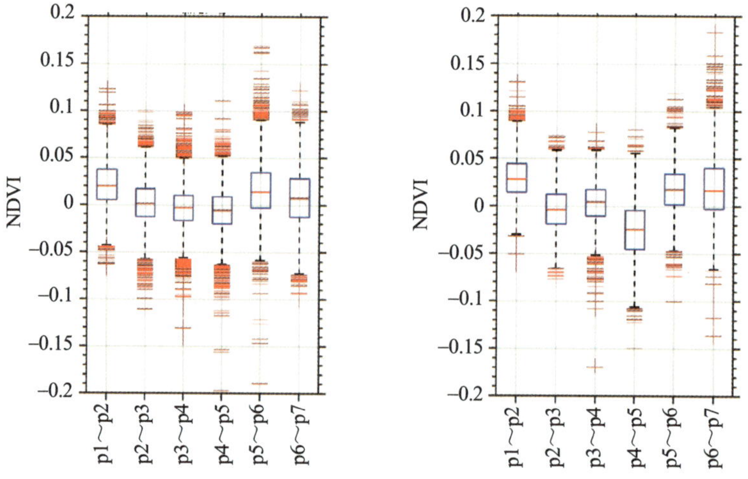

a. 黑龙江省　　b. 吉林省

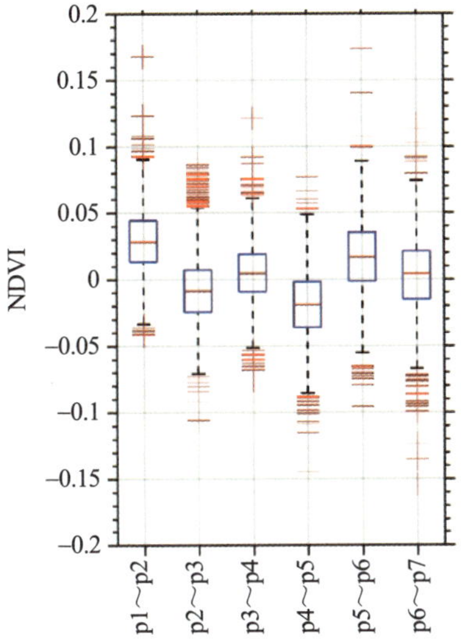

c. 辽宁省

图 2-13 东北地区三省相邻 5 年年最大 NDVI 变化箱式图

注：p1：1982—1986 年；p2：1987—1991 年；p3：1992—1996 年；p4：1997—2001 年；p5：2002—2006 年；p6：2007—2011 年；p7：2012—2015 年；p2～p1 表示 1987—1991 年 5 年平均年最大 NDVI 减去 1982—1986 年 5 年平均年最大 NDVI，下同。

具体而言，相对 p1 时期，p2 时期东北地区年最大 NDVI 整体增加，其中辽宁省、吉林省增加幅度相对较大，分别增加 0.029（−0.08～0.09）、0.029（−0.085～0.09），增加网格数均约占全省总网格数的 80%，黑龙江省年最大 NDVI 在 p2 时期增加幅度相对较小，增加 0.02（−0.04～0.09），增加网格数约占黑龙江省总网格数的 76%。相对 p5 时期，东北地区年最大 NDVI 在 p6 时期均增加，且各省增加幅度相对一致，均增加 0.015（−0.06～0.09），增加网格数均分别约占各省总网格数的 75%。相对 p6 时期，东北地区年最大 NDVI 在 p7 时期均增加，其中吉林省增加最明显，为 0.019（−0.07～0.11），增加网格数约占 74%，黑龙江省次之，为 0.01（−0.07～0.085），增加网格数约为 60%，辽宁省最小，为 0.004（−0.07～0.075），增加网格数约为 51%。

东北各省年最大 NDVI 在 p5 时期均相对前一时期下降，其中吉林省年最大 NDVI 下降最明显，下降幅度为−0.031（−0.11～0.06），辽宁省次之，下降幅度为 0.016（−0.085～0.05），黑龙江省最小，下降幅度为 0.003（−0.06～0.05）。p3 时期除辽宁省年最大 NDVI 相对前一时期略有下降外，下降幅度为−0.005（−0.075～0.06），吉林省、黑龙江省年最大 NDVI 均相对前一时期变化不明显。p4 时期东北地区年最大 NDVI 均相对前一时期变化不大。

东北大部分地区处于中温带湿润—半湿润气候区，少部分地区处于中温带半干旱气候区（辽宁省中西部地区）和寒温带湿润气候区（黑龙江省北部地区）。因此热量不足、水分短缺均为限制该地区植被生长的重要自然因素，并且热量不足对植被生长的影响相对更大。1982—2015 年，东北地区生长季平均降水量为 400～500 mm，其中辽宁地区降水量最多，约为 470 mm，吉林省次之，约为 445 mm，黑龙江省最小，约为 417 mm；生长季平均温度为 15～19℃，其中辽宁省最高，约为 18.4℃，吉林省次之，约为 16.8℃，黑龙江省最小，约为 15.4℃。可见，黑龙江省水分和热量资源相对匮乏，而辽宁省水分、热量资源相对丰富。1982 年以来，东北地区降水量整体呈先增加后降低的变化特征，温度则展示出明显的突变（图 2-14）。各省降水量均在 p1～p4 时期减少，在 p4 时期后增加；同时，各省温度均展示出 p1～p3 时期缓慢下降，p3～p4 时期突然升高，而后缓慢降低的特征，这为东北地区年最大 NDVI 整体呈先减少后增加的变化特征创造了气候条件。

在 p2 时期、p6 时期和 p7 时期，东北各省年最大 NDVI 均相对前一时期增加，但不同时期、不同省年最大 NDVI 变化的气候背景明显不同。p2 时期，黑龙江省降水量相对 p1 时期明显增加，平均增加约 22 mm；吉林省、辽宁省降水量则有所下降，但仍高于全省多年平均降水量，其中吉林省约下降 13 mm、辽宁省约下降 85 mm。因此，该时期降水量的变化未对东北地区植被生长产生明显的负面影响。p2 时期，东北地区各省平均温度均下降，其中辽宁省平均温度下降幅度最大，约下降 0.7℃，吉林省、黑龙江省均下降 0.2℃，温度降低导致东北地区热量条件整体变差，不利于该地区植被生长。

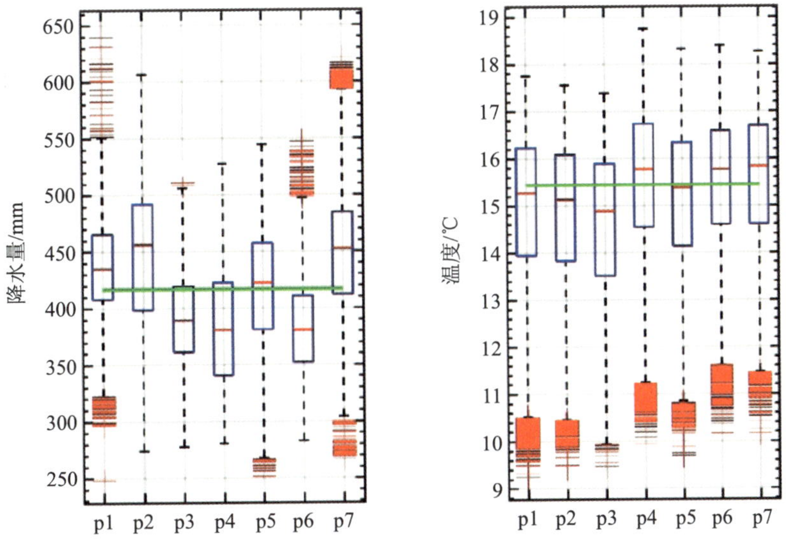

a. 黑龙江省

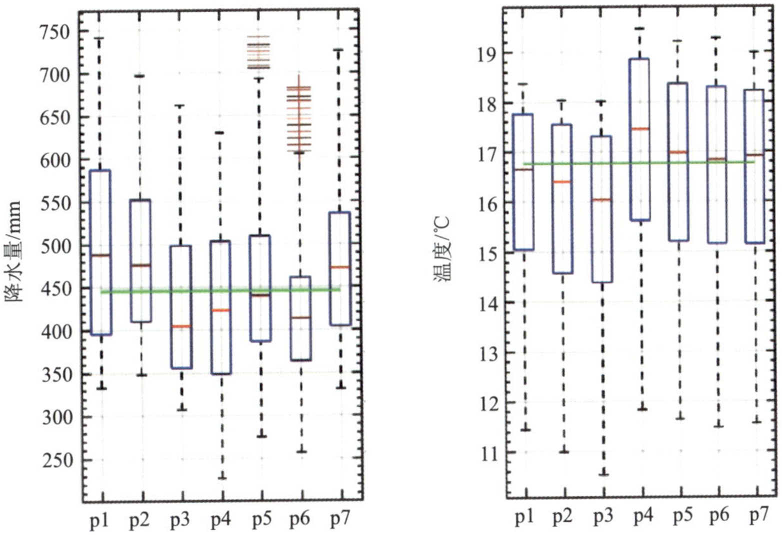

b. 吉林省

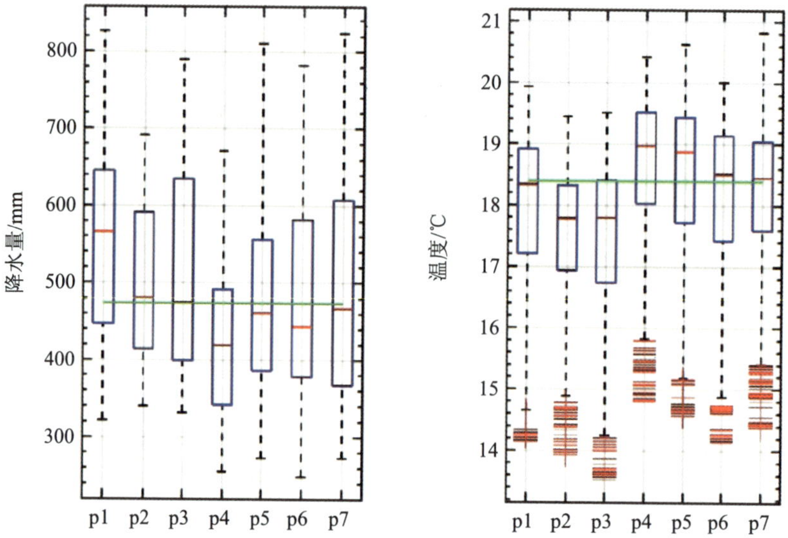

c. 辽宁省

图 2-14 东北地区三省相邻 5 年降水量、温度变化箱式图

（绿线表示多年平均值，下同）

p5～p6 时期，东北地区平均降水量整体低于多年平均水平，并且相对 p5 时期，p6 时期降水量在各省均明显减少。因此，相对 p5 时期，p6 时期水分条件变差导致该地区干旱的发生频率或强度增加，不利于植被生长。相对 p5 时期，黑龙江省平均温度整体升高约 0.2℃，但因该时期降水量低于全国平均水平，温度升高为该地区提供良好水分条件的同时也导致该地区蒸散发强度增大，不利于土壤保墒；而吉林省、辽宁省平均温度整体下降，下降幅度分别为 0.2℃和 0.6℃，温度下降导致该地区热量条件变差，不利于该地区植被生长。

p6～p7 时期，东北地区平均降水量整体增加，且由低于多年平均降水量转为高于（或几乎达到）多年平均降水量，其中黑龙江省降水量增加幅度最大，约为 72 mm，吉林省次之，约增加 58 mm，辽宁省最小，约增加 23 mm。降水量大幅增加为该地区植被生长提供了良好的水分条件，利于植被生长。对于温度而言，p6～p7 时期温度整体升高，其中吉林省增幅最大，约为 0.1℃，黑龙江省、辽宁省增幅相对较小，约 0.04℃，温度升高导致该地区热量条件变好，利于该地区植被生长。

p5 时期，东北各省年最大 NDVI 均相对前一时期下降，但各省气候变化背景各不相同。对于降水量而言，各省降水量均增加，但两时期降水量均低于（或略高于）多年平均降水量，因此 p6 时期降水量增加仅缓解了上一时期的干旱，未明显改善该地区水分条件，因此不利于该地区植被生长。对于温度而言，各省温度均下降，其中吉林省下降幅度最大，约下降 0.5℃，黑龙江省次之，约下降 0.2℃，辽宁省最小，约下降 0.1℃。温度下降，导致该地区热量条件变差，不利于该地区植被生长。

p3 时期、p4 时期，东北地区年最大 NDVI 相对前一时期变化较小，但从气候变化背景上看，p2～p3 时期和 p3～p4 时期的温度、降水量变化不利于该地区植被生长。相对 p2 时期，东北各省降水量均明显减少，其中吉林省减少最多，约减少 90 mm，黑龙江省次之，约减少 66 mm，辽宁省最小，约减少 6 mm，各省降水量均由大于多年平均转为低于多年平均；同时，相对 p2 时期，p3 时期各省温度均降低，其中吉林省下降幅度最大，约为 0.4℃，黑龙江省次之，约下降 0.2℃，辽宁省最小，下降约 0.05℃。降水量减少、温度降低导致该地区水分和热量条件变差，不利于该地区植被生长。p3 时期、p4 时期，东北地区各省降水量均低于多年平均降水量，并且相对 p3 时期，除吉林省降水量在 p4 时期略有增加、增加幅度约为 18 mm 外，黑龙江省、辽宁省降水量均下降，分别下降约 8 mm 和 34 mm；同时，相对 p3 时期，p4 时期东北各省温度均明显升高，其中吉林省温度升高幅度最大，约升高 1.5℃，辽宁省次之，约升高 1.4℃，黑龙江省最小，约升高 0.7℃。降水量减少导致土壤墒值下降，水分条件变差，温度升高进一步恶化了该地区水分条件，不利于该地区植被生长。

东北地区各省不同时期土地利用变化情况见表 2-2～表 2-4。由表可知，p1～p2 时期、p5～p6 时期以及 p6～p7 时期东北地区年最大 NDVI 增加网格数明显大于年最大 NDVI 降低网格数，这与上述该时期年最大 NDVI 整体增加相对应。p1～p2 时期东北地区土地利用变化整体以林地面积减少、城市用地面积增加为特征。这不利于该时期地表年最大 NDVI 增加。p6 时期、p7 时期，东北地区土地利用相对上一时期的变化均较小，绝大部分地类变化网格数在 15 个以内。具体而言，p1～p2 时期，在年最大 NDVI 显著增加地区，黑龙江省林地、耕地和水域网格数均减少，分别减少 98 个、88 个和 2 个；而城市用地、草地和未利用地网格数增加，分别增加 79 个、68 个和 41 个；吉林省则表现为耕地、林地、水域和未利用地面积减少，城市用地、草地面积增加，其中林地、耕地、水域和未利用地网格数依次分别减少 47 个、28 个、10 个和 2 个，城市用地、草地网格数依次增加 68 个和 19 个；辽宁省主要表现为林地、草地、未利用地面积减少，耕地、城市用地、水域面积增加，其中，林地、草地、未利用地网格数分别减少 83 个、9 个和 4 个，耕地、城市用地和水域网格数分别增加 44 个、43 个和 10 个。在年最大 NDVI 下降地区，东北地区土地利用变化幅度相对较小。

表 2-2　p1～p7 时期黑龙江省土地利用变化　　单位：个

土地类型	NDVI 增加地区土地利用变化（网格数）						NDVI 减少地区土地利用变化（网格数）					
	p1～p2	p2～p3	p3～p4	p4～p5	p5～p6	p6～p7	p1～p2	p2～p3	p3～p4	p4～p5	p5～p6	p6～p7
耕地	2 141−88	1 636+105	1 044+89	1 045+47	2 090+13	1 889+28	340+2	760+98	1 555+57	1 703−69	636+7	860+18
林地	3 152−98	1 699−16	1 752−60	1 392−27	2 404−6	1 957−13	775−24	2 206−56	1 981−60	2 221+50	1 232−3	1 670−5

土地类型	NDVI 增加地区土地利用变化（网格数）						NDVI 减少地区土地利用变化（网格数）					
	p1～p2	p2～p3	p3～p4	p4～p5	p5～p6	p6～p7	p1～p2	p2～p3	p3～p4	p4～p5	p5～p6	p6～p7
草地	407+68	307−45	226−4	235−21	337+2	290−7	116+4	288−24	300+24	311−16	172+0	221−3
水域	191−2	135−13	99−0	99+9	169−3	110−2	47+4	106−10	119−3	116+1	59−1	111−1
城市用地	52+79	92+0	58−3	58+1	114−1	101+1	12+7	58+0	92−5	84+10	38+0	50+3
未利用地	417+41	293−31	244−22	220−9	383−5	300−7	107+7	279−8	290−13	278+24	132−3	205−12
总计	6 361	4 074	3 423	3 049	5 495	4 644	1 397	3 697	4 336	4 713	2 269	3 117

表 2-3　p1～p7 时期吉林省土地利用变化　　单位：个

土地类型	NDVI 增加地区土地利用变化（网格数）						NDVI 减少地区土地利用变化（网格数）					
	p1～p2	p2～p3	p3～p4	p4～p5	p5～p6	p6～p7	p1～p2	p2～p3	p3～p4	p4～p5	p5～p6	p6～p7
耕地	1 052−28	602+48	664+26	289+19	861+0	853+8	115−9	528+4	518+2	921−31	337−1	344−5
林地	1 302−47	334+13	901−14	109+5	1 136+0	922+0	87+1	1 009+0	455+2	1 235−2	211+0	425−1
草地	149+19	140−40	57−7	56−8	87−1	114−7	19+0	46−1	88−9	73+11	45+1	18+0
水域	95−10	53−12	42−9	34−5	67+0	55+1	13+1	46−7	38−8	45+7	14+0	26+0
城市用地	23+68	55+2	56+1	23−6	72+1	71+2	1+5	42+3	46+0	80+9	34+0	36+6
未利用地	169−2	156−1	54+3	110−5	108+0	181−4	32+2	45−1	137−3	81+6	84+0	11+0
总计	2 789	1 340	1 774	621	2 331	2 196	267	1 716	1 282	2 435	725	860

表 2-4 p1～p7 时期辽宁省土地利用变化 单位：个

土地类型	NDVI 增加地区土地利用变化（网格数）						NDVI 减少地区土地利用变化（网格数）					
	p1～p2	p2～p3	p3～p4	p4～p5	p5～p6	p6～p7	p1～p2	p2～p3	p3～p4	p4～p5	p5～p6	p6～p7
耕地	819+44	364+7	541–4	186+4	694–2	520–2	118–14	603+9	442+10	814–5	304+1	478–1
林地	883–83	239–4	531–5	237–1	648–1	532+0	102–2	661–11	354–22	622+18	233+0	346+0
草地	138–9	80–6	77+8	21–6	122+0	101+0	2+4	54–1	51+15	129–15	7+0	28+0
水域	52+10	21–1	43+4	12+2	48+0	34+0	4+3	48+0	25–3	58+0	25+0	39–2
城市用地	53+43	30+5	73–2	26+0	84+3	58+2	5+10	81+2	45–1	94+3	39–1	67+3
未利用地	20–4	3–1	12–1	5+0	15+0	10+0	2–1	14+1	5+1	13–1	2+0	7+0
总计	1 965	737	1 277	487	1 607	1 255	233	1 461	921	1 730	610	963

p4～p5 时期，东北地区年最大 NDVI 减少网格数明显大于年最大 NDVI 增加网格数，这与上述年最大 NDVI 整体下降的结论一致。该时期，除黑龙江省土地利用变化幅度相对较大外，其他两省土地利用变化幅度相对较小。具体而言，黑龙江省林地、未利用地和城市用地面积明显增加，网格数分别增加 50 个、24 个和 10 个；而耕地、草地面积减少，分别减少 69 个和 16 个网格。而在年最大 NDVI 增加地区，土地利用主要表现为耕地、水域面积增加，分别增加 47 个和 9 个网格，而林地、草地和未利用地面积减少，分别减少 27 个、21 个和 9 个网格。在吉林省，年最大 NDVI 减少地区土地利用变化相对明显，主要表现为耕地面积减少，网格数减少 31 个，而其他地类相对增加，其中草地增加 11 个网格，城市用地增加 9 个网格、水域增加 7 个网格、未利用地增加 6 个网格。辽宁省年最大 NDVI 减少地区林地面积略有增加、草地面积略有减少，年最大 NDVI 增加区土地利用变化不明显。

p2～p3 时期、p3～p4 时期东北地区土地利用变化主要发生在黑龙江省和吉林省的年最大 NDVI 增加地区，而其他地区土地利用变化幅度相对较小。

具体而言，p2～p3 时期，黑龙江省年最大 NDVI 增加地区（除城市用地外）主要表现为耕地扩张，其中耕地网格数增加 105 个，其他地类网格数均减少，其中草地网格数减少 45 个，未利用地网格数减少 31 个，林地网格数减少 16 个，水域网格数减少 13 个；年最大 NDVI 减少地区同样表现为耕地扩张，其中耕地网格数增加 98 个，林地、草地、未利用地、水域分别减少 56 个、24 个、10 个和 8 个网格。在吉林省年最大 NDVI 增加地区，主要表现为耕地、林地面积增加，分别增加 48 个、13 个网格，而草地、水域面积减少，分别减少 40 个、12 个网格；年最大 NDVI 减少地区土地利用变化幅度相对较小。p3～p4 时期，黑龙江省年最大 NDVI 增加地区主要表现为耕地面积增加，林地和未利用地面积减少，其中耕地增加 89 个网格，林地和未利用地减少 60 个和 22 个网格；在年最大 NDVI 减少地区主要表现为耕地、草地面积增加，分别增加 57 个和 24 个网格，而林地、未利用地面积减少，减少网格数分别为 60 个和 13 个。吉林省年最大 NDVI 增加地区主要表现为耕地、林地面积增加，草地、水域面积减少，其中耕地、林地网格数分别增加 48 个和 13 个，草地和水域网格数分别减少 40 个和 12 个。

2.2.3 黄淮海地区

黄淮海地区各省相邻 5 年年最大 NDVI 变化如图 2-15 所示。由图可知，p1～p7 时期黄淮海地区年最大 NDVI 整体呈增加趋势，并存在明显的“年际变化”（相邻 5 年之间的年最大 NDVI 差异，下同），其中 p1～p2 时期、p5～p6 时期各省年最大 NDVI 均有所增加；p2～p3 时期河北省、山东省年最大 NDVI 整体下降，安徽省、江苏省整体增加，而河南省则变化不大；p6～p7 时期河南省、山东省年最大 NDVI 整体下降，江苏省整体增加，而河北省、安徽省则变化不明显。p3～p4 时期、p4～p5 时期黄淮海各省年最大 NDVI 整体变化不大；从波动幅度上看，山东省年最大 NDVI 年际波动最剧烈，各相邻 5 年之间均存在明显差异，其次为安徽省、河北省，有 3

个相邻时期年最大 NDVI 变化明显，江苏省、河南省年际波动最弱，仅 2 个相邻时期年最大 NDVI 明显变化。

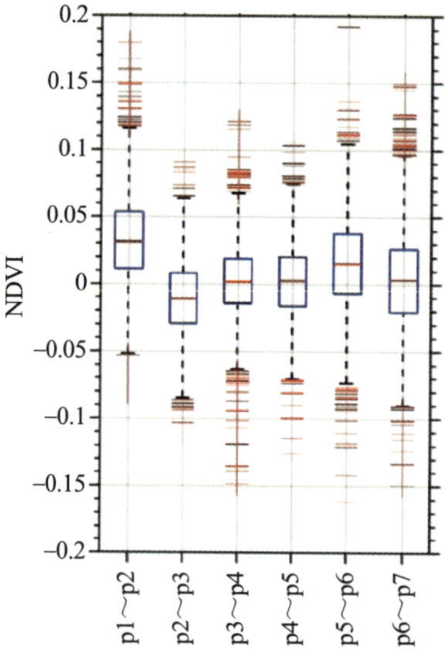

a. 河北省

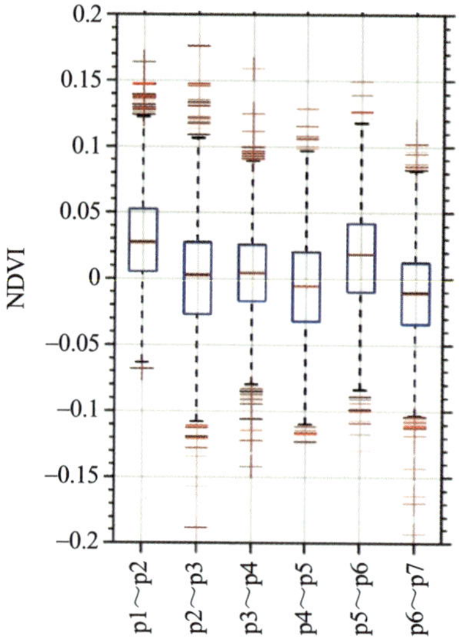

b. 河南省

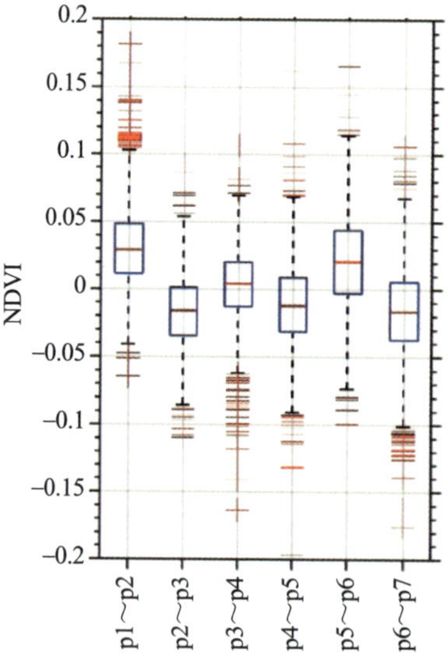

c. 山东省

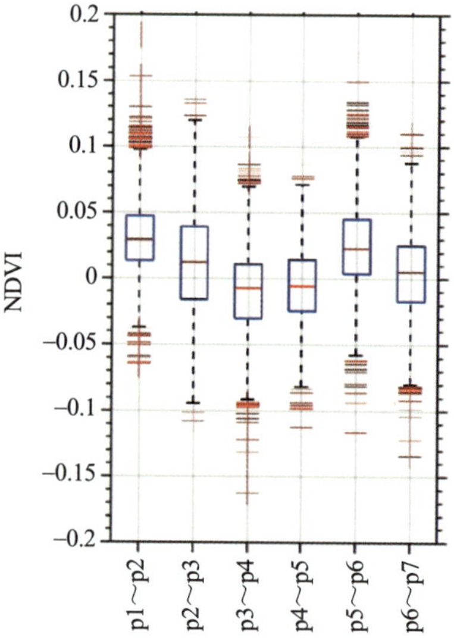

d. 安徽省

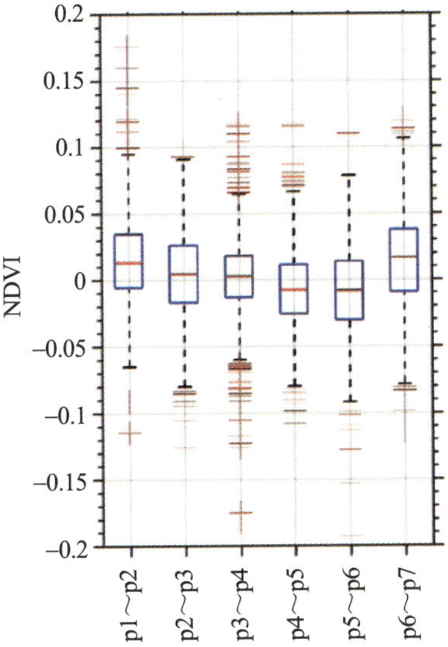

e. 江苏省

图 2-15　黄淮海地区各省相邻 5 年年最大 NDVI 变化箱式图

具体而言，p1～p2 时期，黄淮海地区各省年最大 NDVI 均增加，其中河北省、河南省、山东省和安徽省年最大 NDVI 增加幅度相对较大，均增加约 0.03（−0.06～0.12），增加网格数均占各省总网格数的 75%以上，江苏省年最大 NDVI 增加幅度相对较小，增加 0.015（−0.07～0.10），增加网格数约占全省总网格数的 70%。p5～p6 时期，除江苏省年最大 NDVI 略有下降、下降幅度为 0.01（−0.09～0.08）外，其他各省年最大 NDVI 均增加，其中安徽省增加幅度最大，为 0.025（−0.06～0.11）；山东省、河南省次之，分别增加 0.02（−0.07～0.07）、0.02（−0.08～0.12）；河北省年增加幅度最小，增加 0.015（−0.07～0.11）。

p2～p3 时期，河北省、山东省年最大 NDVI 均下降，其中山东省年最大 NDVI 下降幅度相对较大，为−0.02（−0.085～0.06），河北省次之，为−0.015

（−0.085～0.065）；安徽省、江苏省年最大 NDVI 整体增加，其中安徽省增加幅度相对较大，为 0.015（−0.095～0.13），江苏省年最大 NDVI 增加幅度相对较小，为 0.005（−0.08～0.09）；而河南省年最大 NDVI 整体变化不大，变化幅度为−0.11～0.11。p6～p7 时期，河南省、山东省年最大 NDVI 均下降，其中山东省下降 0.02（−0.10～0.07），河南省下降 0.01（−0.11～0.08）；江苏省年最大 NDVI，增加 0.02（−0.08～0.11）；而河北省、安徽省年最大 NDVI 变化不大，其中安徽省增加 0.005（−0.08～0.085），河北省增加 0.002（−0.09～0.10）。p3～p4 时期黄淮海地区年最大 NDVI 变化相对不明显。p4～p5 时期，河北省、河南省和安徽省年最大 NDVI 变化不明显，山东省、江苏省年最大 NDVI 有所下降，其中山东省下降 0.015（−0.09～0.07），江苏省下降 0.01（−0.08～0.07）。

黄淮海中部、北部地区地处暖温带，南部地区处于北亚热带，均位于季风气候区，热量相对丰富，降水量年际变化大，干旱频发。1982—2015 年，黄淮海北部地区山东省、河北省和河南省多年生长季平均降水量为 380～450 mm，多年生长季平均温度为 18.5～23℃；黄淮海南部地区安徽省、江苏省多年平均降水量为 600～700 mm，多年生长季平均温度为 22～23℃。从变化趋势上看，黄淮海地区各省生长季平均温度均升高，平均升高幅度大致为 0.3～1.0℃，降水量整体增加，增加幅度为 50～100 mm（图 2-18）。研究表明，黄淮海地区平均温度升高、降水量增加对黄淮海地区植被生长均有积极影响[2-4]，这为该地区年最大 NDVI 整体增加提供了气候变化背景。

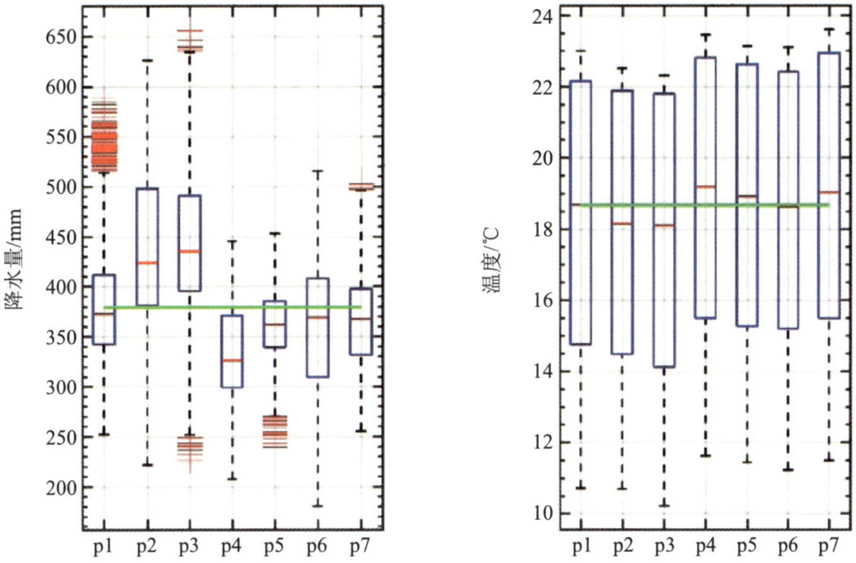
降水量/mm
650
600
550
500
450
400
350
300
250
200
p1 p2 p3 p4 p5 p6 p7
温度/℃
24
22
20
18
16
14
12
10
p1 p2 p3 p4 p5 p6 p7

a. 河北省

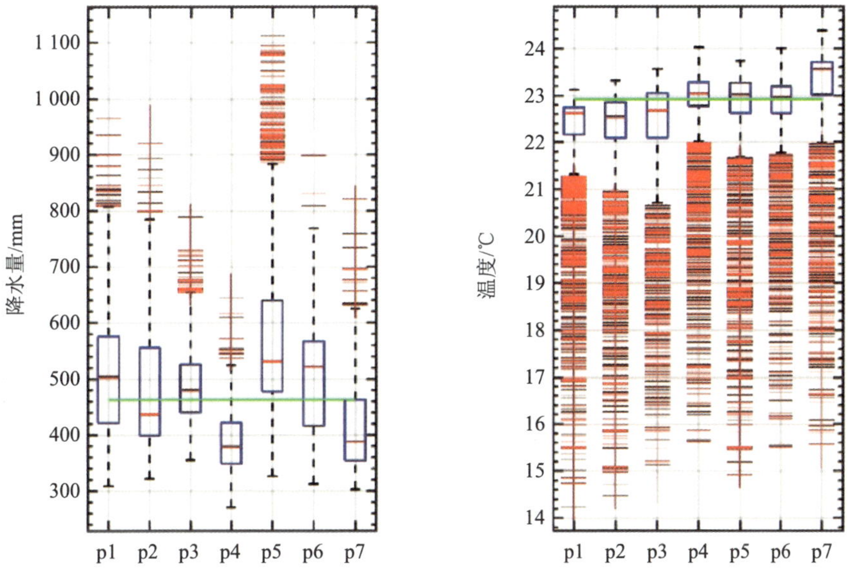
降水量/mm
1 100
1 000
900
800
700
600
500
400
300
p1 p2 p3 p4 p5 p6 p7
温度/℃
24
23
22
21
20
19
18
17
16
15
14
p1 p2 p3 p4 p5 p6 p7

b. 河南省

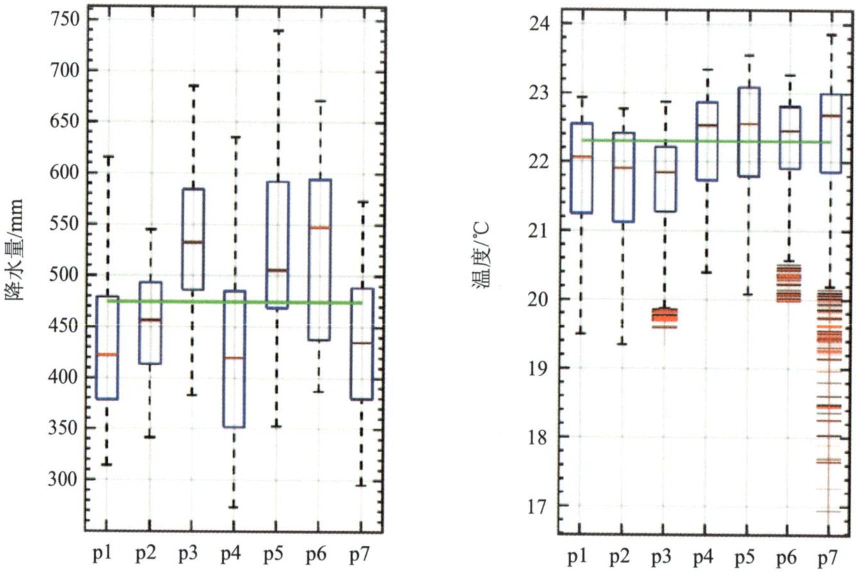
降水量/mm
750
700
650
600
550
500
450
400
350
300
p1 p2 p3 p4 p5 p6 p7
温度/℃
24
23
22
21
20
19
18
17
p1 p2 p3 p4 p5 p6 p7

c. 山东省

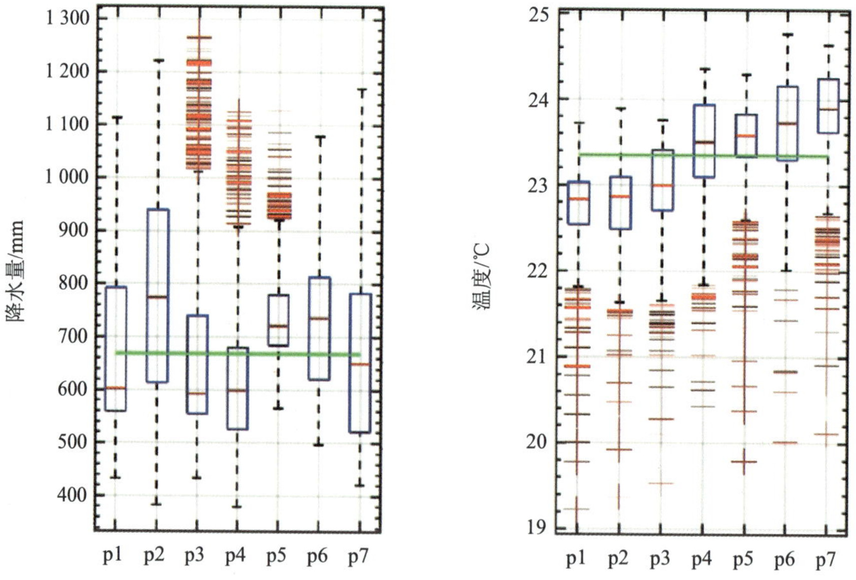
降水量/mm
1 300
1 200
1 100
1 000
900
800
700
600
500
400
p1 p2 p3 p4 p5 p6 p7
温度/℃
25
24
23
22
21
20
19
p1 p2 p3 p4 p5 p6 p7

d. 安徽省

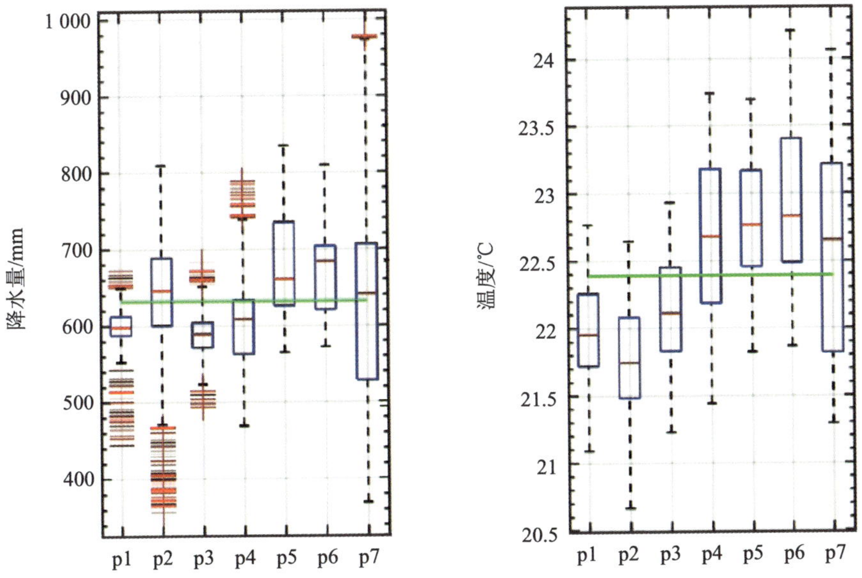

e. 江苏省

图 2-16 黄淮海地区各省相邻 5 年降水量（左）、温度（右）变化箱式图

p1～p2 时期，黄淮海地区降水量整体增加，温度整体下降，该时期气候变化条件是否有利于植被生长取决于降水量增加给植被生长带来的积极影响是否大于温度降低对植被生长的负面影响。具体而言，p1～p2 时期，除河南省降水量有所减少、约减少 69 mm 外，其他省降水量均增加，且降水量由低于多年平均水平转为接近甚至远超过多年平均水平，其中安徽省增加幅度最大，约增加 173 mm，江苏省、河北省次之，分别约增加 52 mm 和 51 mm，山东省增加幅度最小，约增加 34 mm。降水量增加为该地区提供了良好的水分条件，利于植被生长。对于温度变化而言，p1～p2 时期，黄淮海地区除安徽省平均温度略有增加、约增加 0.1℃外，其他各省平均温度均下降，其中河北省下降幅度最大，约下降 0.6℃，山东省、江苏省次之，均下降 0.2℃，河南省最小，约下降 0.1℃，温度下降导致该地区热量条件

变差，不利于该地区植被生长。p5～p6 时期，黄淮海地区降水量整体均高于多年平均降水量，且降水量整体增加，增加幅度为 5～50 mm；对于温度而言，各省温度整体下降，变化幅度为–0.3～0.1℃。与 p1～p2 时期类似，该时期气候变化条件是否有利于植被生长取决于降水量增加给植被生长带来的积极影响是否大于温度降低对植被生长的负面影响。具体而言，p5～p6 时期，除河南省降水量略有减少、约减少 9 mm 外，其他各省降水量均增加，其中山东省降水量增加幅度最大，约增加 42 mm，江苏省、安徽省次之，分别约增加 23 mm 和 15 mm，河北省最小，约增加 7 mm。对于温度而言，河北省、山东省平均温度均下降，分别下降约 0.3℃和 0.2℃，安徽省略有升高，约升高 0.1℃，河南省和江苏省平均温度变化不明显。

p2～p3 时期，黄淮海地区降水量变化存在明显的南北差异性，其中黄淮海北部地区降水量整体增加，增加幅度为 12～77 mm，黄淮海南部地区降水量整体减少，减小幅度为 53～81 mm；对于温度而言，黄淮海地区温度整体升高，变化幅度为–0.1～0.4℃。对于黄淮海北部地区，降水量增加、温度升高为该地区提供了良好的水分、热量条件，利于植被生长；而对于黄淮海南部地区，降水量减少导致土壤墒值下降、温度升高进一步加速了该地区土壤水分散失，因此不利于该地区植被生长。具体而言，河北省、河南省和山东省降水量均增加，其中山东省降水量增加幅度最大，约增加 77 mm，河南省、河北省次之，分别约为 43 mm 和 12 mm；安徽省、江苏省降水量均减少，分别减少约 81 mm 和 53 mm。对于温度而言，河南省、安徽省和江苏省平均温度均升高，其中江苏省升高幅度最大，约为 0.4℃，河南省次之，约为 0.2℃，安徽省最小，约为 0.1℃；山东省平均温度整体下降，约下降 0.3℃，河北省平均温度未发生明显变化。p6～p7 时期，黄淮海地区平均降水量均减少，平均减少约 55 mm，且由整体高于多年平均水平转为低于多年平均水平；同时该时期温度整体升高，约升高 0.3℃。降水量减少导致该地区水分条件变差；而温度升高导致该地区蒸散发强度增大，不利于土壤保墒。因此该时期气候变化不利于该地区植被生长。具体而言，各省降水量下降幅度各有不同，其中山东省下降幅度最大，下降 113 mm；安徽省、江苏省、河南省次之，分别下降约 85 mm、43 mm 和 35 mm；河北省最小，约为 2 mm。对于温度而言，黄淮海地区平均温度整体升高，其中河南省升高幅度最大，约升高 0.6℃；河北省、山东省次之，分别约升高 0.4℃和 0.3℃；安徽省最小，约升高 0.2℃；而江苏省平均温度降低，约降低 0.1℃。

p3～p4 时期、p4～p5 时期，黄淮海地区年最大 NDVI 整体变化不大，但两个时期的气候变化背景各不相同。其中，p3～p4 时期黄淮海各省降水量整体下降，且由高于多年平均水平转为低于多年平均水平，导致该地区水分条件变差，同时黄淮海地区各省平均温度均升高，使得土壤水分更易散失，不利于土壤保墒，因此该时期气候变化不利于植被生长。p4～p5 时期，黄淮海地区降水量整体增加，且由低于多年平均降水量转为高于多年平均降水量，使得水分条件变好，同时，黄淮海平均温度整体略有下降，但仍高于多年平均温度，为该地区提供了良好的热量条件，因此，该时期气候变化利于植被生长。

p1～p2 时期，黄淮海地区年最大 NDVI 增加网格数明显大于年最大 NDVI 降低网格数，这与上述该时期年最大 NDVI 整体增加的结论一致（表 2-5～表 2-9）。同时，该时期土地利用变化主要表现为城市的扩张，但转为城市用地的地类在不同地区有所不同。在年最大 NDVI 增加地区，河北省、安徽省城市用地主要由林地转化而来，而在河南省、山东省、江苏省城市用地主要由耕地转化而来。具体而言，河北省城市用地网格数增加 70 个，同时林地、草地网格数分别减少 43 个和 27 个；河南省城市用地网格数增加 117 个，同时耕地和林地网格数分别减少 112 个和 16 个；山东省城市用地网格数增加 125 个，同时耕地网格数减少 149 个；安徽省城市用地网格数增加 89 个，同时林地、耕地网格数分别减少 59 个和

22 个；江苏省城市用地网格数增加 91 个，同时耕地网格数减少 62 个，未利用地网格数减少 11 个，林地和草地网格数分别减少 9 个和 7 个。在年最大 NDVI 减少地区，黄淮海城市用地主要由耕地转化而言，但变化幅度均相对较小。p5～p6 时期、p2～p3 时期以及 p6～p7 时期黄淮海地区土地利用变化幅度均较小。

表 2-5　p1～p7 时期河北省土地利用变化　　单位：个

土地类型	NDVI 增加地区土地利用变化（网格数）						NDVI 减少地区土地利用变化（网格数）					
	p1～p2	p2～p3	p3～p4	p4～p5	p5～p6	p6～p7	p1～p2	p2～p3	p3～p4	p4～p5	p5～p6	p6～p7
耕地	1 239+5	526−6	820−36	726+13	1 008−3	624−2	238−10	945−4	641−19	682+37	450−3	828−8
林地	552−43	150−1	261−10	338−13	361+2	391+1	54−9	404−1	293+7	213+15	192+0	164+0
草地	506−27	198−3	286+8	303−13	382+0	410+0	70−4	347+1	257−6	243−18	159+0	131−1
水域	31+6	16−1	27+13	28−3	35−2	19+0	8+0	29−3	16+3	33−13	10+0	24+1
城市	51+70	48+8	102+22	106−7	121+3	59+1	10+23	106+8	68+15	109−21	67+4	137+6
未利用	25−11	15−1	5+3	15−3	8+0	15+0	9+0	8−1	16+0	9+0	13−1	5+0
总计	2 404	953	1 501	1 516	1 915	1 518	389	1 839	1 291	1 289	891	1 289

表 2-6　p1～p7 时期河南省土地利用变化　　单位：个

土地类型	NDVI 增加地区土地利用变化（网格数）						NDVI 减少地区土地利用变化（网格数）					
	p1～p2	p2～p3	p3～p4	p4～p5	p5～p6	p6～p7	p1～p2	p2～p3	p3～p4	p4～p5	p5～p6	p6～p7
耕地	1 328−112	941+4	820−1	608−10	1 010−1	505−1	337−20	592+4	721−21	913−13	514−6	1 012−10
林地	303−16	99−5	220−1	232+17	291+0	188+0	78+10	276+9	159+0	146−16	88+0	191+0

土地类型	NDVI 增加地区土地利用变化（网格数）						NDVI 减少地区土地利用变化（网格数）					
	p1～p2	p2～p3	p3～p4	p4～p5	p5～p6	p6～p7	p1～p2	p2～p3	p3～p4	p4～p5	p5～p6	p6～p7
草地	130−8	29−2	104−16	54+1	94+0	74+1	32−9	116−12	27+9	70+6	37+0	57+0
水域	36+21	34−2	30−2	24+3	43+0	31−1	12−2	32−9	25+5	34−3	15+2	29+0
城市	52+117	114+5	106+18	104−11	138+1	56+1	12+22	89+8	110+6	136+1	92+4	179+10
未利用	3−2	0+0	0+0	0+0	1+0	1+0	0+0	1−0	1+1	2−1	0+0	0+0
总计	1 852	1 217	1 280	1 022	1 577	855	471	1 106	1 043	1 301	746	1 468

表 2-7 p1～p7 时期山东省土地利用变化 单位：个

土地类型	NDVI 增加地区土地利用变化（网格数）						NDVI 减少地区土地利用变化（网格数）					
	p1～p2	p2～p3	p3～p4	p4～p5	p5～p6	p6～p7	p1～p2	p2～p3	p3～p4	p4～p5	p5～p6	p6～p7
耕地	1 484−149	374−2	837−9	471−3	1 061−7	455−1	174−21	1 114−16	633−11	988+10	406−6	999−3
林地	112+11	59+0	79+11	48−6	113+0	48+0	22+1	87+0	67+4	113−10	32+0	97+0
草地	150+2	64+0	95+9	76−11	138+0	43+0	45−10	123−3	89+2	1 021−2	45−1	139−1
水域	41+8	18+2	42+4	21+3	43+0	28+0	9−1	39+11	28−2	51−5	27+1	43+1
城市	88+125	54+1	154−13	103+19	200+9	102+1	16+32	207+14	122+4	165+10	97+6	210+2
未利用	26+3	10−1	11−2	14−2	21−2	4+0	5−1	23−6	14+3	12−3	0+0	15+1
总计	1 901	579	1 218	733	1 576	680	271	1 593	953	1 450	607	1 503

表 2-8 p1～p7 时期安徽省土地利用变化 单位：个

土地类型	NDVI 增加地区土地利用变化（网格数）						NDVI 减少地区土地利用变化（网格数）					
	p1～p2	p2～p3	p3～p4	p4～p5	p5～p6	p6～p7	p1～p2	p2～p3	p3～p4	p4～p5	p5～p6	p6～p7
耕地	1 006−22	859−5	369−3	458+5	884−5	523−7	168−11	282+1	768+4	681−14	246−5	597−9
林地	452−59	91−1	238+11	206−17	334+0	329+0	31−4	329−3	180+24	247−18	84+0	89+0
草地	120+0	51−3	65−6	46+5	99+0	92+0	7+0	76+2	61−14	60+15	27+0	34+1
水域	77−7	45+1	47−6	42+0	64−1	41+1	13+0	38+0	37−2	34+8	20+1	43+0
城市	26+89	113+6	42+4	44+7	119+6	72+6	8+16	26+0	103−12	93+9	34+4	91+8
未利用	1−1	0+0	0+0	0+0	0+0	0+0	1−1	0+0	0+0	0+0	0+0	0+0
总计	1 682	1 159	761	796	1 500	1 057	228	751	1 149	1 115	411	854

表 2-9 p1～p7 时期江苏省土地利用变化 单位：个

土地类型	NDVI 增加地区土地利用变化（网格数）						NDVI 减少地区土地利用变化（网格数）					
	p1～p2	p2～p3	p3～p4	p4～p5	p5～p6	p6～p7	p1～p2	p2～p3	p3～p4	p4～p5	p5～p6	p6～p7
耕地	729−62	568−6	551−7	377−27	402−6	629−5	336−6	429−11	429+2	600−4	544−16	295−7
林地	28−9	19+0	16+5	22−2	17+0	25−2	21−5	16+0	19+7	26−10	19−1	10+0
草地	14−7	4+0	1+1	2+0	1+0	3−1	2−2	3+0	6−1	5−3	3+0	1−1
水域	74−2	39+2	62+17	53+2	45−1	73−2	41−8	66+1	46−3	69−5	74−1	45−1
城市	54+91	102+4	89−16	75+27	70+7	157+9	13+21	77+11	105−5	98+22	152+18	90+7
未利用	12−11	0+0	0+0	0+0	0+0	0+1	0+0	1−1	0+0	0+0	0+0	0+0
总计	911	732	719	529	535	887	413	592	605	798	792	441

p3～p4 时期，黄淮海地区年最大 NDVI 增加与减少的网格数基本相当。这与该时期年最大 NDVI 整体变化不明显的结论一致（表 2-6～表 2-9）。该时期，土地利用变化幅度相对较小，其中黑龙江省、河南省年最大 NDVI 减少区主要表现为退耕；河南省的年最大 NDVI 增加区主要为城市扩展；安徽省的年最大 NDVI 减少区主要表现为还林；而其他地区土地利用变化幅度相对较小。具体而言，黑龙江省年最大 NDVI 增加区、减少区耕地网格数分别减少 36 个和 19 个，均主要转为了城市用地；河南省年最大 NDVI 减少区耕地网格数减少 21 个，同时草地、水域、城市用地网格数分别增加 9 个、5 个和 6 个。安徽省年最大 NDVI 减少地区林地面积增加 24 个网格数，同时城市用地、草地网格数分别减少 14 个和 12 个。其他地区土地利用变化幅度相对较小。

2.2.4 北方中西部地区

北方中西部地区相邻 5 年年最大 NDVI 变化如图 2-17 所示。由图可知，p1～p7 时期北方中西部地区年最大 NDVI 呈增加趋势，且在 p4 时期以后增加趋势尤为明显。分时期来看，北方中西部地区 p1～p2 时期、p5～p6 时期以及 p6～p7 时期年最大 NDVI 整体增加，平均增加幅度分别约为 0.015、0.03 和 0.035；而 p2～p3 时期、p3～p4 时期以及 p4～p5 时期北方中西部地区年最大 NDVI 整体变化相对较小，平均变化幅度均在 0.01 之内。从年最大 NDVI 波动强度上看，山西省最大，相邻 5 年差异中有 4 个相邻时期差异明显；其次为陕西省；再次为甘肃省和宁夏回族自治区；内蒙古自治区最小，仅 1 个相邻时期年最大 NDVI 差异明显。

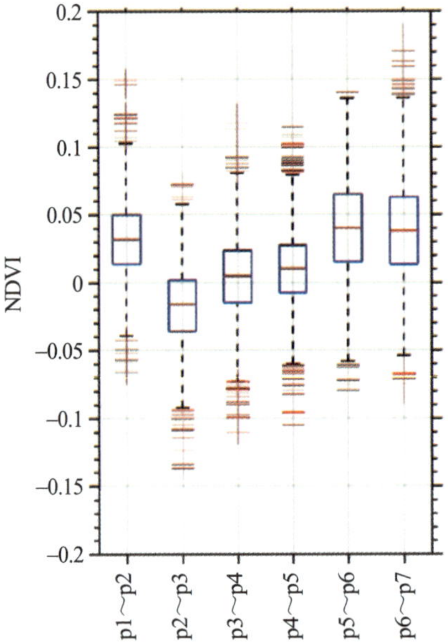

a. 山西省

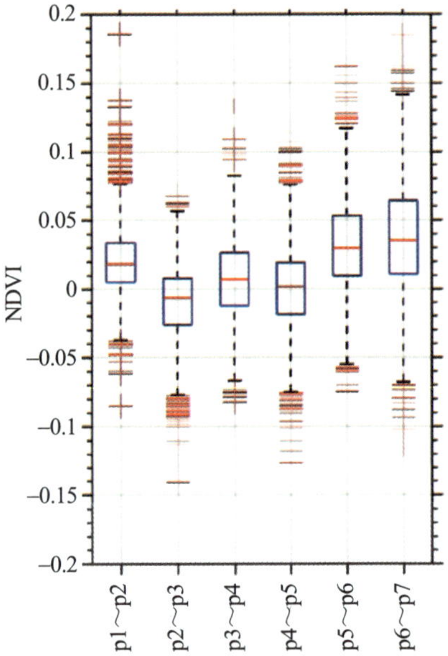

b. 陕西省

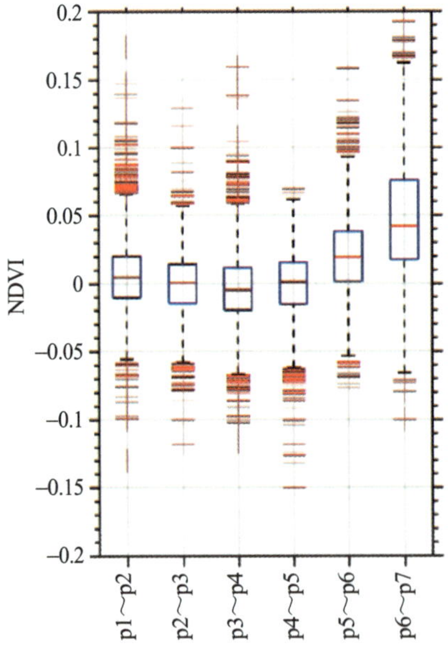

c. 甘肃省

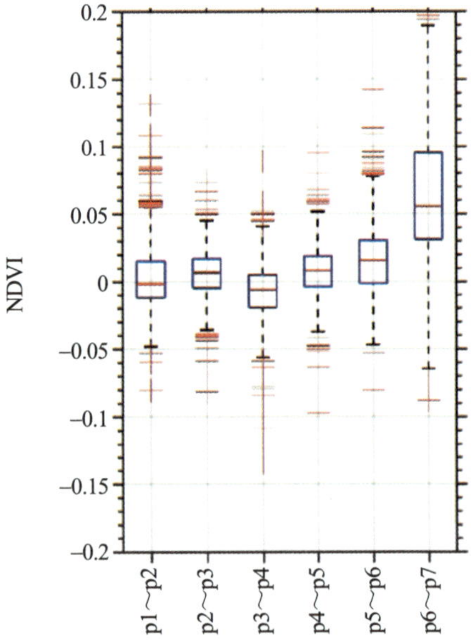

d. 宁夏回族自治区

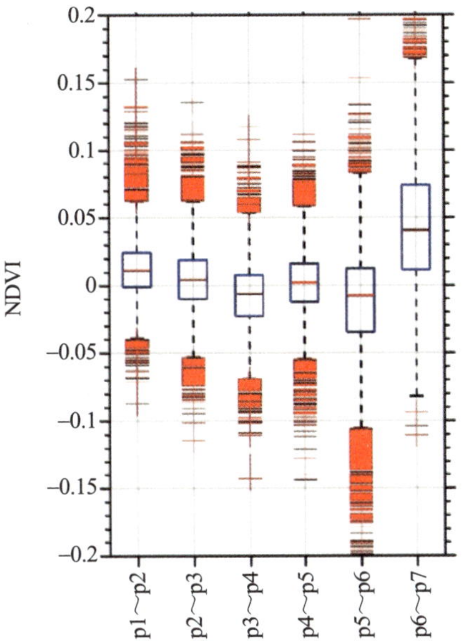

e. 内蒙古自治区

图 2-17 北方中西部地区各省（自治区）相邻 5 年地表最大 NDVI 变化箱式图

具体而言，p1～p2 时期，北方中西部地区年最大 NDVI 整体增加，其中山西省年最大 NDVI 增加幅度最大，约为 0.03（−0.04～0.10），增加网格数约占全省（自治区）总网格数的 80%；陕西省、内蒙古自治区次之，分别约为 0.02（−0.04～0.08）和 0.01（−0.04～0.065），增加网格数均大于全省（自治区）的 75%；甘肃省、宁夏回族自治区年最大 NDVI 变幅较小。p5～p6 时期，北方中西部地区年最大 NDVI 整体增加，其中山西省年最大 NDVI 增加幅度最大，约为 0.04（−0.06～0.14），增加网格数约占全省总数的 80%；陕西省、甘肃省、宁夏回族自治区次之，分别约为 0.03（−0.05～0.07）、0.02（−0.05～0.09）和 0.018（−0.05～0.08），增加网格数均占全省（自治区）总数的 75%以上；内蒙古自治区年最大 NDVI 整体略有下降，约为−0.01（−0.11～0.08）。p6～p7 时期，北方中西部地区年最大 NDVI 均有所增加，其中内蒙古自治区增加幅度最大，约为 0.055（−0.065～0.19），增加网格数约占总网格数的 85%；内蒙古自治区、甘肃省年最大 NDVI 增加幅度次之，分别约为 0.04（−0.08～0.17）和 0.04（−0.065～0.16），增加网格数均占总网格数的 80%左右；陕西省、山西省年最大 NDVI 增加幅度最小，分别约为 0.035（−0.05～0.14）和 0.035（−0.07～0.14），增加网格数均占总网格数的 75%以上。

p2～p3 时期、p3～p4 时期和 p4～p5 时期年最大 NDVI 变化相对较小。p2～p3 时期，山西省、陕西省年最大 NDVI 均下降，其中山西省约下降 0.018（−0.04～0.10），下降网格数约占总网格数的 75%，陕西省约下降 0.01（−0.075～0.055），下降网格数约占 70%；内蒙古自治区、宁夏回族自治区年最大 NDVI 略有增加，平均增加幅度均在 0.01 之内，增加网格数均约为 55%；甘肃省年最大 NDVI 变化不大。p3～p4 时期，山西省、陕西省年最大 NDVI 均增加，增加幅度在 0.01 之内，内蒙古自治区、宁夏回族自治区和甘肃省年最大 NDVI 略有下降，下降幅度在 0.01 之内。p4～p5 时期，山西省、内蒙古自治区年最大 NDVI 有所增加，其中山西省约增加 0.01（−0.06～0.08），内蒙古自治区约增加 0.01（−0.06～0.05）；而陕西省、甘肃省、内蒙古自治区年最大 NDVI 变化不大。

北方中西部地区绝大部分位于半干旱—干旱地区，水资源匮乏、降水量稀少、常年干旱，同时又处于中温带地区且海拔较高，热量资源相对不足，但水分条件对该地区植被生长的限制相对更严重[5]。从多年平均水平上看，该地区平均降水量为 150～400 mm，平均温度为 14.5～18.5℃。从年代际变化上看，北方中西部地区降水量整体呈增—减—增的变化特征，转折点大致位于 p4 时期，而温度整体呈增加趋势。降水量增加、温度升高为该地区提供了相对较好的水分和热量条件，利于植被生长。

p1～p2 时期、p5～p6 时期和 p6～p7 时期年最大 NDVI 整体增加，但不同时期、不同省的气候变化背景各不相同。具体而言，p1～p2 时期，山西省、宁夏回族自治区和内蒙古自治区降水量均增加，其中内蒙古自治区增加幅度最大，约为 17 mm；山西省、宁夏回族自治区次之，分别约为 16 mm 和 7 mm，降水量增加利于该地区植被生长；而甘肃省、陕西省年最大 NDVI 整体下降，分别下降约 13 mm 和 32 mm。对于温度而言，北方中西部地区温度整体升高，其中甘肃省温度升高幅度最大，约为 0.2℃；陕西省、内蒙古自治区次之，均约为 0.1℃；而宁夏回族自治区、山西省温度均下降，其中宁夏回族自治区约下降 0.1℃，山西省温度下降幅度小于 0.1℃；温度升高为该地区提供了良好的热量条件，利于植被生长；而降水量减少、温度升高（甘肃省）不利于植被生长。

p5～p6 时期，北方中西部地区东部降水量增加、温度升高；北方中西部地区中部、西部降水量减少、温度整体升高。降水量增加、温度升高为该地区提供了相对较好的水分和热量条件，利于植被生长，而降水量减少、温度升高不仅导致该地区水分条件变差，而且导致水分散失速度加快，不利于土壤保墒。具体而言，p5～p6 时期，山西省、陕西省降水量整体增加，分别增加约 17 mm 和 20 mm，且由低于多年平均降水量转为高于多年平均降水量，利于植被生长；而甘肃省、宁夏回族自治区、内蒙古自治区降水量在 p5～p6 时期均低于多年平均水平，且 p5～p6 时期降水量明显减少，其中甘肃省下降幅度最大，约为 37 mm；内蒙古自治区次之，约为 23 mm；宁夏回族自治区最小，约为 12 mm，降水量减少不利于该地区植被生长。对于温度而言，p5～p6 时期，北方中西部地区温度均升高，其中甘肃省温度升高幅度最大，约为 0.4℃；山西省、宁夏回族自治区次之，均约为 0.2℃；陕西省、内蒙古自治区相对最小，约为 0.1℃。降水量减少、温度降低导致该地区土壤水分匮缺，不利于植被生长。

p6～p7 时期，北方中西部地区各省降水量均增加，温度整体变化不大。降水量增加利于该地区植被长势变好。对于降水量而言，甘肃省、内蒙古自治区降水量增加幅度相对较大，分别约增加 68 mm 和 60 mm；宁夏回族自治区次之，约增加 19 mm；山西省、陕西省增加幅度相对最小，均约为 14 mm。对于温度而言，北方中西部地区平均温度变化相对较小，其中山西省温度约降低 0.2℃，甘肃省、宁夏回族自治区均增加 0.1℃，其他地区温度变化幅度均低于 0.1℃。

p2～p3 时期、p3～p4 时期和 p4～p5 时期，北方中西部地区年最大 NDVI 整体变化相对较小。p2～p5 时期，北方中西部地区各省降水量均先降低后增加，而温度整体先升高后降低，降水量与温度呈反相位变化，是否有利于植被生长则取决于降水量增加（减少）的积极（负面）影响是否大于（小于）温度下降（升高）的负面（积极）影响，如图 2-18 所示。

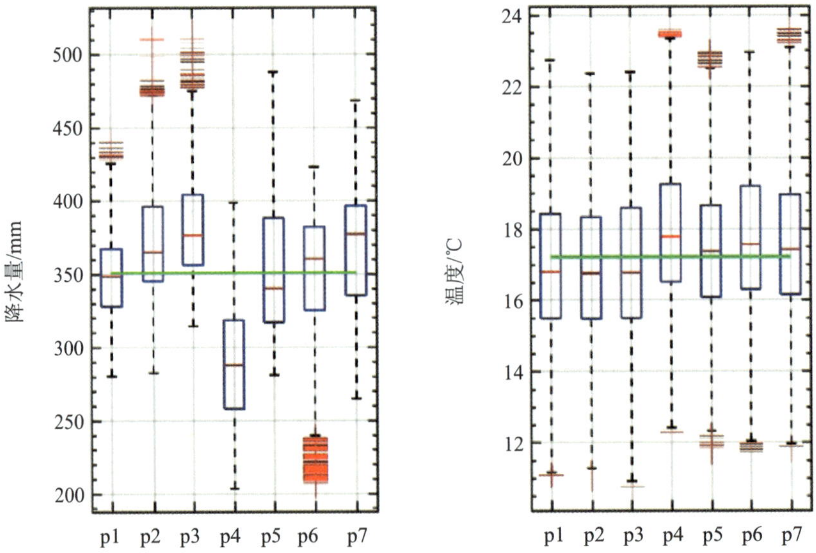

a. 山西省

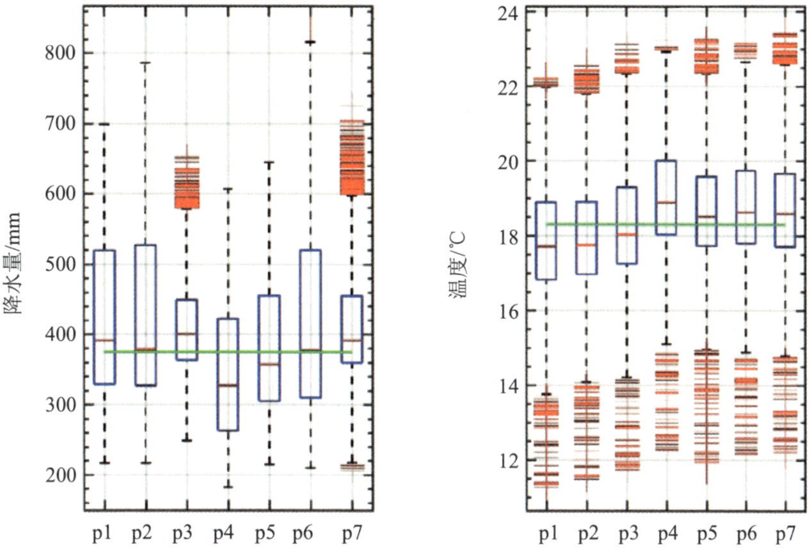
800
700
600
500
400
300
200
降水量/mm
p1 p2 p3 p4 p5 p6 p7
24
22
20
18
16
14
12
温度/°C
p1 p2 p3 p4 p5 p6 p7

b. 陕西省

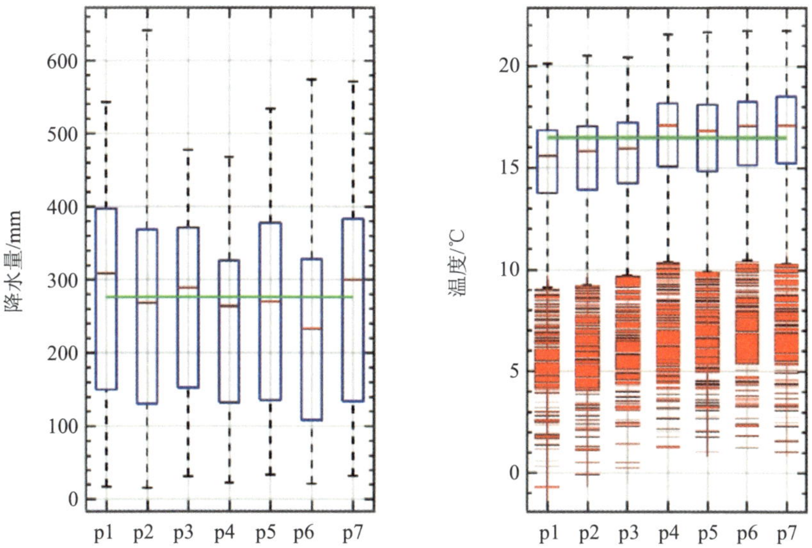
600
500
400
300
200
100
0
降水量/mm
p1 p2 p3 p4 p5 p6 p7
20
15
10
5
0
温度/°C
p1 p2 p3 p4 p5 p6 p7

c. 甘肃省

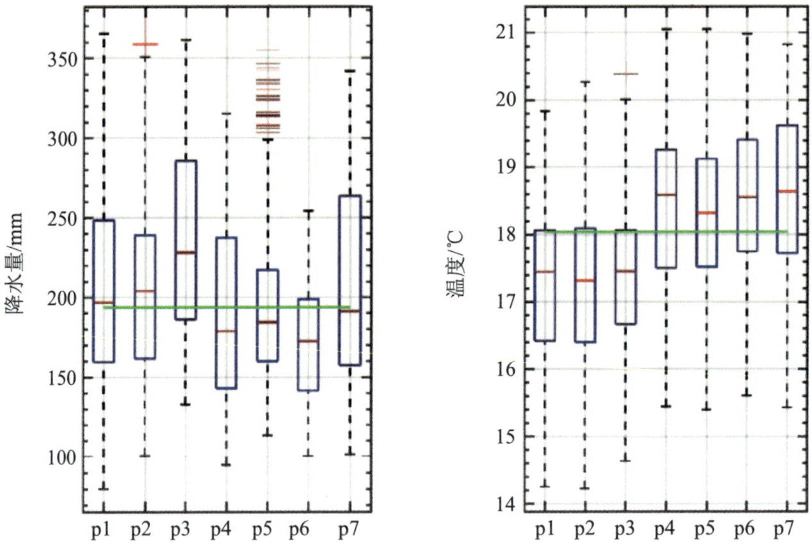

d. 宁夏回族自治区

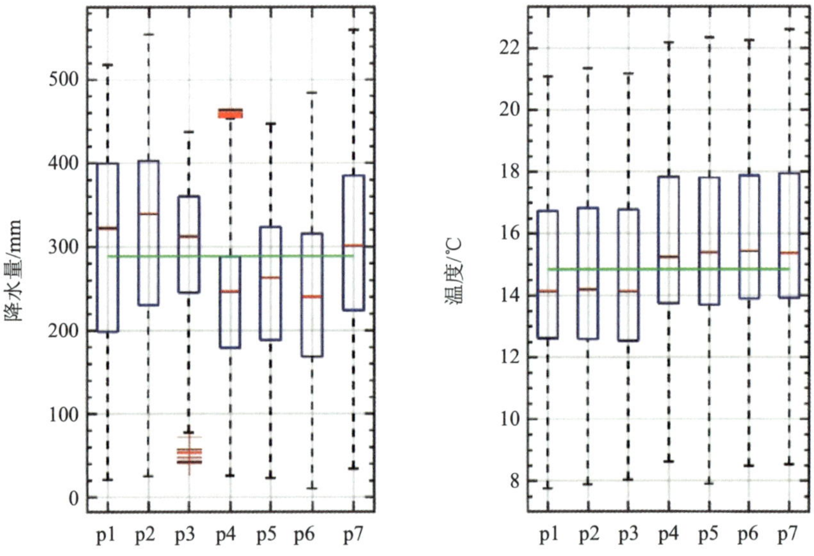

e. 内蒙古自治区

图 2-18　北方中西部地区各省（自治区）相邻 5 年降水量、温度变化箱式图

p1～p2 时期、p5～p6 时期和 p6～p7 时期，北方中西部地区年最大 NDVI 增加的网格数整体大于年最大 NDVI 减少的网格数，这与该时期年最大 NDVI 整体增加的结论一致。在不同时期、不同省土地利用变化特征不尽相同。p1～p2 时期，山西省、陕西省土地利用变化主要为耕地扩张，而甘肃省、宁夏回族自治区、内蒙古自治区主要表现为草场退化。具体而言，p1～p2 时期，山西省土地利用变化主要发生在植被增加区，以耕地面积增加，林地、草地面积减少为主，其中耕地增加 92 个网格，林地和草地分别减少 58 个、73 个网格；陕西省土地利用变化主要发生年最大 NDVI 增加地区，主要表现为耕地面积增加，草地面积减少，其中耕地增加 175 个网格，草地减少 161 个网格，可见，陕西省耕地主要由草地转来；甘肃省土地利用变化主要发生在年最大 NDVI 减少区，主要表现为草地面积减少，同时耕地、林地面积增加，其中草地减少 116 个网格，耕地、林地分别增加 86 个和 16 个网格。宁夏回族自治区土地利用变化相对较小且主要发生在年最大 NDVI 减少的地区，主要表现为耕地面积增加、草地面积减少，其中耕地增加 30 个网格，草地减少 30 个网格。内蒙古自治区土地利用变化在年最大 NDVI 增加区与减少区均有发生，且都表现为草场退化。其中年最大 NDVI 增加区，草地、耕地、林地分别减少 213 个、87 个和 27 个网格，而城市用地、水域和未利用地分别增加 78 个、31 个和 41 个网格。在年最大 NDVI 减少地区，草地、林地分别减少 72 个、9 个网格，而耕地、水域、城市用地分别增加 42 个、23 个和 15 个网格。p5～p6 时期、p6～p7 时期北方中西部地区土地利用未发生明显变化。

p2～p3 时期、p3～p4 时期和 p4～p5 时期，西北年最大 NDVI 整体变化不大。该时期土地利用变化特征存在明显的区域差异。其中，p2～p3 时期，土地利用变化明显的地区主要集中在内蒙古自治区以及宁夏回族自治区的年最大 NDVI 增加区；p3～p4 时期，土地利用变化明显的地区主要集中在内蒙古自治区、甘肃省和陕西省年最大 NDVI 增加区；p4～p5 时期，土地利用变化明显的地区主要集中在内蒙古自治区、陕西省和甘肃省。

具体而言，p2～p3 时期，宁夏回族自治区年最大 NDVI 增加区土地利用变化主要表现为草地面积减少、耕地面积增加，其中草地网格数减少 19 个，耕地网格数增加 12 个；内蒙古自治区年最大 NDVI 增加区主要表现为草地、水域面积减少，耕地、林地和未利用地面积增加，其中草地、水域网格数分别减少 73 个和 71 个，而耕地、林地和未利用地网格数分别增加 52 个、13 个和 15 个；年最大 NDVI 减少区主要表现为草地面积增加，耕地、林地面积减少，其中草地网格数增加 36 个，耕地、林地网格数分别减少 13 个和 25 个。

p3～p4 时期，甘肃省、陕西省年最大 NDVI 增加区主要表现为还林还草，而内蒙古自治区年最大NDVI增加区主要表现为耕地扩张，年最大NDVI减少区主要表现为毁林、草场退化和耕地扩张。具体而言，甘肃省林地、草地面积增加，耕地、未利用地面积减少，其中林地、草地网格数分别增加 21 个和 23 个，耕地、未利用地网格数分别减少 27 个和 18 个，陕西省年最大 NDVI 增加区土地利用表现为林地面积减少、耕地面积增加，其中林地网格数增加 20 个，耕地网格数减少 26 个。内蒙古自治区年最大 NDVI 增加区主要表现为草地面积下降，耕地、未利用地面积增加，其中草地网格数减少 73 个，耕地和未利用地网格数分别增加 51 个和 27 个。年最大 NDVI 减少区主要表现为草地、耕地面积增加，林地、未利用地面积减少，其中草地、耕地网格数增加 66 个和 42 个，林地、未利用地网格数分别减少 80 个和 34 个。

p4～p5 时期，陕西省年最大 NDVI 增加区土地利用主要表现为退耕还林还草，其中草地、林地分别增加 14 个和 10 个网格，耕地、水域分别减少 17 个和 16 个网格；年最大 NDVI 减少区，主要表现为毁林、草场退化和耕地扩张，其中林地、草地网格数分别减少 22 个和 18 个，耕地网格数增加 35 个。甘肃省年最大 NDVI 增加区土地利用变化主要表现为草场退化，其中草地网格数减少 27 个，耕地网格数增加 10 个；而年最大 NDVI 减少区则表现为毁林、草场退化和耕地扩张，其中林地、草地网格数分别减少 29 个和 27 个，耕地和未利用地网格数分别增加 44 个和 13 个。内蒙古自治区年最大 NDVI 增加区主要表现为草场退化，其中草地减少 126 个网格，而林地、未利用地网格数分别增加 57 个和 48 个；年最大 NDVI 减少区主要表现为林地和未利用地面积增加，草地和耕地面积减少，其中林地和未利用地网格数分别增加 31 个和 32 个，而草地和耕地网格数分别减少 37 个和 19 个，见表 2-10～表 2-14。

表 2-10　p1～p7 时期山西省土地利用变化　　单位：个

土地类型	NDVI 增加地区土地利用变化（网格数）						NDVI 减少地区土地利用变化（网格数）					
	p1～p2	p2～p3	p3～p4	p4～p5	p5～p6	p6～p7	p1～p2	p2～p3	p3～p4	p4～p5	p5～p6	p6～p7
耕地	681+92	297−2	526−12	578−12	707−2	791−3	116+7	599+3	371+15	322+2	183−2	95+0
林地	628−58	106+1	302+8	415−8	555+2	491−1	56+2	522−6	321−3	213+0	65+1	132−1
草地	678−73	183−1	415+0	446+16	634−2	597−1	98−16	504+1	272+0	241−14	55+0	90+0
水域	11+14	14+0	16−5	14+1	20+0	21+0	2+1	14+1	13−3	7+5	7+0	6+0
城市	20+24	15+2	22+9	14+1	44+2	45+6	4+6	39+1	35−8	14+7	22+1	24+1
未利用	1+1	1+0	1+0	1+2	3+0	3−1	0+0	1+0	1−1	0+0	0+0	0+0
总计	2 019	616	1 282	1 498	1 963	1 948	276	1 679	1 013	797	322	347

表 2-11　p1～p7 时期陕西省土地利用变化　　单位：个

土地类型	NDVI 增加地区土地利用变化（网格数）						NDVI 减少地区土地利用变化（网格数）					
	p1～p2	p2～p3	p3～p4	p4～p5	p5～p6	p6～p7	p1～p2	p2～p3	p3～p4	p4～p5	p5～p6	p6～p7
耕地	659+175	358+3	635−26	518−17	822−5	821+3	131+54	661+0	387−8	470+35	184+0	180−9

土地类型	NDVI 增加地区土地利用变化（网格数）						NDVI 减少地区土地利用变化（网格数）					
	p1～p2	p2～p3	p3～p4	p4～p5	p5～p6	p6～p7	p1～p2	p2～p3	p3～p4	p4～p5	p5～p6	p6～p7
林地	522−25	262+2	354+20	282+10	535+2	512−1	154−14	375+2	287+7	386−22	121+2	148+0
草地	1 078−161	432+3	645+6	638+14	992+0	1 010−10	249−45	689+7	486−2	497−18	139−2	119+0
水域	18−1	6−1	14+2	17−16	20+1	13+0	3+3	17−1	7+2	8+4	3+0	11−1
城市	7+25	12+0	31+4	15+0	31+1	27+10	2+3	25+4	10+4	34−5	13+0	18+10
未利用	98−13	44−7	45−6	48−1	64+1	27+10	5−1	45−12	25−3	13+6	2+0	1+0
总计	2 382	1 114	1 724	1 518	2 464	66−2	544	1 812	1 202	1 408	462	477

表 2-12　p1～p7 时期甘肃省土地利用变化　　单位：个

土地类型	NDVI 增加地区土地利用变化（网格数）						NDVI 减少地区土地利用变化（网格数）					
	p1～p2	p2～p3	p3～p4	p4～p5	p5～p6	p6～p7	p1～p2	p2～p3	p3～p4	p4～p5	p5～p6	p6～p7
耕地	620+1	514−2	358−27	513+10	807+0	915+2	254+86	447−4	597−11	404+44	164−1	55−1
林地	290+1	219−3	287+21	201+1	394−1	478−1	237+16	325−6	248+18	373−29	152+0	67+0
草地	1 060−41	1 049+4	801+23	1 040−27	1 506+3	1 798−6	1 060−116	914+11	1 177+17	978−27	458+2	171+0
水域	18+12	25+0	18−4	22+7	33+0	36+2	7+10	22−2	27−1	18−3	11−1	7+1
城市	8+30	34+3	17+5	27+5	48+0	54+8	4+11	19+0	39−8	26+2	12+0	6+3
未利用	967−3	1 419−2	1 387−18	828+4	1 930−2	1 962−5	1 401−7	941+1	972−15	1 513+13	428+0	394−3
总计	2 963	3 260	2 868	2 631	4 718	5 243	2 963	2 668	3 060	3 312	1 225	700

表 2-13 p1～p7 时期宁夏回族自治区土地利用变化 单位：个

土地类型	NDVI 增加地区土地利用变化（网格数）						NDVI 减少地区土地利用变化（网格数）					
	p1～p2	p2～p3	p3～p4	p4～p5	p5～p6	p6～p7	p1～p2	p2～p3	p3～p4	p4～p5	p5～p6	p6～p7
耕地	133+0	146+12	101+16	186−14	220+1	260+1	91+30	108+8	173+9	113−14	21+0	12+1
林地	13+0	13+6	8+0	18+1	24+0	29−1	11+1	12+0	23−1	12+0	7+0	2+0
草地	149−11	290−19	95−10	238+7	230−1	323−4	266−30	84−10	250−9	88+5	108	15−2
水域	18−8	6+1	4+0	6+2	11+0	12+0	2−1	5+0	8−2	4−1	2+1	2−1
城市	0+14	4+1	9−5	8+1	19+2	19+4	1+0	11+2	9−2	3+8	1+0	3+2
未利用	27+5	58−1	36−1	42+3	53−2	68+0	40+0	14+0	35+5	33+0	25−2	6+0
总计	340	517	253	498	557	711	411	234	498	253	194	40

表 2-14 p1～p7 时期内蒙古自治区土地利用变化 单位：个

土地类型	NDVI 增加地区土地利用变化（网格数）						NDVI 减少地区土地利用变化（网格数）					
	p1～p2	p2～p3	p3～p4	p4～p5	p5～p6	p6～p7	p1～p2	p2～p3	p3～p4	p4～p5	p5～p6	p6～p7
耕地	1 272−87	1 202+52	806+51	920+7	761+1	1 706+1	351+42	550−13	985+42	964−19	1 111+2	169−1
林地	2 458−27	1 026+13	1 395−9	1 200+57	1 264−1	1 766+5	500−9	1 896−25	1 515−80	1 621+31	1 645−3	1 139−2
草地	5 817−213	5 639−73	2 737−55	4 915−126	3 229+11	7 600−4	3 132−72	3 025+36	5 890+66	3 730−37	5 253+8	901−1
水域	80+41	146−71	91−5	93+5	94+1	157+2	48+23	46+2	96+8	97−17	85+0	23+2
城市	66+78	126+0	95−9	82+9	75+0	165+27	22+15	55+0	86−2	88+10	114+1	25+4
未利用	1 700+31	3 553+15	2 578+27	1 754+48	3 427−12	4 315−31	3 070+1	1 253+0	2 242−34	3 059+32	1 466−8	558−2
总计	11 393	11 691	7 702	8 964	8 850	15 709	7 123	6 825	10 814	9 559	9 674	2 815

2.2.5 长江中游地区

江西省、湖北省、湖南省相邻 5 年年最大 NDVI 变化如图 2-19 所示。由图可知，p1～p7 时期，长江中游地区年最大 NDVI 呈增—平—增的变化趋势，湖北省、湖南省表现尤为明显。分时段来看，p1～p2 时期、p5～p6 时期和 p6～p7 时期，长江中游地区各省年最大 NDVI 均增加，而 p2～p3 时期、p3～p4 时期和 p4～p5 时期，长江中游地区各省年最大 NDVI 整体变化不明显。从波动变化强度上看，湖南省波动强度＞江西省＞湖北省。

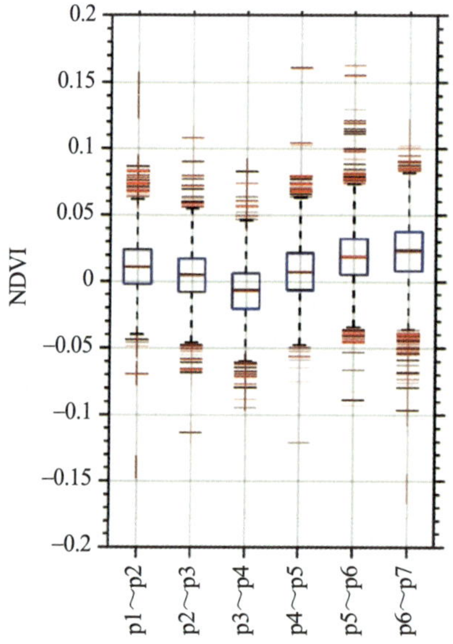

a. 江西省

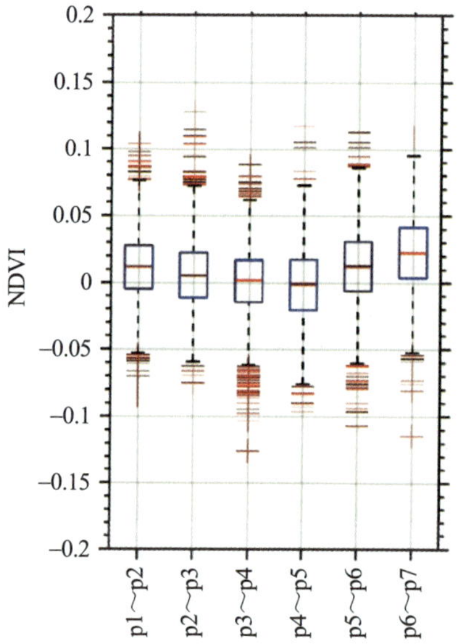

b. 湖北省

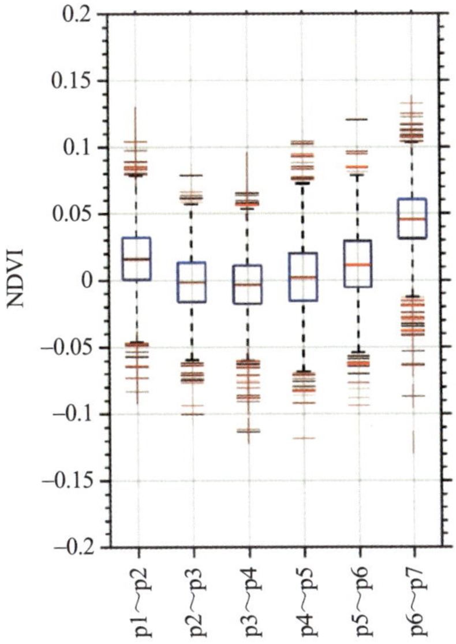

c. 湖南省

图 2-19 长江中游地区各省相邻 5 年地表最大 NDVI 变化箱式图

具体而言，p1～p2 时期长江中游地区各省年最大 NDVI 均增加，平均增加幅度约为 0.013。其中湖南省年最大 NDVI 增加幅度最大，约为 0.015（−0.05～0.08）；湖北省、江西省次之，分别约为 0.01（−0.05～0.08）、0.01（−0.09～0.065）。p5～p6 时期，各省平均增加幅度约为 0.015，其中江西省年最大 NDVI 增加幅度最大，约为 0.021（−0.04～0.03）；湖北省、湖南省次之，分别约为 0.01（−0.06～0.085）和 0.01（−0.06～0.08）。p6～p7 时期，各省平均增加幅度约为 0.03，其中湖南省年最大 NDVI 增加幅度最大，约为 0.045（−0.065～0.10），其次为湖北省、江西省，分别增加约 0.02（−0.05～0.10）、0.02（−0.04～0.03）。p2～p5 时期，长江中游地区各省年最大 NDVI 整体变化不明显，其中江西省年最大 NDVI 呈增—减—增的变化趋势，但变化幅度小于 0.01，而湖北省、湖南省几乎无变化。

江西省、湖北省、湖南省相邻 5 年气温、降水量变化如图 2-20 所示。

该地区地处北亚热带湿润地区，热量充沛、降水量充足、雨热同期，利于植被生长，但因阴雨天气多，日照相对不足，不利于植被生长。从多年平均水平上，长江中游地区降水量为 750～1 100 mm，温度为 23～24.5℃。从变化趋势上看，长江中游地区降水量整体呈增—减—增的变化趋势，温度整体呈升高趋势。上述分析发现，各省份年最大 NDVI 变化特征基本一致，但其气候变化背景各不相同。

具体而言，江西省降水量呈现为明显的年代际变化，呈增加—减少—增加的变化趋势。具体而言，p1～p2 时期平均降水量为 940～950 mm，且 p2 时期降水量相对 p1 略有下降，约为 5 mm，同时两时期降水量均低于多年平均降水量。p3～p4 时期平均降水量为 1 160～1 190 mm，且两时期降水量均明显高于多年平均降水量。p4～p5 时期平均降水量为 960～1 010 mm，且降水量均低于多年平均降水量。p7 时期平均降水量再次增加，约为 1 170 mm。而江西省温度整体呈增加趋势，其中 p1～p4 时期平均温度为 23.8～24℃，p5～p6 时期平均温度为 24.4～24.7℃。

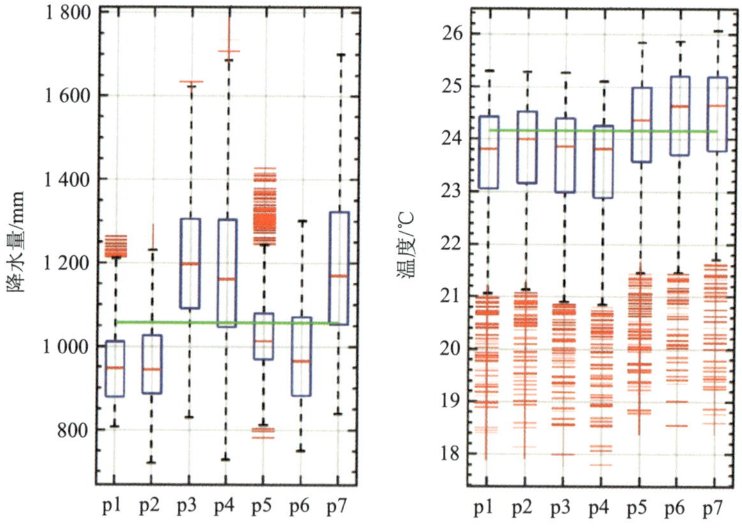

a. 江西省

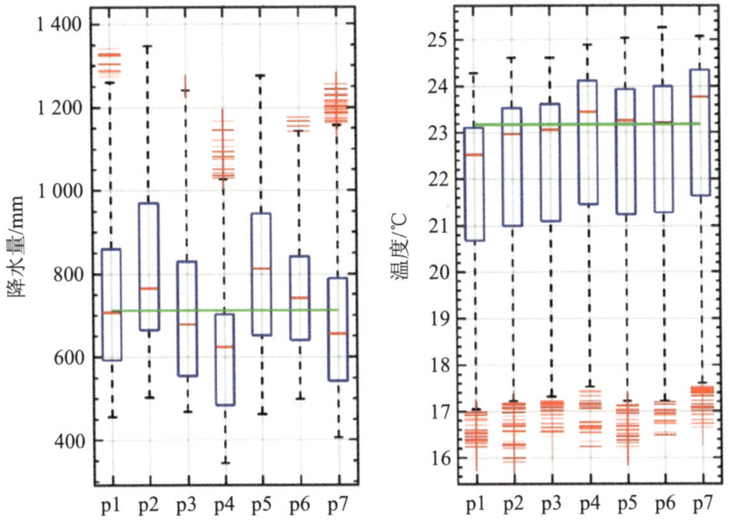

b. 湖北省

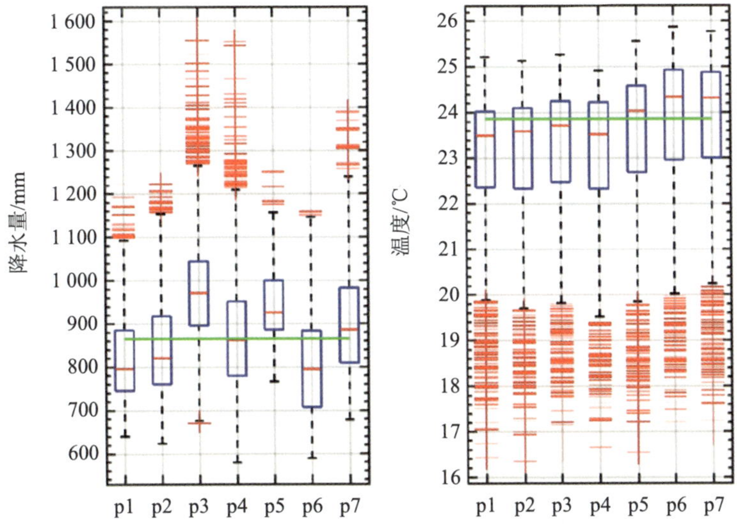

c. 湖南省

图 2-20　长江中游地区各省相邻 5 年降水量、温度变化箱式图

湖北省降水量整体呈现为增—减—增—减的变化趋势。具体而言，p1～p2 时期降水量增加 29 mm，且由低于多年平均降水量转为高于多年平均降水量；p2～p4 时期降水量明显下降，下降幅度约为 38 mm，且由高于多年平均降水量转为低于多年平均降水量；p4～p5 时期降水量再次增加，降水量再次突破多年平均降水量；p6 时期后降水量再次下降；到 p7 时期，降水量再次低于多年平均值。对于温度而言，湖北省平均温度整体升高，其中 p1～p4 时期平均温度整体升高，由 22.5℃升高到 23.4℃；p4～p6 时期平均温度约下降 0.2℃；p7 时期平均温度再次约升高 0.4℃。

湖南省降水量整体呈先增后减的变化趋势，同时表现出明显的年际变化，具体而言，p1～p3 时期降水量整体增加幅度约为 75 mm，且由低于多年平均水平转为高于多年平均水平；p3～p4 时期、p5～p6 时期降水量均减少，分别减少约 90 mm 和 131 mm，且由高于多年平均水平转为低于多年平均水平；p4～p5 时期、p6～p7 时期降水量分别约增加 44 mm 和 91 mm。对于平均温度而言，湖南省平均温度整体升高。具体而言，p1～p3 时期，平均温度整体约升高 0.2℃；p3～p4 时期，平均温度下降约 0.2℃；p5～p7 时期，平均温度再次升高约 0.8℃。

长江中游地区各省土地利用变化情况见表 2-15～表 2-17。p1～p2 时期、p5～p6 时期和 p6～p7 时期，长江中游地区年最大 NDVI 增加网格数整体大于年最大 NDVI 减少网格数，这与该时期年最大 NDVI 整体增加的结论一致。具体而言，p1～p2 时期，长江中游地区各省土地利用变化主要表现为毁林、耕地扩张和城市化，这在全区均有体现，其中江西省年最大 NDVI 增加地区林地减少 124 个网格，同时耕地、草地和城市用地分别增加 99 个、12 个和 33 个网格；年最大 NDVI 减少地区林地减少 69 个网格，耕地增加 65 个网格。湖北省年最大 NDVI 增加地区林地减少 131 个网格，同时耕地、草地、城市用地分别增加 100 个、19 个和 17 个网格；年最大 NDVI 减少地区林地减少 26 个网格，同时耕地、城市用地分别增加 14 个和 23 个网格。

湖南省年最大 NDVI 增加地区林地减少 270 个网格，耕地、草地和城市用地分别增加 232 个、13 个和 15 个网格；年最大 NDVI 减少地区林地减少 68 个网格，耕地、草地、城市用地分别增加 55 个、8 个和 4 个网格。p5～p6 时期、p6～p7 时期，各省土地利用变化幅度相对较小。

表 2-15　p1～p7 时期江西省土地利用变化　　单位：个

土地类型	NDVI 增加地区土地利用变化（网格数）						NDVI 减少地区土地利用变化（网格数）					
	p1～p2	p2～p3	p3～p4	p4～p5	p5～p6	p6～p7	p1～p2	p2～p3	p3～p4	p4～p5	p5～p6	p6～p7
耕地	336+99	392−4	266−6	405−20	486+0	513−3	126+65	224−3	343+22	220+1	120+1	94−4
林地	1 055−124	787+6	417+15	836+13	1 119+4	1 144−4	471−69	546+2	924−17	503−12	221+0	200−3
草地	57+12	71−2	42+0	56−2	82−4	83+1	24+1	32+0	59−2	43+2	17−1	11+1
水域	78−19	44+0	46−6	67+3	73−4	60+0	29+3	47−1	44+5	23+1	22+1	30+0
城市	4+33	20+0	14−1	24+12	36+1	38+6	4+0	21+1	28−10	7+7	14+0	13+7
未利用	13−1	7+0	10−2	13−6	8+3	7+0	1+1	7+1	5+2	2+1	2−1	5−1
总计	1 543	1 321	795	1 401	1 804	1 845	655	877	1 403	798	396	356

表 2-16　p1～p7 时期湖北省土地利用变化　　单位：个

土地类型	NDVI 增加地区土地利用变化（网格数）						NDVI 减少地区土地利用变化（网格数）					
	p1～p2	p2～p3	p3～p4	p4～p5	p5～p6	p6～p7	p1～p2	p2～p3	p3～p4	p4～p5	p5～p6	p6～p7
耕地	494+100	646−7	422−12	553+16	524−2	644−8	349+14	311−7	521−12	366−2	413−4	287−8
林地	1 073−131	642+2	764+4	490−23	962−1	1 110−3	348−26	622−1	501+15	794+1	300+0	151−1
草地	50+19	50−1	63+0	28+2	65+0	82−2	22+4	45+0	31+1	67−2	30+0	13+0
水域	84−5	73+3	58+2	88+5	80+1	84+2	67−12	61+4	83−11	44+3	60+2	59+1
城市	8+17	45+2	28+5	44−1	37+2	43+11	10+23	13+3	35−11	28−2	32+2	30+8

土地类型	NDVI 增加地区土地利用变化（网格数）						NDVI 减少地区土地利用变化（网格数）					
	p1～p2	p2～p3	p3～p4	p4～p5	p5～p6	p6～p7	p1～p2	p2～p3	p3～p4	p4～p5	p5～p6	p6～p7
未利用	1+0	1+1	2+1	6+1	5+0	3+0	4−3	1+1	2+3	2−2	2+0	4+0
总计	1 710	1 457	1 337	1 209	1 673	1 966	800	1 053	1 173	1 301	837	544

表 2-17　p1～p7 时期湖南省土地利用变化　　单位：个

土地类型	NDVI 增加地区土地利用变化（网格数）						NDVI 减少地区土地利用变化（网格数）					
	p1～p2	p2～p3	p3～p4	p4～p5	p5～p6	p6～p7	p1～p2	p2～p3	p3～p4	p4～p5	p5～p6	p6～p7
耕地	385+232	386−1	339+3	467+11	476+0	761−7	128+55	414+1	461+4	340−26	316+0	31−1
林地	1 579−270	826+3	756+1	856−8	1 231+0	1 676−3	487−68	902−1	974−23	852+29	498−3	50+0
草地	45+13	49−2	43+9	41−4	66+0	84+1	24+8	41+0	45+6	64−12	21+0	3+0
水域	61+14	31+1	51−8	68+0	65−1	84+4	32+2	78−1	58+9	42+3	48−1	27+0
城市	14+15	12−1	19−5	25+3	23+1	44+6	3+4	24+1	17+4	10+5	20+3	3+1
未利用	8−4	3+0	3+0	5−2	4+0	6−1	4−1	4+0	4+0	2+1	2+1	1+0
总计	2 092	1 307	1 211	1 462	1 865	2 655	678	1 463	1 559	1 308	905	115

p2～p3 时期、p3～p4 时期和 p4～p5 时期，长江中游地区各省年最大 NDVI 变化幅度较小，年最大 NDVI 增加和减少网格数基本相当。p4～p5 时期土地利用变化幅度相对较大，p3～p4 时期次之，p2～p3 时期土地利用变化不明显。p4～p5 时期，江西省年最大 NDVI 增加地区土地利用变化主要表现为退耕、还林和城市化；年最大 NDVI 减少地区主要表现为毁林和城市化。其中年最大 NDVI 增加地区林地增加 13 个网格、耕地减少 20 个网格、城市用地增加 12 个网格；年最大 NDVI 减少地区林地减少 12 个网

格、城市用地增加 7 个网格。该时期，湖北省土地利用变化主要体现在年最大 NDVI 增加地区，且表现为毁林和耕地扩张，其中林地减少 23 个网格，耕地增加 16 个网格。湖南省年最大 NDVI 增加区土地利用变化主要表现为耕地扩张和毁林，其中耕地增加 11 个网格，林地减少 8 个网格；年最大 NDVI 减少地区主要表现为退耕、还林、草地退化，其中林地增加 29 个网格，耕地和草地分别减少 26 个和 12 个网格。

p3～p4 时期，江西省年最大 NDVI 增加地区主要表现为还林，年最大 NDVI 减少地区主要表现为毁林、耕地扩张；湖北省主要表现为还林和退耕；湖南省土地利用变化主要体现在年最大 NDVI 减少地区，以毁林为主要特征。具体而言，江西省年最大 NDVI 增加地区林地增加 15 个网格，同时耕地、水域分别减少 6 个网格，年最大 NDVI 减少地区林地、城市用地分别减少 17 个和 10 个网格，而耕地、水域分别增加 22 个和 5 个网格。湖北省年最大 NDVI 增加地区耕地减少 12 个网格，同时林地、城市用地分别增加 4 个和 5 个网格；年最大 NDVI 减少地区林地增加 15 个网格，而耕地、城市用地和水域分别减少 12 个、11 个和 11 个网格。湖南省年最大 NDVI 减少地区林地减少 23 个网格，同时水域、耕地、草地和城市用地分别增加 9 个、4 个、6 个和 4 个网格。

2.2.6 东南沿海与华南地区

东南沿海与华南地区相邻 5 年植被覆盖度变化情况如图 2-21 所示。由图可知，东南沿海与华南地区年最大 NDVI 整体呈增加趋势，但其年际变化特征不尽相同。p1～p2 时期、p5～p6 时期和 p6～p7 时期，东南沿海与华南地区年最大 NDVI 均增加；而在 p2～p3 时期，东南沿海地区年最大 NDVI 整体下降，华南地区年最大 NDVI 整体增加；p3～p4 时期，东南沿海地区年最大 NDVI 变化不明显，而华南地区年最大 NDVI 下降；p4～p5 时期，东南沿海地区年最大 NDVI 整体增加，而华南地区年最大 NDVI 变化不明显。

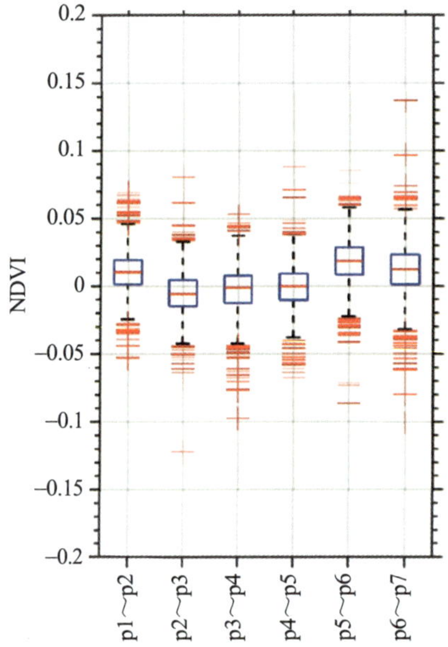

a. 福建省

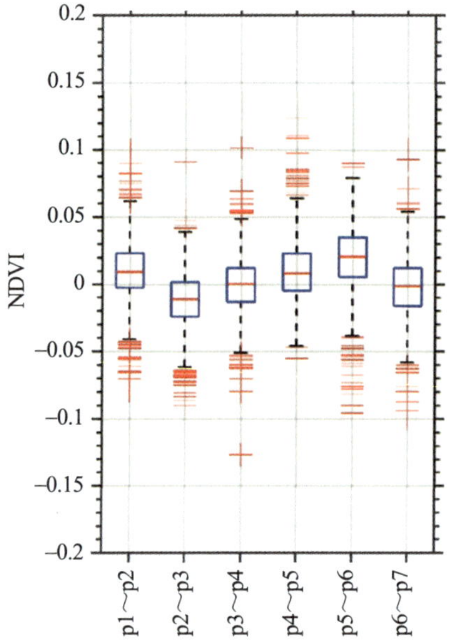

b. 浙江省

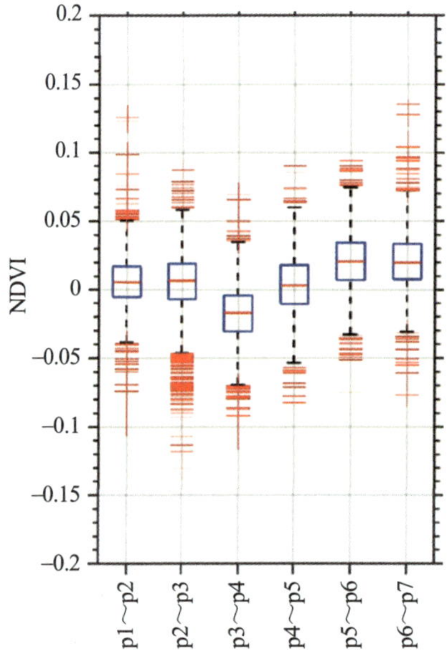

c. 广东省

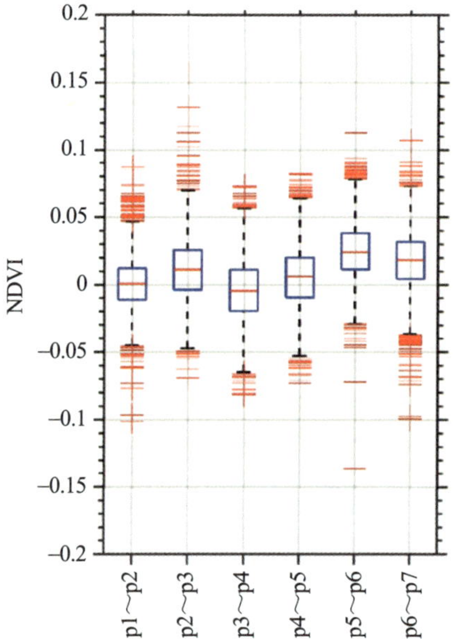

d. 广西壮族自治区

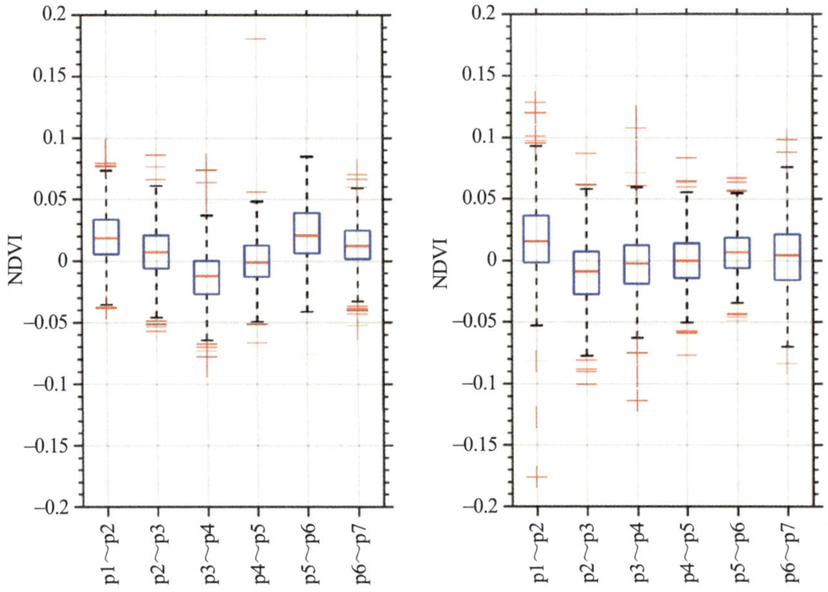

e. 海南省　　f. 台湾省

图 2-21　东南沿海与华南地区各省（自治区）相邻 5 年地表最大 NDVI 变化箱式图

具体而言，p1～p2 时期，东南沿海与华南地区年最大 NDVI 增加，且增加幅度基本相当，均为 0.01；但相对西南地区，华南年最大 NDVI 变化空间差异更明显，其中海南省年最大 NDVI 整体幅度最大，约为 0.02（−0.035～0.075）；台湾省和广东省次之，分别约为 0.015（−0.05～0.09）、0.005（−0.04～0.05）；而广西壮族自治区年最大 NDVI 整体变化不明显。在东南沿海地区，福建省和浙江省年最大 NDVI 均增加 0.01，但浙江省年最大 NDVI 变化的空间异质性大于福建省。p5～p6 时期，东南沿海地区年最大 NDVI 增加幅度相对华南地区偏大，其中东南沿海地区约增加 0.025，华南地区约增加 0.02。具体而言，华南地区年最大 NDVI 增加幅度在广西壮族自治区最大，约为 0.025（−0.025～0.03）；广东省、海南省次之，分别约为 0.02（−0.035～0.07）、0.02（−004～0.085）；台湾省增加幅度最小，约为 0.005（–0.035～0.055）。东南沿海地区福建省、浙江省年最大 NDVI 增加幅度分别为 0.02（–0.023～0.06）、0.02（–0.04～0.08）。p6～p7 时期，华南地区年最大 NDVI 增加幅度整体大于东南沿海地区，其中华南地区增加幅度约为 0.012，东南沿海地区约为 0.005。具体而言，华南地区广东省、广西壮族自治区年最大 NDVI 增加幅度相对较大，分别约为 0.02（–0.03～0.07）、0.015（–0.04～0.075）；海南省次之，约为 0.01（–0.035～0.06），台湾省最小，约为 0.005（–0.07～0.08）。东南沿海地区福建省增加 0.01（–0.03～0.06），浙江省年最大 NDVI 变化幅度相对较小。

p2～p3 时期，东南沿海地区年最大 NDVI 下降，华南地区年最大 NDVI 增加。其中东南沿海地区年最大 NDVI 平均下降约 0.01，其中浙江省约为–0.015（–0.06～0.04）、福建省约为–0.005（–0.04～0.035）；华南地区年最大 NDVI 整体增加，且空间差异性明显，平均增加约 0.01。其中，广西壮族自治区年最大 NDVI 增加幅度最大，约为 0.015（–0.05～0.07）；广东省、海南省次之，均约为 0.01（–0.05～0.06）。p3～p4 时期，东南沿海地区年最大 NDVI 变化不明显，华南地区年最大 NDVI 整体下降，其中广东省下降幅度最大，约为–0.02（–0.07～0.04）；海南省、广西壮族自治区次之，分别约为–0.01（–0.07～0.04）、–0.005（–0.065～0.06）；台湾省年最大 NDVI 变化不明显。p4～p5 时期，东南沿海地区年最大 NDVI 略有增加，华南地区年最大 NDVI 变化不明显。其中浙江省年最大 NDVI 整体增加，约增加 0.01（–0.05～0.07），福建省变化幅度不明显；华南地区除广西壮族自治区年最大 NDVI 略有增加外，约增加 0.005（–0.05～0.07），其他省均未发生明显变化。

东南沿海地区、华南地区均属于亚热带湿润气候区，降水量充沛、热量充足、雨热同期，利于植被生长，但因该地区阴雨天气多，辐射相对不足，不利于植被生长，此外，因地区降水量充沛，在温度升高提高热量资源的情况下，有利于植被生长[4]。从多年生长季平均水平上看，东南沿海地区降水量相对华南地区偏多，温度相对偏低，其中东南沿海地区多年平均降水量为 900～1 100 mm，平均温度为 22～23℃；而华南地区降水量为 1 050～1 150 mm，平均温度为 24～27℃。p1～p7 时期，东南沿海地区、华南地区平均降水量整体呈增—减—增的变化特征，但各时期变化幅度因省份不同而异。同时 p1～p7 时期，该地区平均温度整体升高，但各时期升高幅度因省份不同而异，如图 2-22 所示。

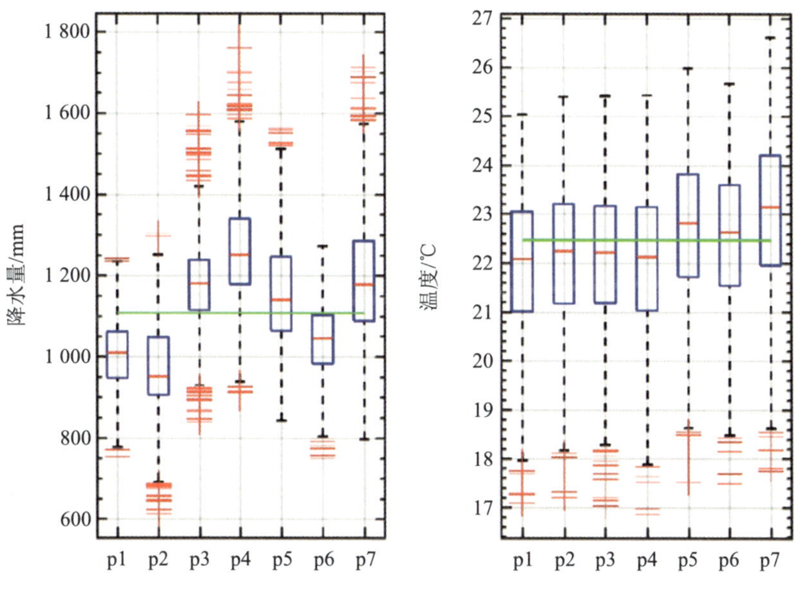

a. 福建省

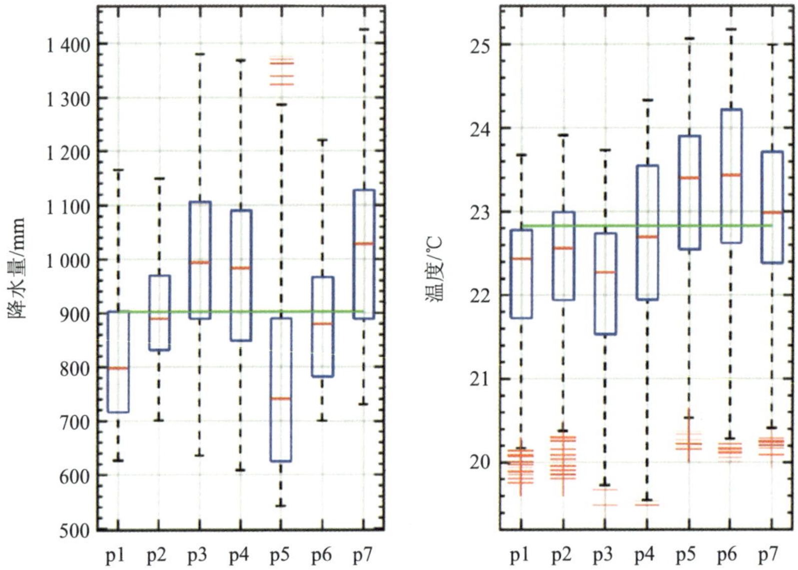
降水量/mm
1 400
1 300
1 200
1 100
1 000
900
800
700
600
500
p1 p2 p3 p4 p5 p6 p7
温度/℃
25
24
23
22
21
20
p1 p2 p3 p4 p5 p6 p7

b. 浙江省

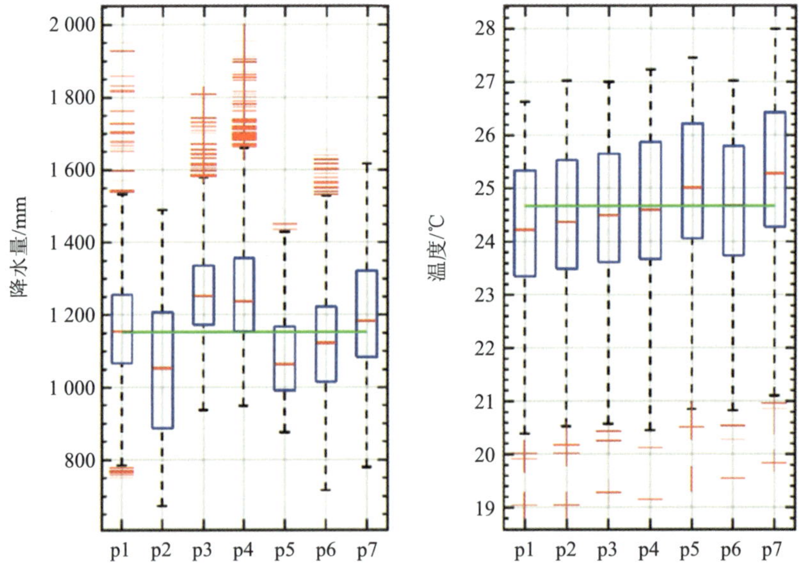
降水量/mm
2 000
1 800
1 600
1 400
1 200
1 000
800
p1 p2 p3 p4 p5 p6 p7
温度/℃
28
27
26
25
24
23
22
21
20
19
p1 p2 p3 p4 p5 p6 p7

c. 广东省

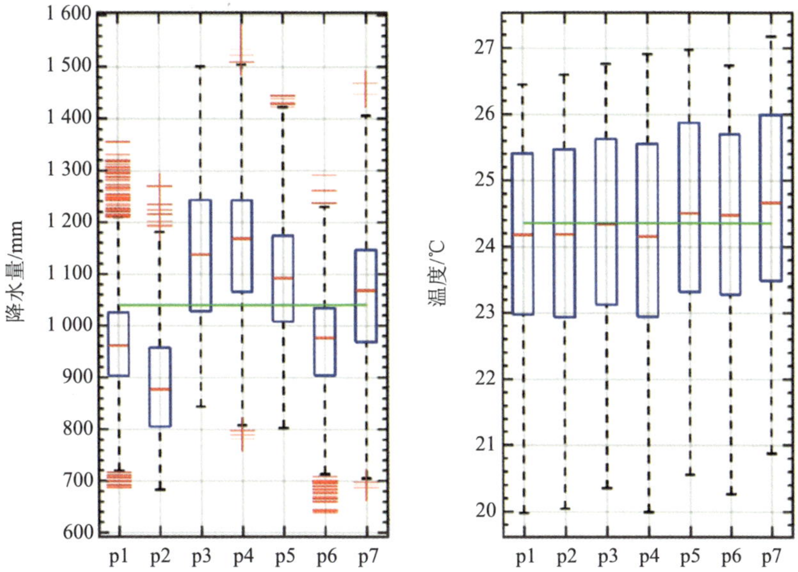

d. 广西壮族自治区

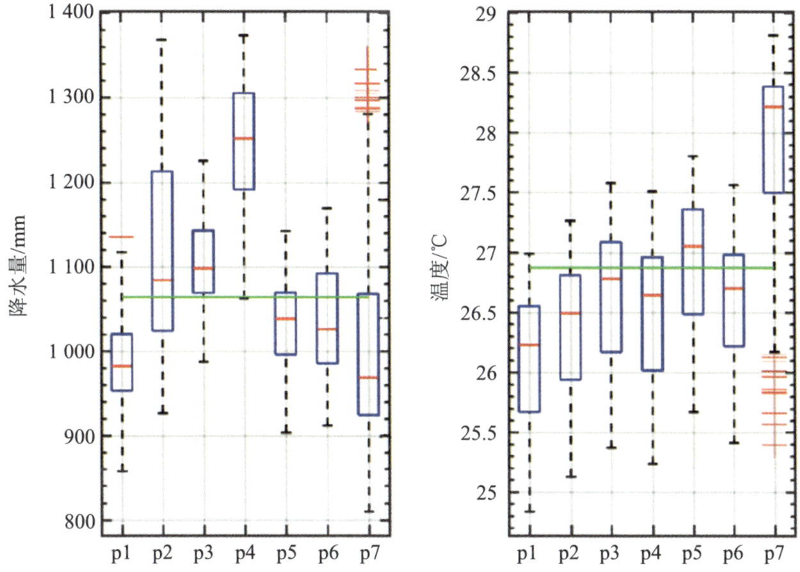

e. 海南省

图 2-22　东南沿海与华南地区各省（自治区）相邻 5 年降水量、温度变化箱式图

具体而言，福建省降水量整体呈增—减—增的变化趋势，p1～p2 时期降水量均低于多年平均水平，其中 p1 时期约为 1 009 mm，p2 时期约为 951 mm；p2～p4 时期降水量迅速增加，且由低于多年平均降水量转为高于多年平均降水量，其中 p3 时期、p4 时期降水量分别为 1 180 mm 和 1 251 mm；p4～p6 时期降水量迅速下降，其中 p5 时期、p6 时期降水量分别为 1 141 mm 和 1 046 mm；p6～p7 时期降水量再次增加，增加幅度约为 133 mm。对于平均温度而言，p1～p7 时期平均温度整体升高，这在 p4～p7 时期表现尤为明显。其中，p1～p4 时期平均温度为 22.1～22.2℃；p5～p7 时期平均温度为 22.6～23.1℃。

浙江省平均降水量整体呈增—减—增的变化趋势，其中 p1～p3 时期，降水量迅速增加，且由低于多年平均水平转为高于多年平均水平，增加幅度约为 96 mm；p3～p5 时期降水量迅速下降，且在 p4～p5 时期表现尤为明显，其中 p3～p4 时期下降幅度约为 9 mm，p4～p5 时期下降约 240 mm，导致 p5 时期降水量明显低于多年平均水平，p5 时期后降水量迅速增加，约增加 210 mm。该时期平均温度整体呈先增后减的特征，其中 p1～p3 时期平均温度整体变化较小，平均温度为 22.3～22.6℃，p3～p6 时期，平均温度迅速升高，约升高 1.1℃，p6～p7 时期平均温度整体下降，约下降 0.4℃。

广东省降水量整体呈减—增—减—增的变化特征，其中 p1～p2 时期，降水量整体低于多年平均水平，且相对 p1 时期、p2 时期降水量明显下降，约下降 100 mm；p2～p4 时期降水量明显增加，约增加 190 mm，其中 p2～p3 时期增加约 200 mm，p3～p4 时期下降约 15 mm；p4～p5 时期降水量迅速下降，且由高于多年平均降水量转为低于多年平均降水量，下降幅度约为 170 mm；p5～p7 时期降水量再次增加，并由低于多年平均转为高于多年平均。广东省平均温度整体升高，p1～p5 时期约升高 0.8℃；p5～p6 时期略有下降，约下降 0.3℃；而后再次回升，升高约 0.6℃。

广西壮族自治区降水量整体呈减—增—减—增的变化特征，p1～p2 时期，降水量整体低于多年平均水平，且相对 p1 时期、p2 时期降水量约下降 16 mm；p2～p4 时期，降水量明显增加，约增加 292 mm，其中 p2～p3 时期增加 262 mm，且由低于多年平均水平转为高于多年平均水平，p3～p4 时期增加 30 mm；p4～p6 时期，降水量稳步下降，约下降 182 mm，p6～p7 时期降水量再次增加，约增加 100 mm。该时期温度整体升高，其中 p1～p3 时期约升高 0.1℃，p3～p7 时期约升高 0.4℃。

海南省降水量整体呈先增后减的变化特征，其中 p1～p4 时期迅速增加，增加幅度约为 270 mm，且由远低于多年平均降水量转为远高于多年平均降水量；p4～p5 时期降水量迅速下降，约下降 200 mm，且转为低于多年平均降水量；p5～p7 时期降水量进一步下降，约下降 70 mm。该时期温度整体呈增—减—增的变化趋势，其中 p1～p3 时期约增加 0.4℃，p3～p4 时期约下降 0.2℃，而后至 p7 时期迅速升高 1.1℃。

福建省、浙江省、广东省、广西壮族自治区、海南省和台湾省土地利用变化情况见表 2-18～表 2-23。p1～p2 时期、p5～p6 时期和 p6～p7 时期，东南沿海与华南地区年最大 NDVI 增加网格数明显大于年最大 NDVI 降低网格数，这与上述该时期年最大 NDVI 整体增加的结论一致，p1～p2 时期，东南沿海与华南地区土地利用变化均表现为毁林、耕地扩张、草地扩大和城市化。其中广西壮族自治区表现相对最明显，年最大 NDVI 增加区草地减少 143 个网格，耕地、草地、城市用地和水域分别增加 93 个、20 个、18 个和 12 个网格；年最大 NDVI 下降地区林地减少 99 个网格，耕地、草地、城市用地分别增加 66 个、13 个和 18 个网格。浙江省次之，NDVI 增加区林地减少 98 个网格，耕地、草地、城市用地分别增加 60 个、31 个和 12 个网格；年最大 NDVI 减少区林地减少 16 个网格，草地、城市用地分别增加 6 个和 13 个网格。而后分别为福建省、广东省、海南省和台湾省，其中福建年最大 NDVI 增加区林地减少 148 个网格，耕地、草地、城市用地分别增加 83 个、61 个、11 个网格；年最大 NDVI 减少区林地减少 39 个网格，耕地、草地、城市用地分别增加 16 个、17 个、7 个网格。广东省年最大 NDVI 增加地区林地减少 83 个网格，耕地、城市用地分别增加 55 个和 30 个网格；年最大 NDVI 下降地区林地减少 41 个网格、耕地、草地和城市用地分别增加 34 个、6 个和 9 个网格。海南省年最大 NDVI 增加区林地减少 34 个网格，耕地、草地、城市用地和水域分别增加 16 个、10 个、4 个和 4 个网格；年最大 NDVI 减少地区土地利用变化幅度相对较小，其中林地减少 6 个网格，耕地增加 5 个网格。台湾省年最大 NDVI 增加区林地、耕地分别减少 6 个、2 个网格，草地、水域、城市用地各增加 3 个网格；年最大 NDVI 下降地区耕地、未利用地分别减少 5 个和 3 个网格，林地、城市用地分别增加 4 个和 5 个网格。p5～p7 时期东南沿海与华南地区土地利用变化幅度相对较小。

p2～p3 时期，土地利用发生明显变化的地区主要有福建省的年最大 NDVI 减少区、浙江省、广东省。其中浙江省和福建省年最大 NDVI 减少区土地利用变化主要表现为造林；广东省年最大 NDVI 增加区表现为退耕、还林；年最大 NDVI 减少区表现为退耕和城市化。具体而言，福建省年最大 NDVI 减少区林地网格数增加 35 个，同时草地网格数减少 32 个；浙江省年最大 NDVI 减少区林地网格增加 33 个，耕地和草地网格数分别减少 14 个和 23 个；年最大 NDVI 增加区林地网格数增加 12 个，草地网格数减少 13 个。广东省年最大 NDVI 增加区耕地网格减少 11 个，同时林地网格数增加 8 个；年最大 NDVI 减少区耕地网格数减少 22 个，城市用地网格数增加 17 个。

表 2-18 p1～p7 时期福建省土地利用变化 单位：个

土地类型	NDVI 增加地区土地利用变化（网格数）						NDVI 减少地区土地利用变化（网格数）					
	p1～p2	p2～p3	p3～p4	p4～p5	p5～p6	p6～p7	p1～p2	p2～p3	p3～p4	p4～p5	p5～p6	p6～p7
耕地	127+83	85+0	128+2	147−4	210−1	205−6	45+16	186−3	140+9	137−21	49+0	53+0
林地	910−148	347+0	445−19	467−5	900−1	769+4	250−39	626+35	563−8	515+28	105+0	235+0
草地	142+61	73+1	107+14	115+4	211+1	180−2	42+17	189−32	124−2	131−21	18+0	50+0
水域	8+2	6+0	8−1	15−2	17+0	12+0	4+3	11−1	8+4	4+1	1+0	6+0
城市	7+11	8−1	11+3	11+8	26+1	28+4	0+7	17−1	14−3	14+13	20+0	19+0
未利用	9−9	0+0	0+1	1−1	0+0	0+0	4−4	0+0	0+0	0+0	0+0	0+0
总计	1 203	519	699	756	1 364	1 194	345	1 029	849	801	193	363

表 2-19 p1～p7 时期浙江省土地利用变化 单位：个

土地类型	NDVI 增加地区土地利用变化（网格数）						NDVI 减少地区土地利用变化（网格数）					
	p1～p2	p2～p3	p3～p4	p4～p5	p5～p6	p6～p7	p1～p2	p2～p3	p3～p4	p4～p5	p5～p6	p6～p7
耕地	144+60	129+1	187−4	273−14	242−4	124−3	191−4	262−14	191−10	94+2	113−3	224−8
林地	740−98	208+12	434+2	542+1	757+0	438−1	182−16	600+33	419+3	318−10	94−1	412−2
草地	13+31	15−13	9+3	16−3	15+0	13+1	3+6	38−23	8+4	9−4	3+0	5+1
水域	14−2	5+0	12+0	19+4	20+0	13+1	12+1	20+1	14−4	3+1	7+0	14+0
城市	2+12	9+0	19−1	35+12	41+4	24+2	7+13	25+3	18+7	9+11	26+4	51+9
未利用	3−3	0+0	0+0	0+0	0+0	0+0	0+0	0+0	0+0	0+0	0+0	0+0
总计	916	366	661	885	1 075	612	395	945	650	433	243	706

表 2-20 p1～p7 时期广东省土地利用变化 单位：个

土地类型	NDVI 增加地区土地利用变化（网格数）						NDVI 减少地区土地利用变化（网格数）					
	p1～p2	p2～p3	p3～p4	p4～p5	p5～p6	p6～p7	p1～p2	p2～p3	p3～p4	p4～p5	p5～p6	p6～p7
耕地	309+55	301−11	127+4	345−23	425−1	447−5	183+34	280−22	421+11	227−19	105−1	81−1
林地	948−83	953+8	192+9	723+8	1 207+4	1 200−2	532−41	403+0	1 172−24	630+10	164+3	178−2
草地	66−1	59+1	26−4	55−7	79−4	80+0	29+6	41−1	74+8	50−4	15−2	8+1
水域	46−1	31−1	30−4	55−2	58+0	72−1	48−8	54+5	59+1	31+2	28+0	14−1
城市	19+30	23+3	28−5	75+24	106+1	120+8	27+9	62+17	77+5	31+11	35+0	22+3
未利用	0+0	0+0	0+0	0+0	0+0	0+0	0+0	0+1	1−1	0+0	0+0	0+0
总计	1 388	1 367	403	1 253	1 875	1 919	819	840	1 804	969	347	303

表 2-21 p1～p7 时期广西壮族自治区土地利用变化 单位：个

土地类型	NDVI 增加地区土地利用变化（网格数）						NDVI 减少地区土地利用变化（网格数）					
	p1～p2	p2～p3	p3～p4	p4～p5	p5～p6	p6～p7	p1～p2	p2～p3	p3～p4	p4～p5	p5～p6	p6～p7
耕地	212+93	497+5	308−11	338+26	585−2	509−4	271+66	145−4	335+5	300−14	65−2	137−1
林地	1 193−143	1 326+2	757+8	1 285−32	1 778+3	1 598−9	1 042−99	667+3	1 241+6	728+10	213+1	399−1
草地	104+20	169−9	135+0	130−8	223−3	206+6	121+13	89+0	114+5	124+3	26+0	40+1
水域	17+12	38+0	22+3	19+7	44−1	35+1	13+3	7+0	23−6	23−2	3+0	11+0
城市	11+18	48+2	25+0	30+7	59+3	47+6	15+18	14+1	40−10	25+3	6+1	22+1
未利用	0+0	0+0	0+0	0+0	0+0	0+0	1−1	0+0	0+0	0+0	0+0	0+0
总计	1 537	2 078	1 247	1 802	2 689	2 293	1 463	922	1 753	1 200	313	609

表 2-22 p1～p7 时期海南省土地利用变化　　单位：个

土地类型	NDVI 增加地区土地利用变化（网格数）						NDVI 减少地区土地利用变化（网格数）					
	p1～p2	p2～p3	p3～p4	p4～p5	p5～p6	p6～p7	p1～p2	p2～p3	p3～p4	p4～p5	p5～p6	p6～p7
耕地	65+16	76+1	34+2	64−8	101+0	85−1	23+5	33+0	76+5	53−1	7+0	23+0
林地	257−34	152+5	54+1	115+9	203+0	203−4	42−6	107−1	210−6	145−5	61+0	61+0
草地	8+10	13−5	5−1	7−3	10+0	9+0	1+0	6+0	9+0	6+4	4+0	5+0
水域	5+4	7−1	3+1	5+1	9+0	11+0	1+0	3+0	6+3	8−3	2+0	0+0
城市	3+4	4+0	5−4	2+2	10+0	5+5	0+1	4+1	4−1	2+4	0+0	5+0
未利用	0+0	1+0	0+1	1−1	1+0	1+0	1+0	0+0	1−1	0+1	0+0	0+0
总计	338	253	101	194	334	314	68	153	306	214	74	94

表 2-23 p1～p7 时期台湾省土地利用变化　　单位：个

土地类型	NDVI 增加地区土地利用变化（网格数）						NDVI 减少地区土地利用变化（网格数）					
	p1～p2	p2～p3	p3～p4	p4～p5	p5～p6	p6～p7	p1～p2	p2～p3	p3～p4	p4～p5	p5～p6	p6～p7
耕地	49−2	20−1	58+5	50−2	55+0	70+1	48−5	70+0	32−1	45−3	35+0	20+0
林地	240−6	126+2	119−4	147−7	203+0	132+0	71+4	183+0	192+5	166+2	105+0	176+0
草地	12+3	5−2	4+3	5+5	10+0	7+0	1−1	10+0	9−3	8−2	6+0	9+0
水域	5+3	2+0	6+0	8+2	8+0	8−1	3+0	9+0	5+0	4−2	4+0	4+0
城市	8+3	2+1	19−4	13+2	19+0	23+0	7+5	21+0	5−1	6+5	7+0	3+0
未利用	1−1	0+0	0+0	0+0	0+0	0+0	3−3	0+0	0+0	0+0	0+0	0+0
总计	315	155	206	223	295	240	133	293	243	229	157	212

p3～p4 时期，土地利用发生明显变化的地区主要有福建省年最大 NDVI 增加区、浙江省年最大 NDVI 减少区、广东省年最大 NDVI 减少区和广西壮族自治区年最大 NDVI 增加区。其中福建省年最大 NDVI 增加区土地利用变化主要表现为毁林、草地扩张，其中林地网格数减少 19 个，草地网格数增加 14 个；浙江省年最大 NDVI 减少区土地利用变化主要表现为耕地退化和城市化，其中耕地网格数减少 10 个，城市用地网格数增加 7 个；广东省年最大 NDVI 减少区主要表现为毁林、耕地和草地扩张，其中林地网格数减少 24 个，耕地、草地网格数分别增加 11 个和 7 个；广西壮族自治区年最大 NDVI 增加区主要表现为退耕、还林，其中耕地网格数减少 11 个，林地网格数增加 8 个。

p4～p5 时期，土地利用发生明显变化的网格数主要有福建省年最大 NDVI 减少区、浙江省年最大 NDVI 增加区，广东省、广西壮族自治区和海南省。其中福建省年最大 NDVI 减少区土地利用变化主要表现为退耕、还林、草场退化和城市化，其中林地网格数增加 28 个，城市用地网格数增加 13 个，耕地和草地网格数分别减少 21 个。浙江省年最大 NDVI 增加区主要表现为退耕、城市化，其中耕地网格数减少 14 个，城市用地网格数增加 12 个。广东省土地利用变化主要表现为退耕、还林和城市化，其中年最大 NDVI 增加区耕地减少 23 个网格，林地和城市用地网格数分别增加 24 个和 8 个；年最大 NDVI 减少区林地、城市用地网格数分别增加 10 个和 11 个，耕地网格数减少 19 个。广西壮族自治区年最大 NDVI 增加区主要表现为毁林、耕地扩张，其中耕地网格数增加 26 个，林地网格数减少 32 个；年最大 NDVI 减少区林地网格数增加 10 个，耕地网格数减少 14 个。海南省年最大 NDVI 增加区主要表现为退耕、还林，其中林地网格数增加 9 个，耕地网格数减少 8 个。

2.2.7 西南地区

四川省、重庆市、云南省、贵州省相邻 5 年年最大 NDVI 变化如图 2-23

所示。由图可知，西南地区年最大 NDVI 整体呈增加趋势，但存在明显年际变化。其中，p2～p3 时期、p5～p6 时期和 p6～p7 时期年最大 NDVI 整体增加；p1～p2 时期和 p4～p5 时期年最大 NDVI 整体下降；p3～p4 时期年最大 NDVI 变化相对较小。具体而言，p1～p2 时期，四川省、贵州省年最大 NDVI 整体下降，而重庆市、云南省年最大 NDVI 整体变化较小，其中四川省年最大 NDVI 下降约 0.01（−0.09～0.07），贵州省年最大 NDVI 下降约 0.025（−0.1～0.05）；p4～p5 时期四川省、重庆市年最大 NDVI 整体下降，而云南省、贵州省年最大 NDVI 整体变化不明显，其中四川省下降 0.01（−0.08～0.07），重庆市下降 0.015（−0.07～0.035）。

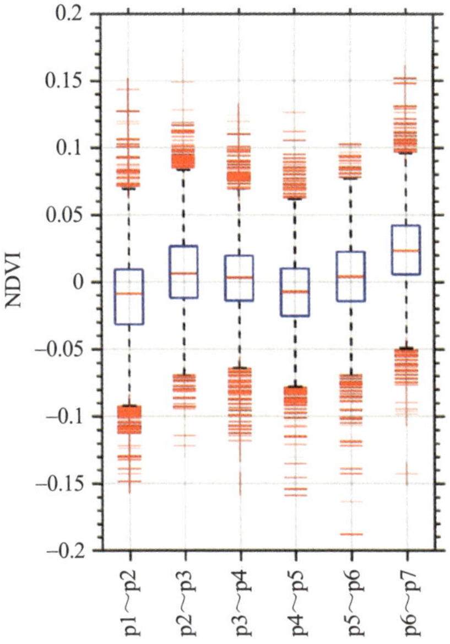

a. 四川省

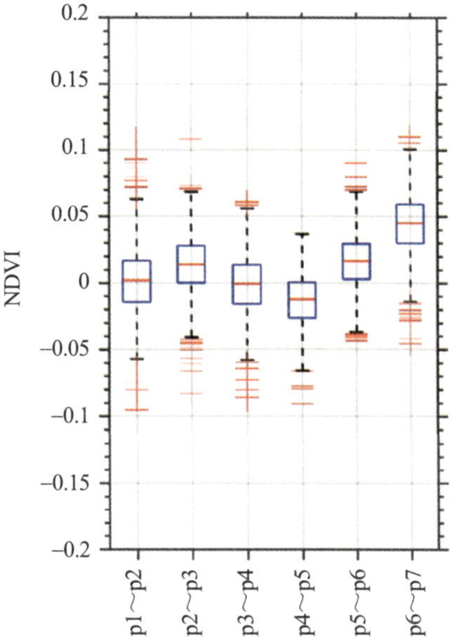

b. 重庆市

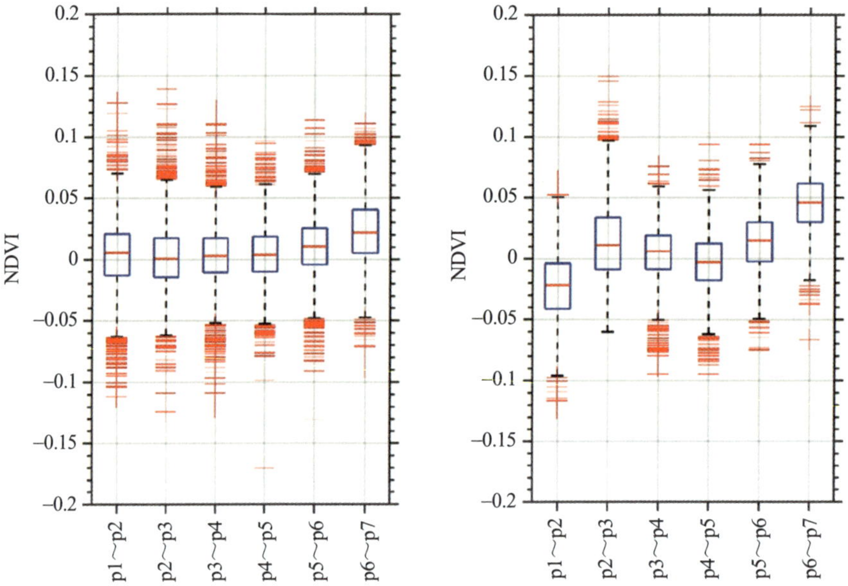

c. 云南省　　　　d. 贵州省

图 2-23　西南地区各省（直辖市）相邻 5 年地表最大 NDVI 变化箱式图

p2～p3 时期，四川省、重庆市和贵州省年最大 NDVI 均增加，而云南省年最大 NDVI 变化相对较小。其中重庆市增加幅度最大，约为 0.015（−0.04～0.07）；贵州省次之，约为 0.01（−0.06～0.10）；四川省最小，约增加 0.005（−0.07～0.08）。p5～p6 时期，重庆市、云南省和贵州省年最大 NDVI 增加，而四川省年最大 NDVI 幅度相对不明显，其中重庆市、贵州省增加幅度相对较大，分别约增加 0.015（−0.04～0.07）、0.015（−0.05～0.08）；云南省最小，约增加 0.01（−0.06～0.07）。p3～p4 时期，西南地区年最大 NDVI 整体变化相对较小，仅贵州省年最大 NDVI 略有增加，约增加 0.01（−0.05～0.06）。

西南地区大部分位于中亚热带湿润地区，小部分地区（云南南部）位于南亚热带湿润区，降水量充沛、热量充足、雨热同期，利于植被生长，同时，该地区降水量充沛，在热量条件变好的情况下，植被长势变好。从多年平均水平上看，该地区生长季平均降水量大致为 650～800 mm，平均温度空间差异性较大，其中四川省平均温度约 13.3℃，其他地区平均温度为 18.5～20.1℃。从变化趋势上看，该地区降水量变化存在明显空间差异性，其中重庆市平均降水量整体下降，贵州省呈减—增—减—增的变化特征，而四川省、云南省平均降水量整体变化不大。对于温度而言，西南地区各省平均温度均升高，如图 2-24 所示。

具体而言，重庆市生长季平均降水量整体呈下降趋势，其中 p1～p4 时期降水量迅速下降，约下降 100 mm，且由高于多年平均水平转为低于多年平均水平，降水量迅速下降，导致土壤墒值逐渐下降，不利于植被生长；p4～p5 时期，降水量整体略有升高，且由低于多年平均水平转为略高于多年平均水平，升高幅度约 38 mm；p5 时期后降水量再次下降，下降幅度约为 56 mm，降水量再次低于多年平均。对于温度而言，生长季平均温度均升高，其中 p1～p4 时期约升高 0.3℃，p4～p7 时期约升高 0.5℃。贵州省平均降水量呈减—增—减—增的变化特征，p1～p3 时期降水量先减后增，由略高于多年平均水平转为低于多年平均水平，而后转为远高于多年平均水平，其中 p1～p2 时期降水量约下降 56 mm，p2～p3 时期降水量约升高 119 mm；p3～p6 时期降水量迅速下降，约下降 202 mm，p6 时期降水量远低于多年平均水平，降水量大幅度下降，导致土壤墒值逐渐下降，不利于植被生长；p6～p7 时期降水量再次升高约 100 mm，降水量再次高于多年平均水平。对于温度而言，贵州省平均温度整体升高，但存在明显的年代际变化，其中 p1～p4 时期，平均温度略有下降，约下降 0.2℃，p4 时期后平均温度整体升高，约升高 0.5℃。

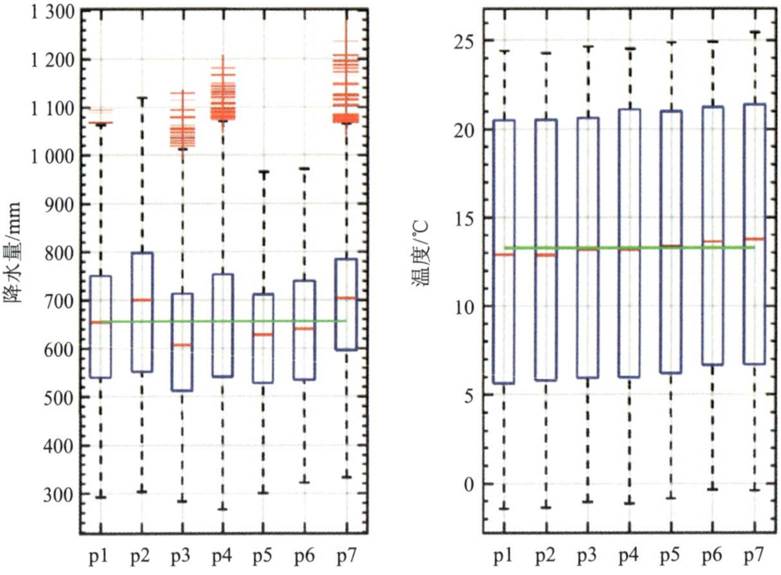
降水量/mm
1 300
1 200
1 100
1 000
900
800
700
600
500
400
300
p1 p2 p3 p4 p5 p6 p7
温度/℃
25
20
15
10
5
0
p1 p2 p3 p4 p5 p6 p7

a. 四川省

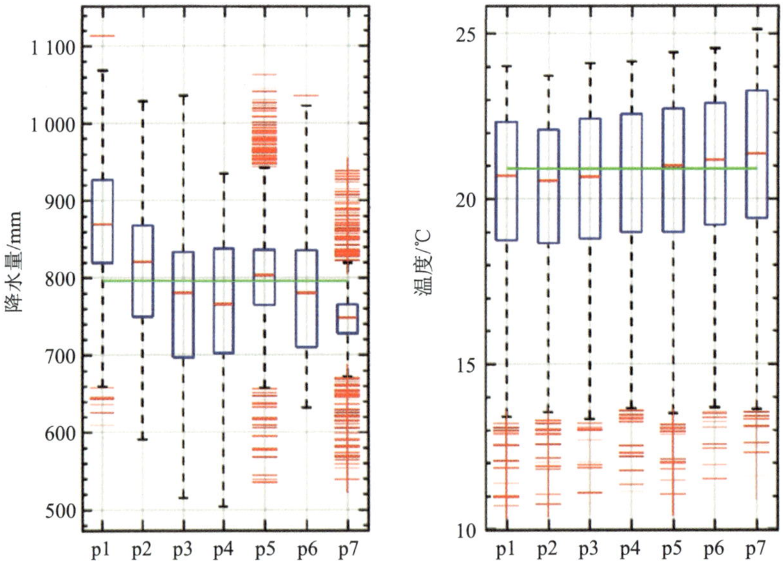
降水量/mm
1 100
1 000
900
800
700
600
500
p1 p2 p3 p4 p5 p6 p7
温度/℃
25
20
15
10
p1 p2 p3 p4 p5 p6 p7

b. 重庆市

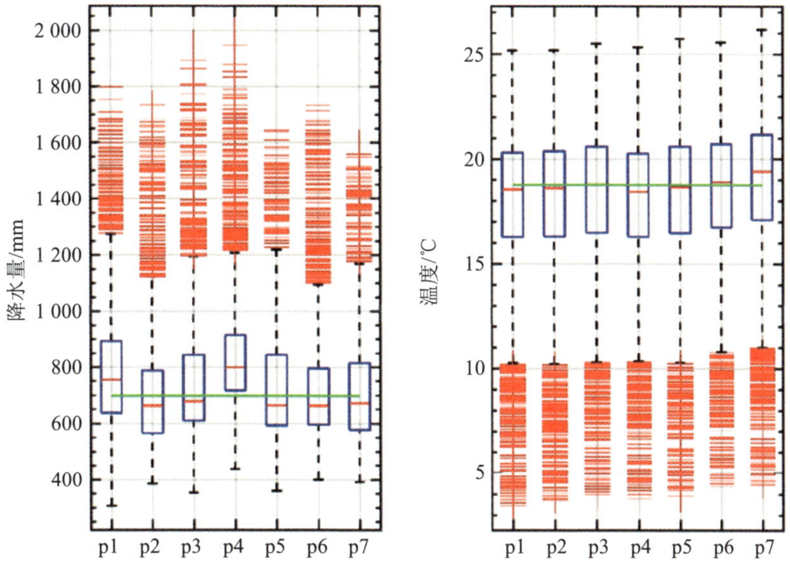

c. 云南省

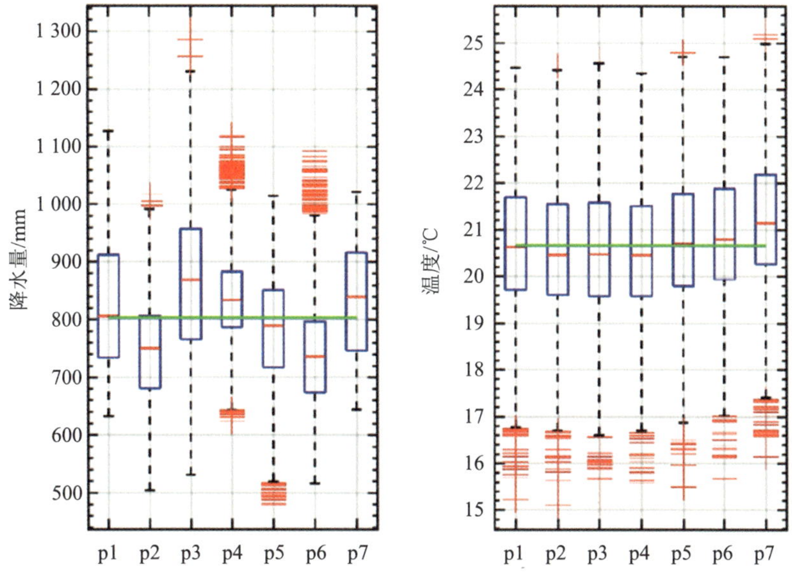

d. 贵州省

图 2-24 西南地区各省（直辖市）相邻 5 年降水量、温度变化箱式图

四川省生长季平均降水量整体变化不大，但存在明显的年际波动，波动幅度为−50～50 mm，其中高于多年平均水平（655 mm）的时期为 p2 时期、p7 时期，降水量分别为 700 mm 和 703 mm；低于多年平均水平的时期为 p3 时期、p5 时期和 p6 时期，降水量分别约为 605 mm、627 mm 和 639 mm；与多年平均水平基本相当的时期为 p1 时期和 p4 时期，降水量分别为 653 mm 和 654 mm。该时期平均温度整体呈升高趋势，p1～p4 时期约升高 0.2℃，p4～p7 时期约升高 0.6℃。云南省生长季平均降水量年际变化较小，仅在 p1 时期、p4 时期高于多年平均水平（698 mm），降水量分别约为 753 mm 和 798 mm，其他时期均略低于多年平均水平，其中 p2 时期、p3 时期、p5～p7 时期降水量依次为 662 mm、677 mm、663 mm、661 mm 和 670 mm；对于多年平均温度而言，该时期平均温度整体呈升高趋势，其中 p1～p3 时期升高约 0.3℃，p3～p4 时期下降约 0.4℃，p4～p7 时期升高约 1℃。

p2～p3 时期、p5～p6 时期和 p6～p7 时期年最大 NDVI 增加网格数明显大于年最大 NDVI 降低网格数；p1～p2 时期、p4～p5 时期年最大 NDVI 降低的网格数明显大于年最大 NDVI 增加的网格数，而 p3～p4 时期年最大 NDVI 增加与降低网格数相当，这与该时期年最大 NDVI 整体增加的结论一致。不同时期、不同省土地利用变化特征各不相同，见表 2-24～表 2-27。

表 2-24 p1～p7 时期四川省土地利用变化　　单位：个

土地类型	NDVI 增加地区土地利用变化（网格数）						NDVI 减少地区土地利用变化（网格数）					
	p1～p2	p2～p3	p3～p4	p4～p5	p5～p6	p6～p7	p1～p2	p2～p3	p3～p4	p4～p5	p5～p6	p6～p7
耕地	672+27	1 011−7	949−36	484−11	1 137−5	1 472−9	850+121	659−2	712−14	1 127+40	503−4	159−4
林地	880−46	1 325+14	1 092+1	941−1	1 204+1	1 759−1	1 432−34	847−4	1 098+21	1 271−23	973+0	419−1
草地	792+6	1 305−11	1 289+30	964+10	1 103−2	1 791+0	1 565−25	1 033−5	1 033+3	1 391−22	1 240+0	550+0

土地类型	NDVI 增加地区土地利用变化（网格数）						NDVI 减少地区土地利用变化（网格数）					
	p1～p2	p2～p3	p3～p4	p4～p5	p5～p6	p6～p7	p1～p2	p2～p3	p3～p4	p4～p5	p5～p6	p6～p7
水域	19+1	28+1	26+1	18+0	31+3	40+3	20+11	23−1	25−1	33+1	21+1	16+1
城市	4+6	18+3	33+8	15+6	40+3	46+6	6+24	22+4	14−4	36+2	19+1	17+4
未利用	92+6	124+0	172−4	88+7	104+0	201+1	205−37	142+0	94−5	169+2	162+2	67+0
总计	2 459	3 811	3 561	2 510	3 619	5 309	4 078	2 726	2 976	4 027	2 918	1 228

表 2-25　p1～p7 时期重庆市土地利用变化　　单位：个

土地类型	NDVI 增加地区土地利用变化（网格数）						NDVI 减少地区土地利用变化（网格数）					
	p1～p2	p2～p3	p3～p4	p4～p5	p5～p6	p6～p7	p1～p2	p2～p3	p3～p4	p4～p5	p5～p6	p6～p7
耕地	215+59	411−2	203+7	134−5	386−3	497−7	187+56	106−1	311+3	390−5	128−1	13−2
林地	269−38	288+1	240−6	116−2	357+0	414−2	224−32	135+1	185−4	299+15	71+0	14+0
草地	90−20	112+0	96−4	31+3	124+0	142−1	102−22	38+0	54+8	123−10	23+0	5+0
水域	10−1	11+0	2+1	3+6	11+1	14+0	7−3	2+0	11−7	4+0	2+0	0+0
城市	1+1	3+1	1+2	3−2	2+2	10+10	3+1	3+0	6+0	6+0	5+1	0+2
未利用	1−1	0+0	0+0	0+0	0+0	0+0	0+0	0+0	0+0	0+0	0+0	0+0
总计	586	825	542	287	880	1 077	523	284	567	822	229	32

表 2-26　p1～p7 时期云南省土地利用变化　　单位：个

土地类型	NDVI 增加地区土地利用变化（网格数）						NDVI 减少地区土地利用变化（网格数）					
	p1～p2	p2～p3	p3～p4	p4～p5	p5～p6	p6～p7	p1～p2	p2～p3	p3～p4	p4～p5	p5～p6	p6～p7
耕地	331+132	453−1	526+6	281+9	598−9	708−3	308+103	421−9	338−5	384−14	262−3	140−1
林地	1 948−183	1 340+0	1 478−1	1 629−28	1 927+3	2 308−4	1 123−76	1 472+5	1 339+12	1 199+11	884+2	508−1

土地类型	NDVI 增加地区土地利用变化（网格数）						NDVI 减少地区土地利用变化（网格数）					
	p1～p2	p2～p3	p3～p4	p4～p5	p5～p6	p6～p7	p1～p2	p2～p3	p3～p4	p4～p5	p5～p6	p6～p7
草地	536+53	670+1	700−3	650+23	807+5	945−3	594−32	481+4	456−9	494−3	357+0	224−3
水域	8+4	21+0	15+2	15+5	16+0	19+6	17+2	10+0	16−4	14−3	15+0	12+1
城市	7+8	7+0	11+6	19−7	12+1	15+4	3+4	15+0	11+1	10+2	12+1	11+4
未利用	32−14	20+0	18−10	18−2	14+0	21+0	13−1	10+0	12+5	7+7	16+0	9+0
总计	2 862	2 511	2 748	2 812	3 374	4 016	2 058	2 409	2 172	2 108	1 546	904

表 2-27　p1～p7 时期贵州省土地利用变化　　单位：个

土地类型	NDVI 增加地区土地利用变化（网格数）						NDVI 减少地区土地利用变化（网格数）					
	p1～p2	p2～p3	p3～p4	p4～p5	p5～p6	p6～p7	p1～p2	p2～p3	p3～p4	p4～p5	p5～p6	p6～p7
耕地	46+57	431+1	373+13	261−1	452+1	611−10	325+194	191+1	251+11	387−13	182−1	23−1
林地	316−39	736−3	749−34	572+22	921−3	1 220−6	1 139−168	512−1	495−14	624+37	334+2	34−3
草地	86−19	289+2	260+23	191−20	284+2	377−2	373−27	124+0	155+1	248−24	111−1	19−1
水域	0+2	4+0	4−1	1−1	3+0	6+0	6−2	2+0	2+0	4+2	3+0	0+0
城市	1−1	3+0	3+0	4+0	3+0	5+18	0+6	3+0	3+2	4−2	3+0	1+5
未利用	0+0	0+0	1−1	0+0	0+0	0+0	4−3	1+0	0+0	0+0	0+0	0+0
总计	449	1 463	1 390	1 029	1 663	2 219	1 847	833	906	1 267	633	77

p1～p2 时期，西南地区各省（直辖市）土地利用变化主要表现为毁林、草地减少和耕地扩张，其中四川省年最大 NDVI 增加区林地网格数减少 46 个，耕地、草地网格数分别增加 27 个和 6 个，年最大 NDVI 减少区林地网

格数减少 34 个，草地网格数减少 25 个，未利用地网格数减少 37 个，耕地、城市用地、水域网格数分别增加 121 个、24 个和 11 个。重庆市年最大 NDVI 增加、减少地区土地利用均表现为耕地扩张、林地和草地面积减少，其中年最大 NDVI 增加区耕地增加 59 个网格，林地、草地分别减少 38 个和 20 个网格；年最大 NDVI 减少区耕地增加 56 个网格，林地和草地分别增加 32 个和 22 个网格。云南省年最大 NDVI 增加区林地网格数减少 183 个，耕地、草地网格数分别增加 132 个和 53 个；年最大 NDVI 减少区林地减少 76 个网格，草地减少 32 个网格，耕地增加 103 个网格。贵州省年最大 NDVI 增加、减少区均表现为毁林、耕地扩张，其中林地分别减少 39 个和 168 个网格，耕地分别增加 57 和 194 个网格，草地分别减少 19 个和 27 个网格。

p4～p5 时期，四川省年最大 NDVI 下降区土地利用变化主要表现为耕地扩张、毁林和毁草，年最大 NDVI 增加区主要表现为草地扩张、退耕、撂荒和城市化。其中年最大 NDVI 增加区耕地网格数增加 40 个，林地和草地网格数分别减少 23 个和 22 个；年最大 NDVI 下降区草地、未利用地、城市用地网格数分别增加 10 个、7 个和 6 个，耕地则减少 11 个网格。重庆市土地利用变化主要发生在年最大 NDVI 减少区，主要表现为还林和草地退化，其中林地网格数增加 15 个、草地和耕地分别减少 10 个和 5 个网格。云南省年最大 NDVI 增加区主要表现为毁林和草地、耕地扩张，其中林地网格数减少 28 个，草地和耕地分别增加 23 个和 9 个网格；年最大 NDVI 下降区主要表现为退耕、还林，其中林地网格数增加 11 个，耕地网格数减少 14 个。贵州省年最大 NDVI 增加、下降区土地利用均表现为退耕、草地退化和还林，其中林地分别增加 22 个和 37 个网格，草地分别减少 20 个和 24 个网格，耕地分别减少 1 个和 13 个网格。

p2～p3 时期，土地利用发生明显变化的地区主要集中在四川省年最大 NDVI 增加区和云南省年最大 NDVI 减少区，其中四川省年最大 NDVI 增加区主要表现为还林、草地退化和退耕，其中林地增加 14 个网格，草地和耕地分别减少11个和7个网格。云南省年最大NDVI下降区主要表现为退耕、还林和还草，其中耕地减少9个网格，林地和草地分别增加5个和4个网格。p5～p6时期、p6～p7时期西南地区年最大NDVI变化相对较小。

p3～p4时期，土地利用发生明显变化的地区主要包括四川省、云南省年最大NDVI下降区、贵州省。其中四川省土地利用变化主要表现为退耕、还林和还草，其中年最大NDVI增加地区耕地网格数减少36个，草地网格数增加30个；年最大NDVI减少区，林地、草地网格数分别增加21个和3个，耕地网格数减少14个。云南省年最大NDVI减少区土地利用变化表现为造林，其中林地网格数增加12个，耕地、草地网格数分别减少5个和9个。贵州省年最大NDVI增加、减少区土地利用变化均表现为毁林、耕地和草地扩张，其中林地减少网格数分别为34个和14个，耕地网格数分别增加13个和11个，草地网格数分别增加23个和1个。

2.2.8 青藏和新疆地区

青藏和新疆地区相邻5年年最大NDVI变化情况如图2-25所示。由图可知，青藏和新疆地区年最大NDVI整体变化不大，且年际波动变化相对较弱。具体而言，西藏自治区年最大NDVI在p3～p4时期和p6～p7时期略有增加，增加幅度分别约为0.01（−0.04～0.055）和0.005（−0.04～0.065）；在p4～p5时期下降约为−0.01（−0.06～0.05）；在p1～p2时期、p2～p3时期和p5～p6时期年最大NDVI变化不明显。新疆维吾尔自治区年最大NDVI在p1～p2时期、p2～p3时期和p6～p7时期整体增加，分别增加约0.015（−0.045～0.075）、0.005（−0.05～0.065）和0.015（−0.07～0.10）；在其他时期年最大NDVI变化不明显。青海省年最大NDVI在p3～p4时期、p5～p6时期和p6～p7时期整体增加，分别增加约0.005（−0.05～0.065）、0.01（−0.04～0.07）和0.005（−0.05～0.06）；在p4～p5时期年最大NDVI整体下降，约为−0.01（−0.065～0.045）；在p1～p2时期和p2～p3时期年最大 NDVI 变化不明显。

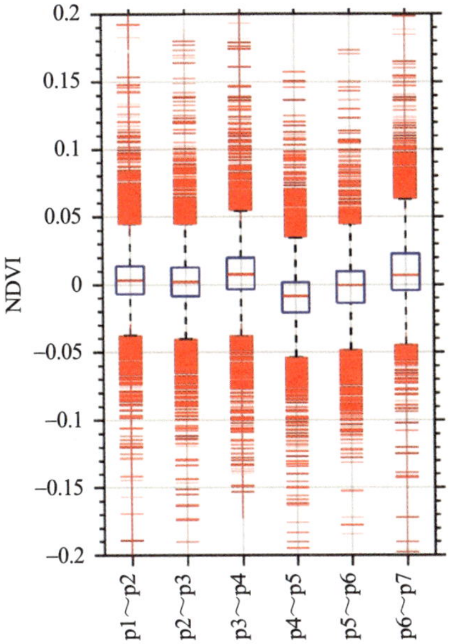

a. 西藏自治区

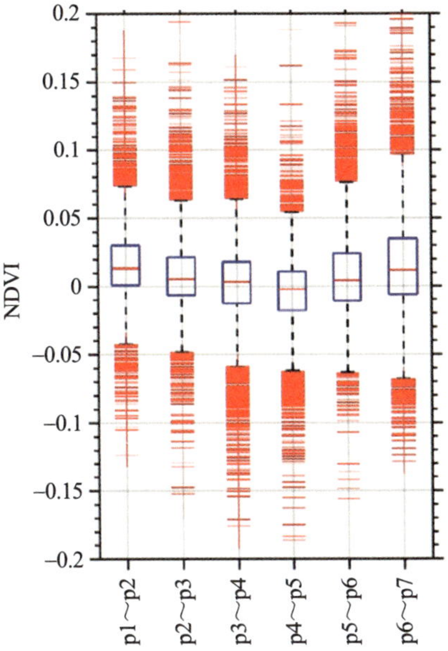

b. 新疆维吾尔自治区

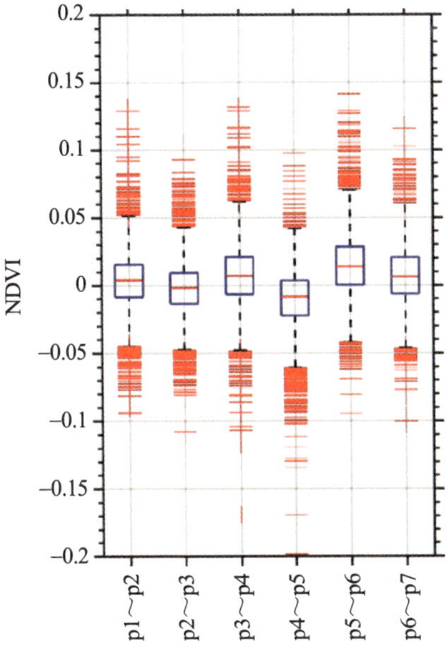

c. 青海省

图 2-25　青藏和新疆地区各省（自治区）相邻 5 年地表最大 NDVI 变化箱式图

青藏和新疆地区相邻 5 年气温、降水量变化如图 2-26 所示。西藏自治区、青海省大部分地区位于高原亚寒带，少部分地区位于高原温带和亚热带，热量、水分不足是限制该地区植被生长的重要因素；新疆维吾尔自治区位于温带干旱气候区，水分、热量不足，限制植被生长。从多年平均水平看，青藏地区降水量大致为 300 mm，而新疆维吾尔自治区仅 150 mm 左右。从变化趋势上看，西藏自治区降水量整体逐渐增加，青海省降水量整体呈先减后增的特征，而西藏自治区降水量未发生明显变化。对于温度而言，各地区温度均升高。具体而言，西藏自治区降水量 p1～p3 时期均低于多年平均水平，且呈增—减—增的变化特征，其中 p1～p2 时期降水量增加 13 mm，p2～p3 时期降水量下降 32 mm；p3～p6 时期降水量整体增加，且由低于多年平均降水量转为高于多年平均降水量，增加幅度约为 85 mm；p6～p7 时期，降水量再次下降，约下降 52 mm。p1～p7 时期西藏自治区温度整体升高，约升高 1.1℃。温度升高、降水量增加为该地区提供了相对较好的水分和热量条件，利于植被生长。

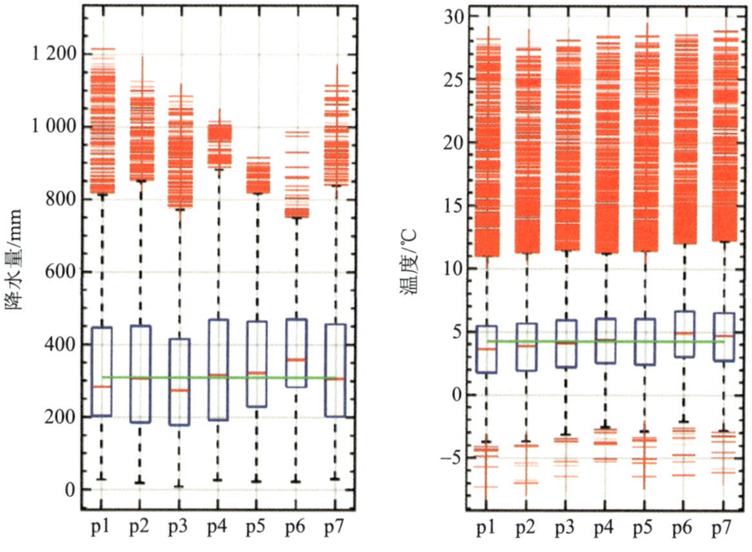

a. 西藏自治区

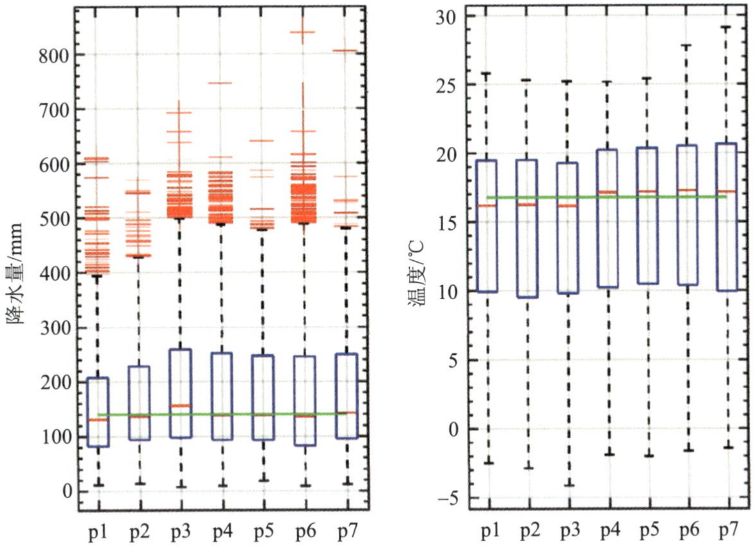

b. 新疆维吾尔自治区

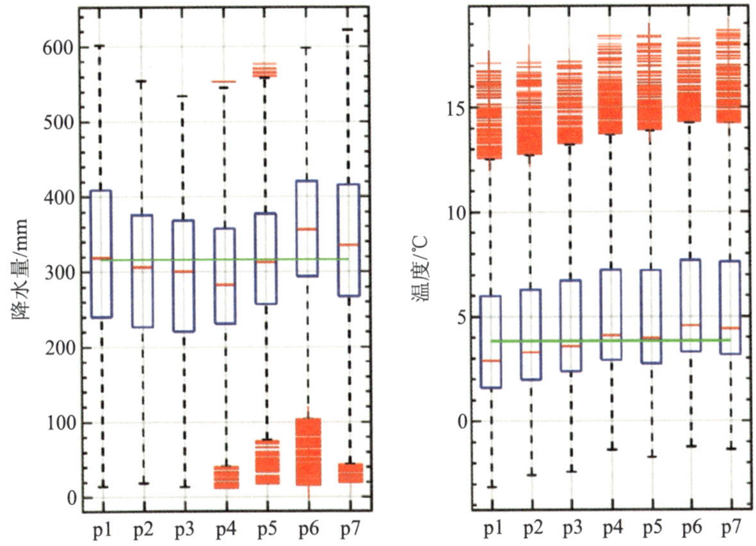

c. 青海省

图 2-26 青藏和新疆地区各省（自治区）相邻 5 年降水量、温度变化箱式图

新疆维吾尔自治区降水量整体呈先增后减的变化特征，其中p1～p3时期降水量增加约 25 mm，且由略低于多年平均水平转为略高于多年平均水平，p3～p7时期降水量逐步下降，约下降20 mm。对于温度而言，p1～p7时期温度先下降后升高，其中p1～p3时期平均温度下降约0.1℃，p3～p7时期温度约升高1.1℃。温度升高，但降水量未发生明显变化，导致该地区水分蒸散速度加快，土壤保墒能力下降，不利于植被生长。青海省降水量整体呈下降后增加的变化特征，其中p1～p4时期降水量整体下降，且由略高于多年平均水平转为略低于多年平均水平，下降幅度约为36 mm，p4～p6时期降水量回升，且由低于多年平均水平转为高于多年平均水平，约升高73 mm；p6～p7时期降水量略有下降，约下降20 mm。同时，该地区温度不断升高，p1～p7时期约升高1.5℃。降水量下降、温度升高导致该地区水分条件恶化，不利于植被生长，而降水量增加、温度升高，可为该地区提供良好的水分、热量条件，利于植被生长。

青藏和新疆地区土地利用变化情况见表2-28～表2-30。西藏自治区在p3～p4时期和p6～p7时期年最大NDVI增加网格数明显大于年最大NDVI减少网格数；在p4～p5时期年最大NDVI增加网格数则明显小于年最大NDVI减少网格数；在其他时期，年最大NDVI增加与减少网格数基本相当。这与西藏自治区年最大NDVI变化特征基本一致。不同时期，西藏自治区土地利用变化特征不尽相同。具体而言，p1～p2时期年最大NDVI增加区土地利用变化表现为草地退化、未利用地增加，其中草地网格数减少91个，未利用地网格数增加83个；年最大NDVI下降区则表现为草地退化，林地、未利用地面积增加，其中草地网格数减少86个，城市用地和林地分别增加51个和36个网格；p3～p4时期年最大NDVI增加区、减少区土地利用变化均表现为造林和草地退化，其中林地分别增加25个和7个网格，草地分别减少42个和12个网格。p4～p5时期土地利用变化主要表现为毁林和还草，其中年最大NDVI增加区草地网格数增加35个，林地和未利用地网格数分别减少 17 个和 15 个；年最大 NDVI 减少区草地网格数增加 18 个，林地网格数减少 13 个。其他时期西藏自治区土地利用变化幅度相对较小。

表 2-28 p1～p7 时期西藏自治区土地利用变化 单位：个

土地类型	NDVI 增加地区土地利用变化（网格数）						NDVI 减少地区土地利用变化（网格数）					
	p1～p2	p2～p3	p3～p4	p4～p5	p5～p6	p6～p7	p1～p2	p2～p3	p3～p4	p4～p5	p5～p6	p6～p7
耕地	35−3	38+0	29+2	19+2	18+0	48−1	13+8	15+0	24+2	38−6	35+0	5+0
林地	943+4	614+2	999+25	746−17	812+0	910+0	669+36	1 039+0	658+7	944−13	850+0	752+0
草地	7 096−91	6 564−1	8 714−42	2 634+35	6 493+0	8 187−5	4 527−86	4 883+0	2 733−12	8 785+18	4 975−1	3 272−5
水域	240+7	249−1	269+0	145−3	242+0	266+6	167−10	163+0	148+2	276+3	175+0	159+6
城市	0+0	0+0	1+0	2−2	0+0	1+1	970+51	1+0	0+1	0+1	1+1	1+0
未利用	1 164+83	1 314+0	1 508	728−15	1 234+0	1 563+1	0+1	956+0	768+0	1 584−3	1 054+0	725−1
总计	9 478	8 779	11 520	4 274	8 799	10 975	6 346	7 057	4 331	11 627	7 090	4 914

表 2-29 p1～p7 时期新疆维吾尔自治区土地利用变化 单位：个

土地类型	NDVI 增加地区土地利用变化（网格数）						NDVI 减少地区土地利用变化（网格数）					
	p1～p2	p2～p3	p3～p4	p4～p5	p5～p6	p6～p7	p1～p2	p2～p3	p3～p4	p4～p5	p5～p6	p6～p7
耕地	790+18	723−10	584+73	270+32	843+42	863+122	60+23	168−18	279+11	679+53	191+2	215−3
林地	308+87	296+6	344+13	240−15	333−1	384−7	146+37	281+5	244−1	369+6	267−2	215−2
草地	5 249+17	4 176−25	4 281−120	3 093+35	4 102−19	5 098−79	2 161−18	3 243+2	3 126−28	4 277−76	3 229−1	2 217−1
水域	306−23	318+1	256+12	184−5	333−3	295+2	187−16	145−1	221+14	343−13	177+1	201+1

土地类型	NDVI 增加地区土地利用变化（网格数）						NDVI 减少地区土地利用变化（网格数）					
	p1～p2	p2～p3	p3～p4	p4～p5	p5～p6	p6～p7	p1～p2	p2～p3	p3～p4	p4～p5	p5～p6	p6～p7
城市	33+16	44−12	32+9	21−1	51+0	48+12	4+8	17−2	15+4	39+4	12+3	18+16
未利用	6 807−115	8 120+31	8 640+13	3 523−46	10 697−19	10 549+50	7 662−34	6 209+11	5 750+0	11 679+26	4 492+3	4 618−11
总计	13 493	13 677	14 137	7 331	16 359	17 237	10 220	10 063	9 635	17 386	8 368	7 484

表 2-30　p1～p7 时期青海省土地利用变化　　单位：个

土地类型	NDVI 增加地区土地利用变化（网格数）						NDVI 减少地区土地利用变化（网格数）					
	p1～p2	p2～p3	p3～p4	p4～p5	p5～p6	p6～p7	p1～p2	p2～p3	p3～p4	p4～p5	p5～p6	p6～p7
耕地	62+5	63+2	39+10	36+3	105+1	70−1	27+16	47−1	72−14	71+4	9+0	45+0
林地	166+59	169−1	262+1	131+9	286+0	296+0	157+49	262+0	168−13	287+3	144+0	134+0
草地	3 210−111	2 416+2	3 577−57	1 528+5	4 025−1	3 385−6	2 275−52	2 908+0	1 749+51	3 794−18	1 283+1	1 923−2
水域	119+30	105+0	154+12	85+2	192+0	156+1	65+28	138−1	88−4	167−5	56+1	89+6
城市	3+5	8+1	4+5	5−1	10+0	7+3	1+1	2+1	8−5	167−5	2+0	5+3
未利用	2 368+12	2 137−4	2 478+29	1 332−18	3 347+0	2 641+3	1 598−42	1 801+1	1 459−15	2 624+15	601−2	1 292−7
总计	5 928	4 898	6 514	3 117	7 965	6 555	4 123	5 158	3 544	6 950	2 095	3 488

新疆维吾尔自治区在 p1～p2 时期、p2～p3 时期和 p6～p7 时期年最大 NDVI 增加网格数相对偏大，这与该时期年最大 NDVI 整体增加的结论一致；其他时期年最大 NDVI 增加与减少网格数基本相当。在不同时期，新疆维吾尔自治区土地利用变化特征有所不同。具体而言，p1～p2 时期年最大 NDVI 增加地区土地利用变化主要表现为耕地、林地、草地、城市用地面积增加，未利用地、水域面积减少，其中林地网格数增加最多，约为 87 个，

耕地、林地、城市用地网格数增加依次为 18 个、17 个和 16 个；未利用地网格数减少最多，减少 115 个，水域网格数减少 23 个。p3～p4 时期年最大 NDVI 增加、减少区土地利用变化均主要表现为草地退化和耕地扩张，其中草地网格数分别减少 120 个和 28 个，耕地网格数分别增加 73 个和 11 个。p4～p5 时期年最大 NDVI 增加区主要表现为耕地和草地扩张，林地、未利用地面积减少，其中耕地、草地网格数分别增加 35 个和 32 个，林地和未利用地网格数分别减少 15 个和 46 个；年最大 NDVI 下降区则主要表现为草地退化，未利用地和耕地面积增大，其中草地网格数减少 76 个，耕地和未利用地网格数分别增加 53 个和 26 个。p5～p6 时期和 p6～p7 时期，土地利用发生明显变化的地区主要集中在年最大 NDVI 增加区，其中 p5～p6 时期主要表现为耕地扩张、草地和未利用地减少，该时期耕地网格数增加 42 个，草地、未利用地网格数均减少 19 个；p6～p7 时期则主要表现为耕地扩张、未利用地面积增加、草地退化，其中耕地网格数增加 122 个，未利用地网格数增加 50 个，草地网格数减少 79 个。

青海省年最大 NDVI 在 p3～p4 时期、p5～p6 时期和 p6～p7 时期年最大 NDVI 增加网格数大于减少网格数；p4～p5 时期年最大 NDVI 下降网格数则小于增加网格数；在 p1～p2 时期、p2～p3 时期年最大 NDVI 增加、下降网格数基本相当，这与年最大 NDVI 变化的结论基本一致。不同时期土地利用变化特征各不相同，p1～p2 时期，年最大 NDVI 增加、减少区均表现为草地退化，其中年最大 NDVI 增加地区，草地减少 111 个网格，林地、水域和未利用地网格数分别增加 59 个、30 个和 12 个，而年最大 NDVI 减少地区，草地、未利用地分别减少 52 个和 42 个网格，林地、水域和耕地分别增加 49 个、28 个和 16 个网格。p3～p4 时期植被增加区主要表现为草地减少、未利用地、耕地和水域增加，其中草地减少 57 个网格，未利用地、水域和耕地分别增加 29 个、12 个和 10 个网格；年最大 NDVI 减少区，草地网格数增加，未利用地、林地和耕地网格数减少，其中草地约减少 51 个网格，未利用地、林地和耕地分别约减少15个、13个和14个网格。其他时期土地利用变化幅度相对较小。

2.2.9 快速城市化地区

北京市、天津市、上海市相邻5年年最大NDVI变化如图2-29所示。由图可知，p1～p7时期3市区年最大NDVI均呈增加趋势，从年际变化上看，北京市、天津市年最大NDVI变化特征基本一致。北京市、天津市年最大NDVI在p1～p2时期、p3～p4时期、p4～p5时期和p5～p6时期均增加，在p2～p3时期年最大NDVI均下降；在p6～p7时期，北京市年最大NDVI增加，天津市年最大NDVI下降。上海市年最大NDVI年际变化特征与北京市、天津市有所不同，上海市年最大NDVI年际变化幅度相对较小，仅在p3～p5时期变化相对明显，在其他时期变化相对较小。就北京市、天津市而言，二者年最大NDVI在p1～p2时期增加幅度最大，其中北京市增加0.025（−0.05～0.09），天津市约增加0.03(−0.06～0.10)；其次为p5～p6时期，北京市增加0.01(−0.06～0.08)，天津市约增加0.02（−0.05～0.085）；最后为p3～p4时期和p4～p5时期，其中p3～p4时期北京市年最大NDVI变化相对较小，天津市年最大NDVI约增加0.015（−0.08～0.10），p4～p5时期北京市年最大NDVI增加0.01（−0.05～0.08），天津市增加幅度较小。就上海市而言，其年最大NDVI在p3～p4时期下降，约为−0.01（−0.065～0.025）；p4～p5时期年最大NDVI略有增加，增加幅度约为0.02（−0.05～0.08）；其他时期年最大NDVI变化相对较小。

北京市、天津市相邻5年气温、降水量变化如图2-30所示。北京市、天津市位于暖温带半湿润气候区，水分、热量是限制该时期植被生长的因素之一。从平均水平上看，北京市生长季平均降水量约为421 mm，平均温度约为18.9℃；天津市生长季平均降水量约为480.1 mm，平均温度约为21.4℃。从变化趋势上看，北京市、天津市降水量均下降，其中天津市呈现出突变式下降；北京市、天津市温度均升高。年际变化上看，北京市、天津市气候变化特征各有不同。

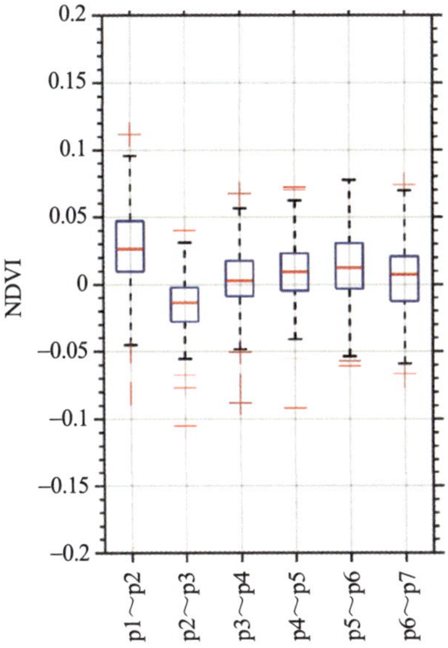

a. 北京市

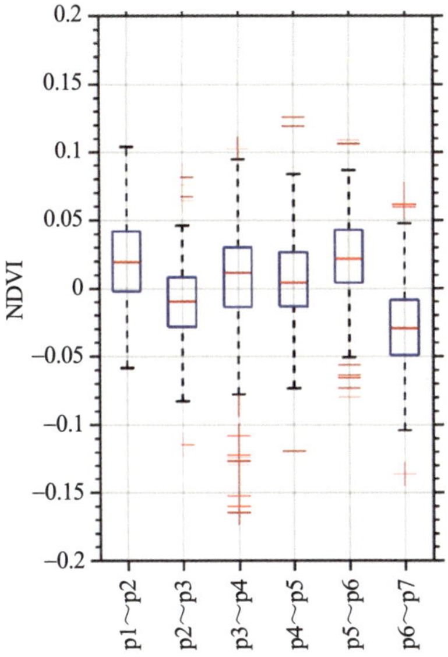

b. 天津市

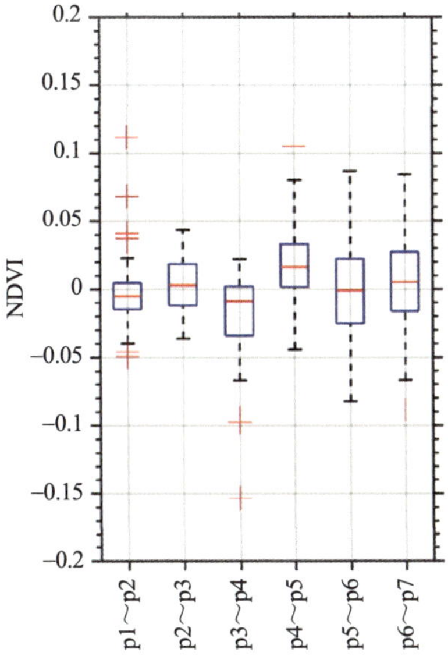

c. 上海市

图 2-27 快速城市化地区各省（直辖市）相邻 5 年地表最大 NDVI 变化箱式图

具体而言，北京市降水量在 p1～p7 时期整体下降，其中 p1～p3 时期降水量相对较高，整体高于多年平均水平，平均约为 475 mm，p4～p5 时期降水量整体偏低，且低于多年平均水平，平均约为 392 mm。降水量显著减少导致该地区土壤墒值下降，不利于植被生长。同时，对温度而言，p1～p3 时期平均温度相对较低，约为 18.5℃，而 p4～p7 时期平均温度整体偏高，平均约为 19.2℃；温度升高虽然为该地区提供了良好的热量条件，但也导致该地区水分蒸散、蒸发强度增大，不利于土壤保墒。从年际变化上看，北京地区降水量在 p1～p2 时期、p4～p5 时期和 p6～p7 时期明显增加，增加幅度分别为 29 mm、28 mm 和 26 mm；而在 p2～p3 时期，p3～p4 时期和 p5～p6 时期，降水量明显下降，下降幅度约为 68 mm、67 mm 和 42 mm。而温度在 p1～p3 时期下降，约下降 0.4℃，在 p3～p4 时期升高，约升高 1.0℃，而后 p4～p7 时期再次整体下降，其中 p4～p6 时期下降约 0.2℃，p6～p7 时期升高约 0.5℃。

天津市降水量整体呈下降趋势，且呈突变式下降。其中 p1～p3 时期平均降水量整体高于多年平均水平，约为 560 mm；p4～p7 时期平均降水量整体低于多年平均水平，约为 410 mm；同时 p1～p3 时期平均温度相对 p3～p4 时期明显偏低，其中 p1～p3 时期平均温度约为 20.7℃，p4～p7 时期约为 21.6℃。降水量减少、温度升高导致该地区土壤含水量减少，不利于植被生长。从年际变化上看，天津市降水量在 p1～p2 时期、p4～p5 时期和 p5～p6 时期整体增加，增加幅度分别约为 20 mm、22 mm 和 52 mm；在 p2～p3 时期、p3～p4 时期和 p6～p7 时期，降水量整体下降，下降幅度约为 6 mm、205 mm 和 62 mm。同时温度在 p1～p3 时期整体下降，约下降 0.5℃，在 p3～p4 时期明显升高，约升高 1.0℃，在 p4～p7 时期整体变化不明显，仅在 p6 时期略有下降，约相对 p5 时期下降 0.2℃，而后迅速升高 0.5℃。

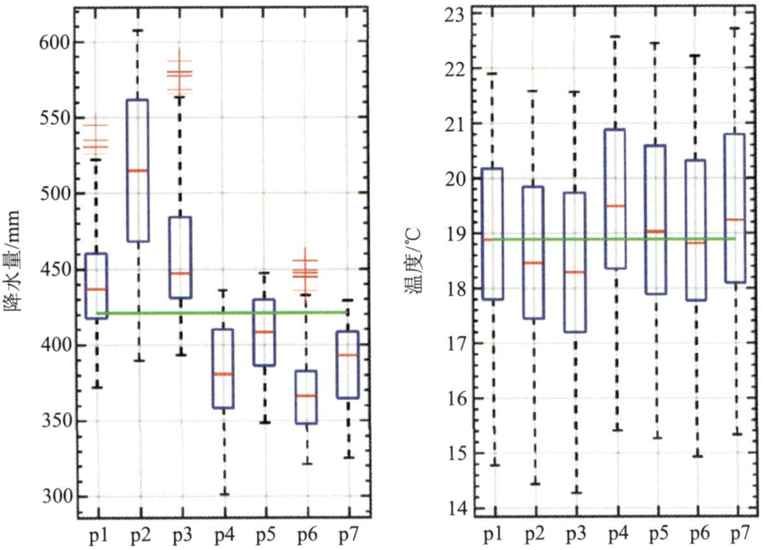

a. 北京市

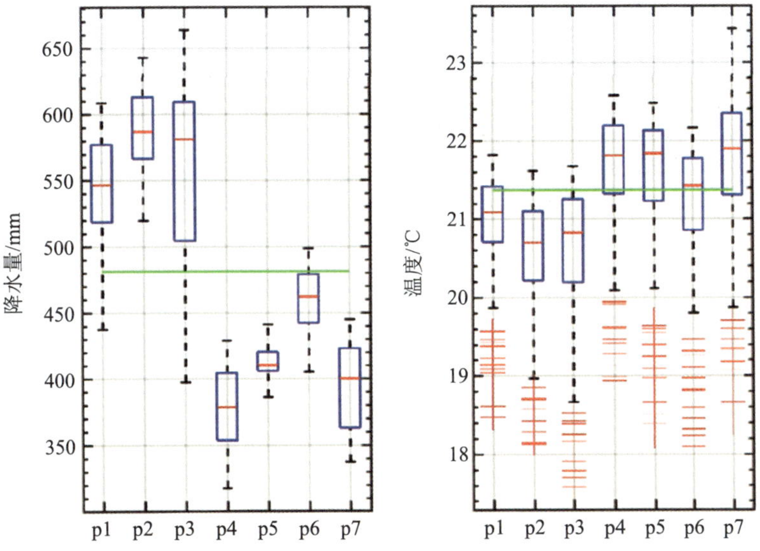

b. 天津市

图 2-28 快速城市化地区各省（直辖市）相邻 5 年降水量、温度变化箱式图

北京市、天津市、上海市相邻 5 年土地利用覆盖变化见表 2-31～表 2-33。北京市、天津市土地利用变化幅度相对较大，且整体呈现为各种地类转为城市用地的特征。其中表现最明显的为 p1～p2 时期北京市、天津市年最大 NDVI 增加区，p2～p3 时期北京市年最大 NDVI 减少区，p4～p5 时期天津市年最大 NDVI 增加、减少区。其中 p1～p2 时期北京市年最大 NDVI 增加区城市用地网格数增加 12 个，同时林地、未利用地和水域网格数分别减少 6 个、4 个和 2 个；年最大 NDVI 下降区城市用地网格数增加 9 个，同时耕地网格数减少 12 个。同时，天津市年最大 NDVI 增加区城市用地网格数增加 8 个，水域网格数减少 10 个。p2～p3 时期北京市年最大 NDVI 减少区城市用地网格数增加 9 个，耕地网格数减少 12 个；p4～p5 时期天津市年最大 NDVI 增加区城市用地网格数增加 5 个，耕地网格数减少 5 个；年最大 NDVI 减少区城市用地网格数增加 6 个，水域、耕地网格数分别减少 4 个和 2 个。

表 2-31　p1～p7 时期北京市土地利用变化　　单位：个

土地类型	NDVI 增加地区土地利用变化（网格数）						NDVI 减少地区土地利用变化（网格数）					
	p1～p2	p2～p3	p3～p4	p4～p5	p5～p6	p6～p7	p1～p2	p2～p3	p3～p4	p4～p5	p5～p6	p6～p7
耕地	60+0	21−1	45+1	43+2	52−3	26−1	27+1	67−12	30−4	29−4	18+0	41−2
林地	117−6	28+1	60+0	82−7	79−1	93+0	7+0	90+0	59+4	41+2	39+0	24+0
草地	16+0	3+0	11+3	14+1	16+0	10+0	2+0	15+0	7−1	6−2	3+0	9+0
水域	5−2	0+0	3−1	1+1	6+0	2+0	1+0	4+3	4−2	3+1	0+0	4+0
城市	5+12	7+0	17−3	24+3	21+4	25+1	6+0	16+9	15+3	8+3	17+0	17+2
未利用	4−4	0+0	0+0	0+0	0+0	0+0	1−1	0+0	0+0	0+0	0+0	0+0
总计	207	59	136	164	174	156	44	192	115	87	77	95

表 2-32 p1～p7 时期天津市土地利用变化 单位：个

土地类型	NDVI 增加地区土地利用变化（网格数）						NDVI 减少地区土地利用变化（网格数）					
	p1～p2	p2～p3	p3～p4	p4～p5	p5～p6	p6～p7	p1～p2	p2～p3	p3～p4	p4～p5	p5～p6	p6～p7
耕地	70+3	42−1	59+4	63−5	76+0	18+0	30−2	59−2	39+0	42−2	22+0	80−2
林地	7−2	0+0	7−2	1+3	5+0	2+0	1+2	8+0	1+0	5−1	3+0	6+0
草地	3+0	1+0	4+0	3−3	3+0	1+0	1+0	3+0	0+0	2+1	0+0	2+0
水域	27−10	5+1	16+1	13+0	20+0	2+0	8−1	19+1	10+1	16−4	5+1	24+0
城市	7+8	2+1	17−3	14+5	28+0	7+0	7−1	21+2	9−1	8+6	5−1	25+2
未利用	2+1	1−1	1+0	0+0	1+0	0+0	0+0	2−1	0+0	1+0	0+0	1+0
总计	116	51	104	94	133	30	47	112	59	74	35	138

表 2-33 p1～p7 时期上海市土地利用变化 单位：个

土地类型	NDVI 增加地区土地利用变化（网格数）						NDVI 减少地区土地利用变化（网格数）					
	p1～p2	p2～p3	p3～p4	p4～p5	p5～p6	p6～p7	p1～p2	p2～p3	p3～p4	p4～p5	p5～p6	p6～p7
耕地	23−1	38+0	18−1	40+0	26+0	27−2	42−4	22−2	41−2	17−1	30−3	26−2
林地	1−1	1+0	0+0	0+0	1+0	0+0	0+1	0+0	1−1	0+1	0+0	1+0
草地	0+0	0+0	0+0	0+0	0+0	0+1	0+0	0+0	0+0	0+0	0+0	0+0
水域	1+2	4+0	4−1	8−1	4+0	6+0	3+1	3+0	3+1	0+0	3+0	1+0
城市	2+1	5+0	3+2	16+1	10+0	15+1	7+3	8+1	11+2	3+0	10+3	8+2
未利用	1−1	0+0	0+0	0+0	0+0	0+0	1−1	0+0	0+0	0+0	0+0	0+0
总计	28	48	25	64	41	48	53	33	56	20	43	36

参考文献

[1] 罗玲，王宗明，宋开山，等. 1982—2003 年中国东北地区不同类型植被 NDVI 与气候因子的关系研究[J]. 西北植物学报，2009，29（4）：800-808.

[2] 崔林丽，史军. 中国华东及其周边地区 NDVI 对气温和降水的季节响应[J]. 资源科学，2012，34（1）：81-90.

[3] 阿多，赵文吉，宫兆宁，等. 1981—2013 年黄淮海平原气候时空变化及其对植被覆盖度的影响[J]. 生态学报，2017，37（2）：576-592.

[4] 何勇，董文杰，郭晓寅，等. 基于 MODIS 的中国陆地植被生长及其与气候的关系[J]. 生态学报，2007，27（12）：5086-5092.

[5] 戴声佩，张勃，王海军，等. 中国北方中西部地区植被时空演变特征及其对气候变化的响应[J]. 遥感技术与应用，2010，25（1）：69-76.

2.3 年最大 NDVI 变化的地市间差异

地表年最大 NDVI 变化是气候变化和人类活动共同作用的产物。为进一步分析气候变化与人类活动对地表年最大 NDVI 的影响，甄别气候变化与人类活动主导作用的区域差异，本节以地级行政区为单元，通过聚类分析，提炼了年最大 NDVI 变化的主要模态及其空间格局。进而在此基础上，分析了年最大 NDVI 变化与温度、降水量变化的相关性及与区域人类活动的关系。

2.3.1 分析方法

本着客观分析的原则，本书采用系统聚类方法对地级行政区的年最大NDVI进行聚类分析。首先，对全国342个地级行政单元的年最大NDVI进行标准化处理，以消除地理差异，提炼年最大NDVI的年际变化信号。其次，为弱化年际变率的影响，强化阶段性变化特征，将1982—2015年（34年）的年最大NDVI时间序列按照5年间隔进行等分（最后是4年，2012—2015年）。最后，采用系统聚类方法，对1982—2015年地级行政区5年平均的年最大NDVI时间序列进行聚类分析。聚类分析过程采用欧氏距离量化样本之间的相似性程度，采用类型内部方差最小原则决定各类型包括的样本。

根据聚类树的结构，同时参考各类型的空间分布特征，以及各类平均的年最大NDVI变化特征，将全国342个地级行政区年最大NDVI变化过程分为10类。为更全面展示各类地区年最大NDVI的变化特征，本书不仅计算了各类平均年最大NDVI变化特征，而且计算了25%和75%分位数的变化特征。

2.3.2 年最大NDVI变化的主要类型及空间分布

地级行政单元平均的年最大NDVI变化的10种类型如图2-29所示。

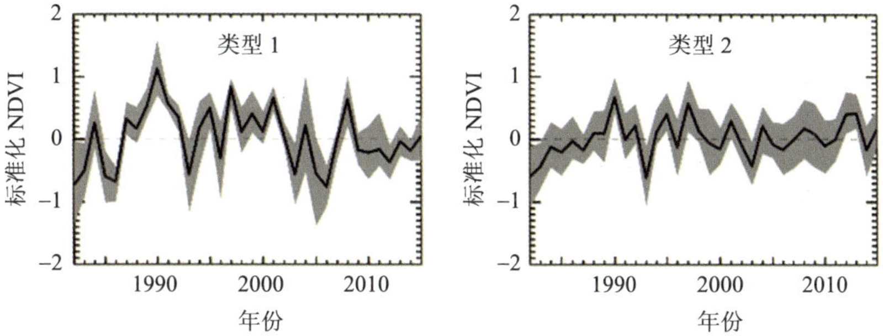

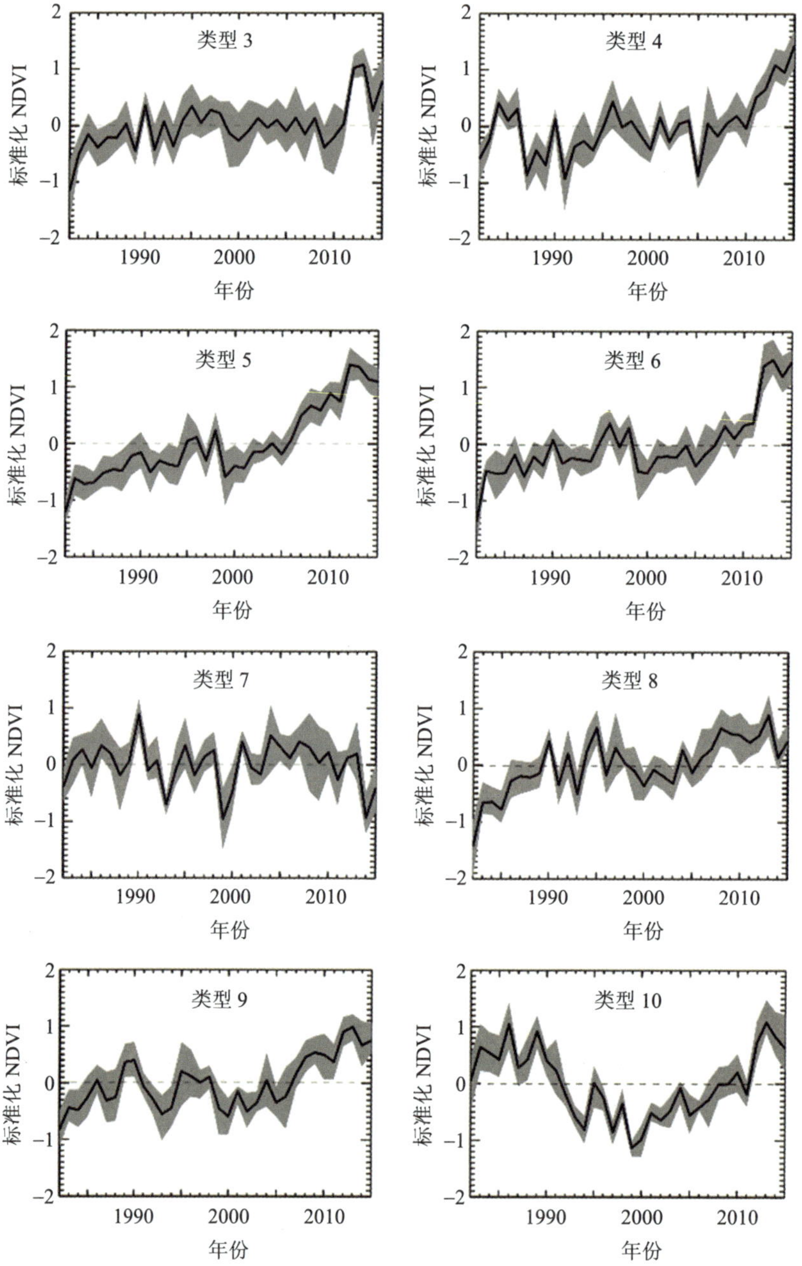

图 2-29　年最大 NDVI 变化的主要类型

2.3.2.1 类型 1

类型 1 的主要特征是先升后降，转折点大致出现在 1990 年，1982—1999 年，年最大 NDVI 上升速率为 0.19/a；1991—2015 年，年最大 NDVI 下降速率为 0.02/a，同时伴随强烈的年际震荡（图 2-30）。这一类地级行政区共计 22 个，主要集中分布于两个地区，一个是河南省东北部及毗邻的山东省和河北省部分地市（简称豫鲁冀区），包括河南省的开封市、安阳市、鹤壁市、新乡市、濮阳市、商丘市和周口市，山东省的菏泽市和聊城市，以及河北省邯郸市；另一个相对集中分布区是吉林省东部和辽宁省中部地区（简称吉辽区），包括吉林省的吉林市、通化市、白山市、延边州，辽宁省的大连市、鞍山市、抚顺市、辽阳市、盘锦市和铁岭市。

其中，豫鲁冀区主要土地利用类型是耕地，主要种植作物为冬小麦、夏玉米，一年两熟，属于半湿润气候区，水分条件是作物生长的主要限制因子。1990 年之前，这一地区生长季温度和降水量均无趋势性变化，植被生长的水、热条件未见明显变化。年最大 NDVI 的上升过程主要得益于农业领域改革——家庭联产承包责任制，农业生产力得到空前的释放，作物覆被面积和作物长势大幅增加。河南省上述地市的粮食播种面积由 1985 年的 320.86 万 hm^2 增至 1990 年的 390 万 hm^2。其中，小麦的播种面积由 174.6 万 hm^2 增至 212.2 万 hm^2，玉米播种面积由 64.2 万 hm^2 增至 97.9 万 hm^2。单位面积粮食产量大幅增加，如安阳市的粮食单产由 1985 年的 3.05 t/hm^2 增至 1990 年的 3.87 t/hm^2。1990 年以后，在生长季气候变暖的背景下，潜在蒸散发增加，而降水量未见明显的趋势性变化，因而地表趋于干旱化，从而不利于植被生长。与此同时，伴随着经济发展，该地区开启了城市化进程，城市扩展，大量农田被用于城市建设，粮食播种逐渐下降。河南省上述地市的粮食播种面积自 1990 年后持续下降，截至 2005 年降至最低点，为 367.1 万 hm^2。由此，在气候变暖和城市化双重因素作用下，该地区年最大 NDVI 呈现下降趋势。

吉辽区主要土地利用类型是耕地和林地，主要种植作物是玉米和水稻，一年一熟，属于半湿润气候区，并且地处较高纬度，热量和水分条件均是作物生长的主要限制因子。1990 年之前，这一地区的生长季气候变化以变暖为主要特征，由此导致植被生长的热量逐渐增加，有利于植被生长；与此同时，农业领域的家庭联产承包责任制也在一定程度上释放了农业生产力，农作物覆被面积和作物长势大幅增加。1986—1991 年，辽宁省粮食播种面积由 288.9 万 hm^2 增至 312.2 万 hm^2，年均增加 3.63 万 hm^2；粮食单产由 3.38 t/hm^2 增至 4.79 t/hm^2，年均增速为 0.14 t。这对年最大 NDVI 增加趋势起到了积极作用。1990 年以后，该地区降水量呈现明显的下降趋势，而同时在气候变暖背景下，温度一直维持在较高水平，由此导致了该地区的干旱化，不利于植被生长。同时，1991—2005 年，辽宁省粮食播种面积持续降低，到 2004 年，降至最低点 256.36 万 hm^2。大连市、鞍山市、抚顺市、辽阳市、盘锦市和铁岭市的降幅尤其明显，1993 年为 136.15 万 hm^2，截至 2001 年降低至 108.6 万 hm^2，年均减少 1.97 万 hm^2。这在一定程度了削减了年最大 NDVI。2005 年以后，粮食播种面积开始稳步回升，截至 2015 年，上述各地市的粮食播种面积已经升至 131 万 hm^2。

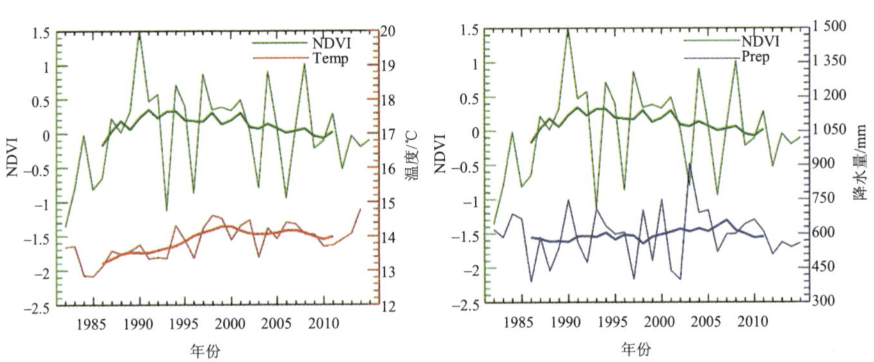

a. 河南-山东区

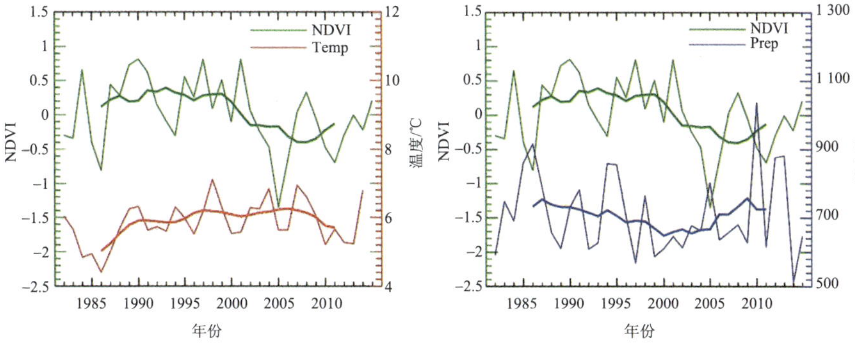

b. 辽宁-吉林区

图 2-30 类型 1 地区的年最大 NDVI、生长季温度和降水量的变化（粗线表示 9 年滑动平均）

2.3.2.2 类型 2

类型 2 主要特征是先升后平，转折点大致分别出现在 1990 年(图 2-31)。这类地市共计有 56 个，集中分布于三个区，一是山东省和江苏省北部及安徽省的部分地市（江苏—山东区），包括山东省大部分地市与江苏省的宿迁市、泰州市、盐城市、连云港市、徐州市和南京市，以及安徽省的马鞍山市、铜陵市；二是四川中西部—青海南部和西藏自治区，包括四川省的成都市、绵阳市、眉山市、雅安市、阿坝州、甘孜州，西藏自治区的拉萨市、昌都地区、山南地区、那曲地区、阿里地区、林芝地区，青海省的黄南州、果洛州、玉树州以及毗邻的甘肃省甘南州；三是辽宁省，主要包括沈阳市、本溪市、丹东市、锦州市、营口市、辽源市，另外在黑龙江省也有零星分布，包括伊春市、牡丹江市、大兴安岭地区。

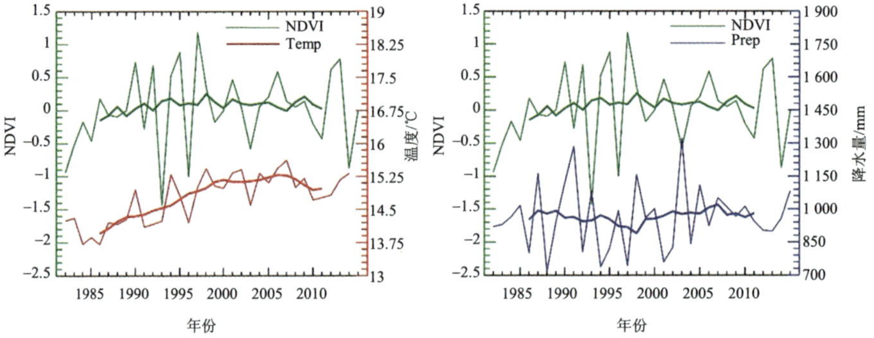

a. 江苏—山东区

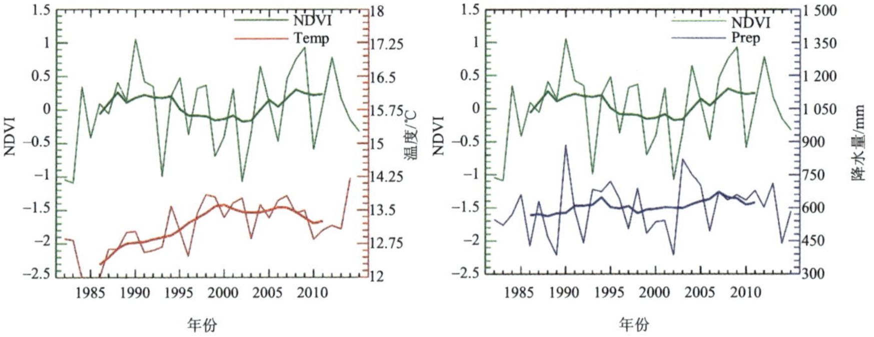

b. 山东中—北部区

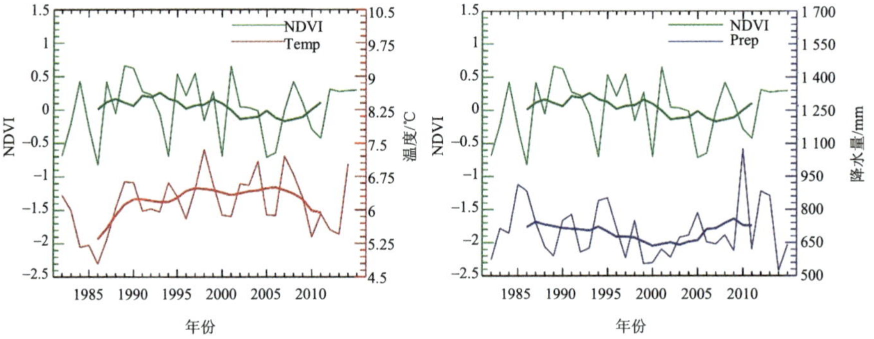

c. 辽宁区

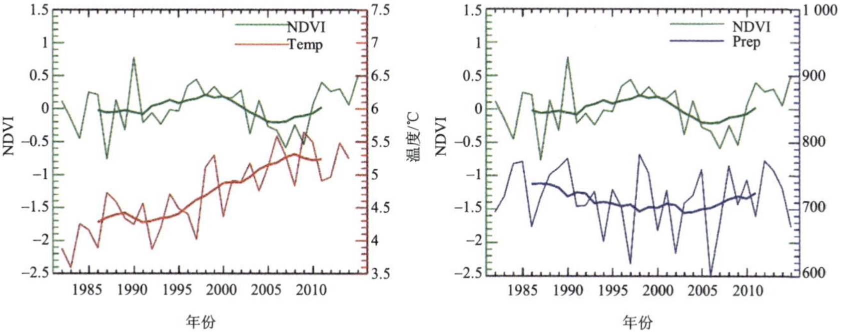

d. 四川—西藏区

图 2-31 类型 2 地区的年最大 NDVI、生长季温度和降水量的变化

（粗线表示 9 年滑动平均）

其中，山东省及苏皖部分地市的主要土地利用/覆被类型是耕地，种植制度为一年两熟，通常是冬小麦与夏玉米组合。山东省南部的济宁市、枣庄市、临沂市与苏皖地区的部分地市位于湿润气候区，降水量相对比较丰沛，年降水量为 900～1 000 mm，夏季辐射是限制作物生长的主要因素，在相关关系上表现为：年最大 NDVI 与降水量呈负相关（相关系数为–0.4），与温度呈正相关（相关系数为 0.42），其中以安徽省的芜湖市和马鞍山市的相关性最强。该地区 1980—1990 年气候变化呈明显变暖的特征，而与此同时降水量呈现一定的减少趋势，这为该地区农作物的生长提供了充足的热量和日照条件，对这些地市年最大 NDVI 的增加起到了积极作用。同时，农业领域的改革政策，释放农业生产力，也极大地促进了年最大 NDVI 的增加。1990 年以后，气候持续变暖，为植被生长创造了有利条件；但是，伴随着经济发展，城市化进程加快，大量耕地转为建设用地，在一定程度上削弱了整体的绿色植被覆盖面积。二者综合作用，年最大 NDVI 未见趋势性变化。

山东省北部则属于半湿润气候区，年降水量平均约 700 mm，水分成为影响作物生长的主要因素之一，在相关关系上表现为：年最大 NDVI 与降水量变化呈显著正相关关系（相关系数为 0.34），与温度变化呈现一定程度的负相关关系。1980—1990 年气候变暖，而降水量未见趋势性变化，如此气候背景加剧了地表的蒸散、蒸发，不利于该地区植被的生长，因此 1980—1990 年该地区年最大 NDVI 增加的主要原因可能是农业领域的改革政策促进了农业生产的发展所致。1990—2000 年，温度持续升高，由此导致地表潜在蒸散、蒸发增加，而降水量一直保持平缓波动，因而地表干旱化程度日益加重，不利于植被生长。2000 年后，降水量呈一定程度的增加，同时温度呈一定程度的下降趋势，地表干旱程度减缓，有利于植被生长。因此，夏季温度的年代际转折可能是 1990—2015 年年最大 NDVI 先下降再上升的主要原因。

辽宁省大部分地市的主要土地利用/覆被类型是耕地，丹东市及黑龙江省部分地市的主要土地利用/覆被类型是林地，大多属于中温带湿润气候区。这一类地区年最大 NDVI 的变化特征是波动中缓慢下降，最低点大致出现在 2005 年前后，此后略有回升趋势。其气候变化背景是：在经历 1980—1990 年气候变暖后，温度基本呈稳定震荡状态，降水量则呈现一定的“V”形特征，先降低再上升，转折点大致出现在 2000 年。与此同时，辽宁省相关地市的粮食播种面积先减少、再增加。其中，辽宁省全境粮食播种面积由 1988 年的 313.08 万 hm^2 逐渐下降至 204 年的 256 万 hm^2，达到最低点，此后逐渐恢复至 2016 年的 329.7 万 hm^2。辽宁省沈阳市、本溪市、丹东市、锦州市、营口市、辽源市 6 个地市粮食播种面积 1994 年为 122.79 万 hm^2，2001 年则降至 114.62 万 hm^2（2002—2005 年缺失数据），2013 年则逐渐恢复至 131 万 hm^2。由此可见，粮食播种面积表征的农业耕作强度可能是辽宁省部分地市年最大 NDVI 变化的主要驱动因素。

四川中西部—青海南部和西藏自治区的主要土地利用/覆被类型是草地，气候类型属于高原温带和高原亚寒带，年均温度约为 4.5℃，自东向西逐渐从湿润类型过渡到干旱类型，年均降水量约为 700 mm。在 2000 年之前年最大 NDVI 总体平稳，无趋势性变化；2000 年以后年最大 NDVI 快速下降，截至 2008 年降至低谷，此后开始反弹。1982 年以来，该地区温度呈现持续上升趋势，其中，1995—2005 年上升趋势较快；降水量呈较弱的减少趋势，主要出现在 1995 年之前，此后降水量以平缓背景之上的年际震荡为主。相关分析表明，该地区年最大 NDVI 与温度、降水量总体未见显著的相关关系，气候变化对年最大 NDVI 变化的影响可能较弱。2000 年以来年最大 NDVI 的快速下降可能与该地大规模采挖冬虫夏草有关。20 世纪 70 年代初，冬虫夏草价格不过 20 元/kg 左右，到 90 年代中期，达到 5 000 元/kg，2000 年以来，虫草价格开始飞涨，2012 年涨至 25 万元/kg[1]。在巨大经济利益的驱动下，每年 5—7 月，冬虫夏草产区的牧民全民采挖冬虫夏草，同时每年还有数十万外地居民亦加入采挖虫草的行列[2]。此大规模采挖冬虫夏草，涉及的草场面积越来越大，给当地生态环境带来严重影响，致使草地物种多样性、盖度和地上生物量降低[3]。

2.3.2.3 类型 3

类型 3 主要特征是 2010 年前平缓小幅波动，2010 年后则是“骤然升高”，为突变式变化（图 2-32）。这类地市共计 27 个，主要集中分布于两个区域，一个是内蒙古自治区及周边地区，涉及内蒙古自治区绝大部分地市（州），包括呼和浩特市、包头市、赤峰市、通辽市、乌兰察布盟、兴安盟、锡林郭勒盟、阿拉善盟及四平市、武威市；另一个是湖北中部—湖南北部，包括孝感市、荆州市、咸宁市、随州市、长沙市、岳阳市、常德市，另外在新疆、四川、云南等省（自治区）也有零星分布。

内蒙古地区年最大 NDVI 的主要特征是 1995 年前平缓上升，1995 年以后平缓下降，2010 年后迅速“翘尾”。这一地区主要的土地利用/覆被类型是草地。1995 年之前温度呈明显上升趋势，同时期降水量处于一个相对较高的水平。在水分相对充足、温度（热量）不断增加的情况下，植被生长环境逐渐改善。因此，1995 年之前的气候变化环境为年最大 NDVI 的上升提供了有利的气候条件。1995 年之后，温度持续运行在一个相对较高的水平，而降水量却呈现逐渐减少的趋势，气候环境呈现干旱化的特征，从而不利于植被生长。这一时期，年最大 NDVI 的变化与降水量呈现显著正相关关系，更加说明了水分条件对植被生长的限制性作用。因此，1995 年之后年最大 NDVI 的变化在很大程度上由降水量控制。

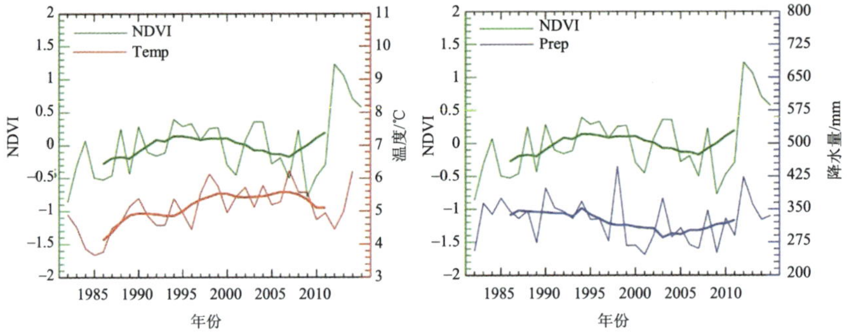

a. 湖北—湖南地区

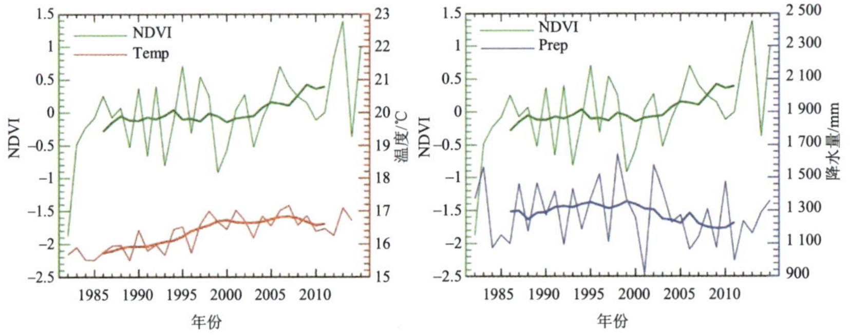

b. 内蒙古地区

图 2-32　类型 3 地区的年最大 NDVI 及温度和降水量变化

湖北中部—湖南北部地区年最大 NDVI 的主要特征是 2000 年之前平缓波动，2000 年之后平缓上升，2010 年后迅速“翘尾”。这类地市主要分布于江汉平原和洞庭湖周围，主要土地利用/覆盖类型是耕地。该地区地处湿润气候区，降水量丰沛、水分条件充足，而云量较大，光照相对不足成为限制植被生长的主要因素。相关分析表明：该地区 8 个地市中，年最大 NDVI 与温度全部为正相关关系，而与降水量全部为负相关关系。图 2-35 显示，2000 年之前，降水量变化主要表现为年际波动，而 2000 年之后，降水量呈逐渐减少趋势。这意味着，2000 年之后日照条件逐渐改善，越来越有利于植被生长。因此，与降水量减少相伴的日照增加为年最大 NDVI 的上升提供了有利条件。农业活动强度在一定程度上也影响着年最大 NDVI 的变化特征。据统计，1990—2000 年，湖南省长沙市、岳阳市、常德市复种指数持续平稳，未见趋势性变化。而 2000—2015 年，三市农作物播种面积平均每年增加 3.4 万 hm^2，由此导致复种指数逐渐增加，岳阳市、长沙市、常德市的复种指数年均增幅依次为 0.024、0.026、0.02。耕作活动加强，地表被绿色植被覆盖程度增加，由此在一定程度上助长了年最大 NDVI。

2.3.2.4 类型 4

类型 4 主要特征是先平后升，转折点大致出现在 2005 年，此前平缓变化过程中年际变率较大，并且在 1987—1993 年出现持续性偏低，自 2005 年以后呈现稳步上升趋势（图 2-33）。这类地市共计 21 个，集中分布于贵州省及与其邻近的四川省和云南省部分地市。该地区地形相对复杂，主要土地利用/覆盖类型是耕地和林地。1982—2015 年，温度上升、降水量减少是该地区气候变化的主要特征。其中，温度上升主要由 1996—1998 年的跳跃性升高所致；降水量减少则出现在 1998—2011 年，在这一时期，降水量持续减少。

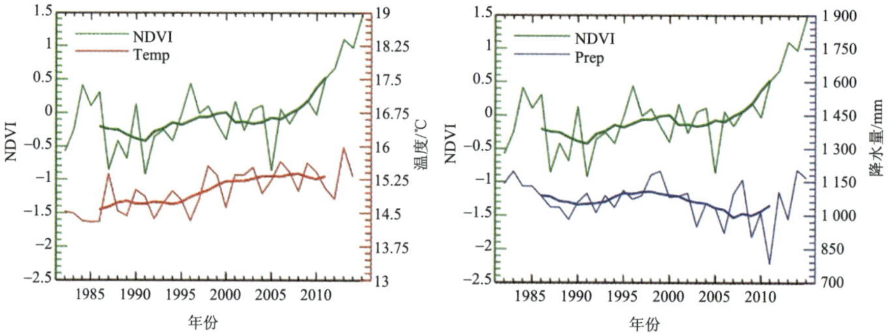

图 2-33　类型 4 地区（贵黔川地区）的年最大 NDVI 及温度和降水量变化

由于该地区水热条件相对较好，温度和降水量对该地区植被生长的限制作用较小。由图 2-33 可以看出，无论是年际变化，还是低频趋势性变化，年最大 NDVI 与温度和降水量均未见显著的相关关系。大量研究表明，人类活动对该地区植被覆盖度影响较重。从土地利用结构来看，1982—2015 年贵州省森林面积大幅增加，耕地面积则大幅减少。1990 年贵州省森林面积为 220 万 hm^2，截至 20 世纪 90 年代中后期，增至 260 万 hm^2，2000 年以后森林面积持续增加，截至 2017 年增至约 900 万 hm^2。森林覆盖率由 1990 年的 12.6%，增至 2017 年的约 50%。与此同时，1981—2002 年，贵州省耕地面积基本维持在 183 万～185 万 hm^2 的水平，2003—2004 年耕地面积迅速降至 175 万 hm^2，以后持续维持在约 175 万 hm^2 的水平。虽然耕地持续减少，但是播种面积却持续增加，由 1981 年的 302 万 hm^2 持续增至 2017 年的 559 万 hm^2，年均增幅约为 6.9 万 hm^2。由此导致复种指数持续增加，由 1981 年的 1.5 增至 2017 年的 2.8，年均增幅约为 0.043。这意味着一方面退耕还林，恢复生态，另一方面农业耕作强度大幅增加。两方面共同作用下，地表绿色植被覆盖度持续增加，特别是 2000 年以来变化最为明显。因此，该地区年最大 NDVI 的增加，主要由人类土地利用/覆盖所致，一方面归因于退耕还林；另一方面耕地利用强度增加，绿色植被覆盖度增加。

2.3.2.5 类型 5

类型 5 主要特征是持续性上升，上升速率先慢后快，转折点大致出现在 1998 年，此前是缓慢上升，在经历 1998—1999 年大幅下降后，进入快速上升阶段，峰值大致出现在 2012 年（图 2-34）。这类地市共计 46 个，集中分布于三个地区，一个是广西壮族自治区和广东省西南部，包括广西壮族自治区的柳州市、南宁市、桂林市、梧州市、北海市、防城港市、钦州市、贵港市、玉林市、河池市、来宾市和崇左市，广东省东南部的湛江市、茂名市和阳江市；另一个是江西省北部地区，包括南昌市、景德镇市、鹰潭市、抚州市和上饶市；再一个是山西—陕北—内蒙古南部和甘肃西部，包括山西省的太原市、阳泉市、长治市、晋中市、运城市、忻州市、临汾市、吕梁市，陕西省的延安市和榆林市，内蒙古自治区的鄂尔多斯市，以及宁夏回族自治区的石嘴山市。

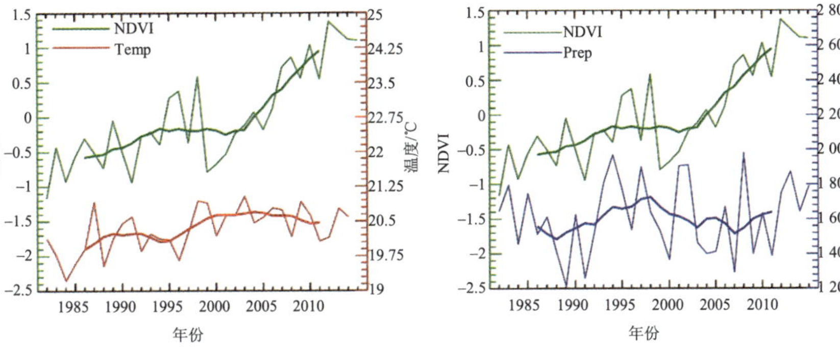

a. 广西区

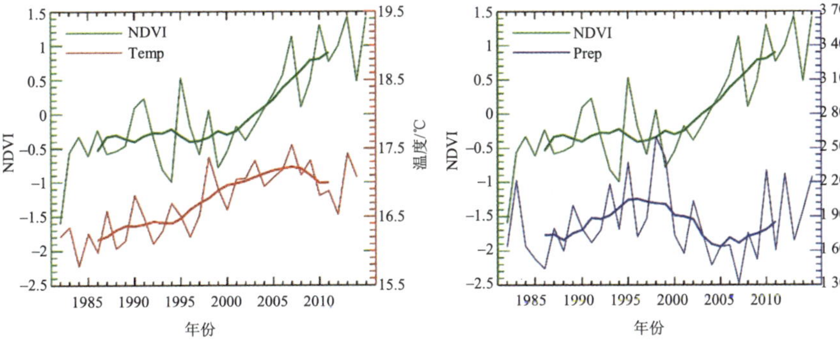

b. 江西北部区

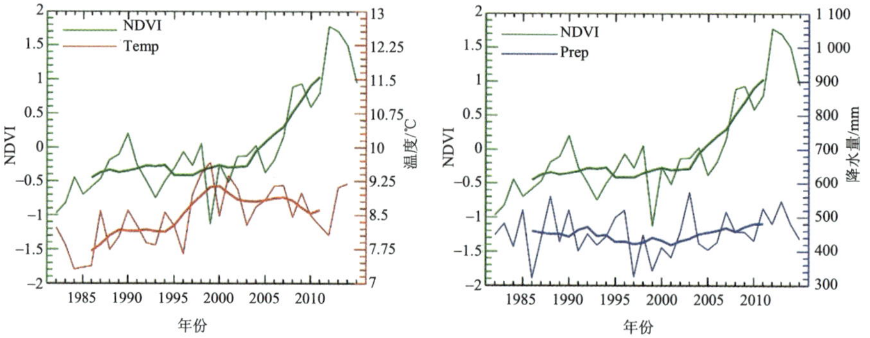

c. 山西—陕北区

图 2-34　类型 5 地区的年最大 NDVI 及温度和降水量变化

广西壮族自治区和广东省东南部地区的主要土地利用/覆盖类型是林地，其次是耕地。1982—2015 年，温度升高，降水量平稳波动是该地区气候变化的主要特征。其中，温度升高主要由 1996—1998 年跳跃式上升所致，1996 年之前和 1998 年之后，温度基本呈平稳变化，未见明显趋势性变化。由于该地区地处亚热带，水热资源相对丰富，植被生长较少受到温度和降水量的限制，相关分析显示，年最大 NDVI 与温度和降水量均未见显著相关关系。1982—2015 年，该地区大力开展人工造林，1982—2015 年，该地区森林面积持续增加，由 1987 年的 551 万 hm^2 增至 2017 年的 1 479 万 hm^2，年均增幅约为 38.25 万 hm^2，森林覆盖率年均增幅约为 1.6%，特别是 2000 年实施退耕还林政策后，增速尤为明显。1987—2003 年，该地区播种面积持续增加，年均增幅约为 10.3 万 hm^2；复种指数由 1987 年的 2.66 增至 2006 的 3.78，年均增幅 0.058。由此来看，该地区一方面积极开展植树造林，增加地表绿色植被覆盖；另一方面，加强农业耕作，提高单位耕地面积的绿色植被覆盖。双重因素作用下，提升了地表的绿色植被覆盖度，助长了地表年最大 NDVI。

江西北部的 4 个地市，南昌市因位于鄱阳湖流域，地势相对平坦，主要土地利用类型是耕地，其余 3 个地市地形相对较复杂，耕地面积较小，主要土地利用类型是林地。该地区地处亚热带，水热资源相对丰富，植被生长受温度和降水量的限制性作用较小。年最大 NDVI 与降水量未有显著的相关关系，与温度虽然有显著的相关关系，但是主要体现在年际尺度上，年最大 NDVI 与温度的趋势性变化并不一致。例如，2000 年之前，温度呈现明显上升趋势，此后温度基本处于一个平台期，甚至 2006 年以后开始转为降低趋势。然而，2000 年之前，年最大 NDVI 基本呈现平稳波动，未见趋势性变化; 2000 年之后，年最大 NDVI 则呈持续上升趋势。年最大 NDVI 变化的这一特征与国家大力推行退耕还林政策的时间基本吻合。在 2000 年，开始部署实施退耕还林政策后，年最大 NDVI 持续快速增加。据统计，1990—2009 年景德镇市、鹰潭市、抚州市和上饶市四地市耕地面积持续减少，其中平均年均减幅 0.41 万 hm^2，其中 2003—2004 年减幅最大，由 2003 年的 66.6 万 hm^2 锐减至约 62 万 hm^2，与此同时，林地面积持续增加。另外，虽然耕地面积持续减少，但是单位面积耕地的粮食产量持续增加，1983—2012 年，每公顷粮食产量年均增加约 70 kg，特别是 2000 年以后，增速则高达约 130 kg/hm^2。粮食单产的增加意味着农业耕作强度日益增强，农业植被生长更加茂盛，推动年最大 NDVI 增加。

2.3.2.6 类型 6

类型 6 主要特征也是持续性上升，并且也是上升速率先慢后快，转折点出现在 1998 年（图 2-35）。与类型 5 不同的是，在 1998 年以后，类型 6 的上升速率较快，特别是 2005 年以后，呈现一定的突变式“骤然”上升特征。这类地区有两个集中分布区，一个是自西北至东南，以湖南省为中心，贯穿四川东北部、重庆市、湖南省、江西省西部和广东省北部的一个条带，包括四川省的遂宁市、南充市、广安市、达州市、巴中市，湖南省的株洲市、湘潭市、衡阳市、邵阳市、张家界市、郴州市、永州市、怀化市、娄底市、湘西土家族苗族自治州，江西省的萍乡市、新余市、赣州市、吉安市、宜春市；另一个是甘肃省东部和宁夏回族自治区，包括甘肃省的兰州市、白银市、天水市、平凉市、庆阳市、定西市、陇南市、临夏回族自治州，宁夏回族自治区的银川市、吴忠市、固原市、中卫市。此外，在云南省西北部也有一个相对集中分布区，包括保山市、大理白族自治洲、楚雄彝族自治区、丽江纳西族自治县。

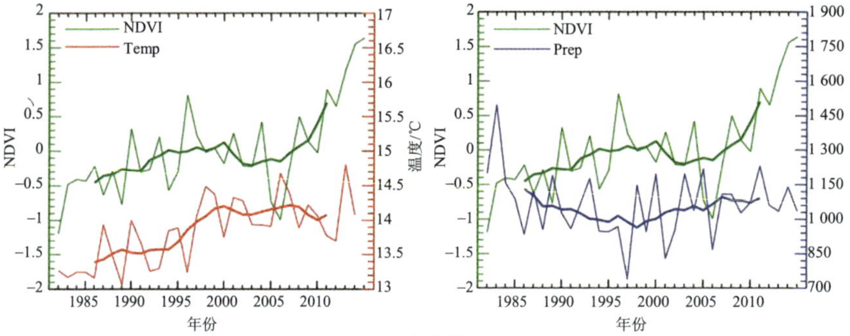

a. 湖南等区

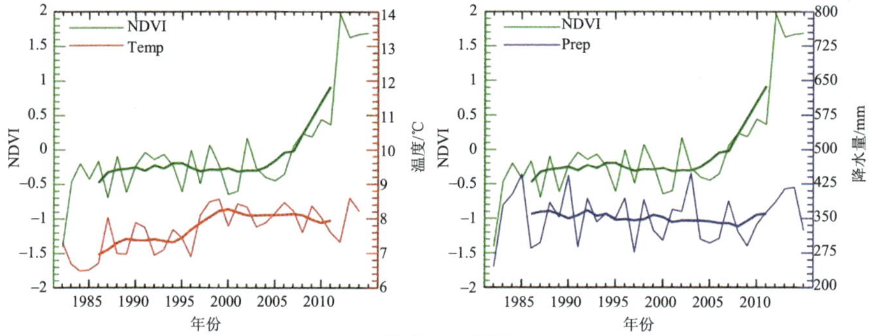

b. 甘肃—宁夏区

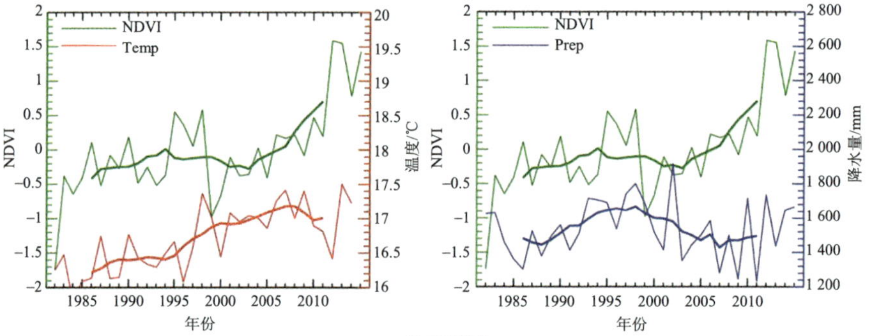

c. 云南地区

图 2-35　类型 6 地区的年最大 NDVI 及温度和降水量变化

其中，湖南省主要土地利用类型是林地，其次是耕地。这一地区温度呈上升趋势，降水量无趋势性变化，植被生长的水分条件变化较小。年最大 NDVI 的上升过程可能主要得益于造林活动和农业活动的增强。湖南省的森林覆盖率由 1987 年的 34.3%增至 2017 年的 59.64%，特别是 2005 年以后增速明显加快，2005—2017 年林地面积增幅高达 24.04 万 hm^2/a；耕地面积由 1986 年的 334.17 万 hm^2 增至 2017 年的 414.88 万 hm^2，单位面积粮食产量大幅增加，如娄底市的粮食单产由 1990 年的 4 139.98 kg/hm^2 增至 2017 年的 5 798.04 kg/hm^2，尤其是 2005 年以后单产持续增高，2005—2017 年年均单产增幅高达 62.04 kg/hm^2。因此森林扩张和粮食单产增加对年最大 NDVI 增加趋势起到了积极作用。

甘肃省东部和宁夏回族自治区主要土地利用类型是耕地、草地和林地，种植作物主要为小麦和玉米，一年一熟，属于大陆性半湿润半干旱气候，并且地处较高纬度，热量和水分条件均是作物生长的主要限制因子。1986—2016 年，甘肃省东部地区耕地面积逐渐减少，如天水市耕地面积所占比例由 1980 年的 53.96%降至 2015 年的 38.61%，2000 年以后降低幅度较大，年均降幅可达 0.33%，2000 年后草地所占比例年均增幅可达 0.36%。此外，甘肃省粮食单产呈增加趋势，如定西市由 1992 年的 1 615.41 kg/hm^2 增至 2017 年的 3 868 kg/hm^2，尤其是 2007 年后，粮食单产的增幅年均可达 183.38 kg/hm^2。同时，宁夏回族自治区部分区域粮食播种面积逐渐减少，林地比例逐渐增加。如固原市粮食播种面积由 1987 年的 30.90 万 hm^2 减少至 2017 年的 23.88 万 hm^2，特别是 2004 年以后，粮食播种面积年均减少率达 0.87 万 hm^2，林地所占比例逐渐增加，由 1980 年的 4.64%增长至 2015 年的 5.3%。宁夏回族自治区粮食单产的增加幅度也较大，吴忠市尤其明显，2004 年以前单产的变化幅度较小，2004 年以后单产的增加幅度明显增大，由 2004 年的 1 599.02 kg/hm^2 增至 2017 年的 2 232.56 kg/hm^2，年均增幅达 48.73 kg/hm^2，这在一定程度上增加了年最大 NDVI。

云南省西北部地区的主要土地利用/覆盖类型是林地，其次是耕地。1986—2011 年，温度逐渐升高、降水量先增后减是该地区气候变化的主要特征，由于该地区地处亚热带，水热资源相对丰富，植被生长较少受到温度和降水量的限制，年最大 NDVI 的上升过程可能主要得益于造林活动的增强。1998—2017 年，该地区森林面积持续增加，由 1998 年 1 501.5 万 hm^2 增至 2017 年的 2 273.65 万 hm^2，年均增幅约为 69.49 万 hm^2，尤其是 2004 年以后，年均增幅可达 75.87 万 hm^2。由此来看，该地区积极扩大林地面积，增加地表绿色植被覆盖，助长了地表年最大 NDVI。

2.3.2.7 类型 7

类型 7 主要特征是平缓下降，同时伴随较大年际变化，特别是 2005 年以后下降趋势尤为明显（图 2-36）。这类地区主要集中出现在以长三角为中心的江苏南部和浙江北部，包括无锡市、常州市、苏州市、南通市、镇江市、宁波市、嘉兴市、湖州市。另外，山东省沿海的烟台市、威海市、青岛市，以及河南省西北部的郑州市、洛阳市、焦作市、许昌市也属于这类地区。

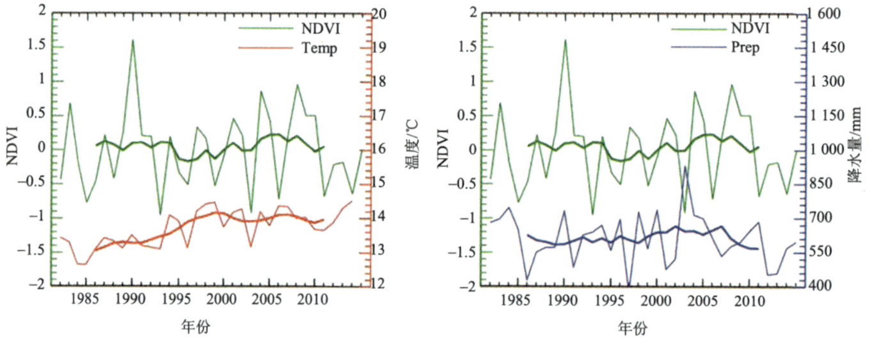

a. 江苏—浙江区

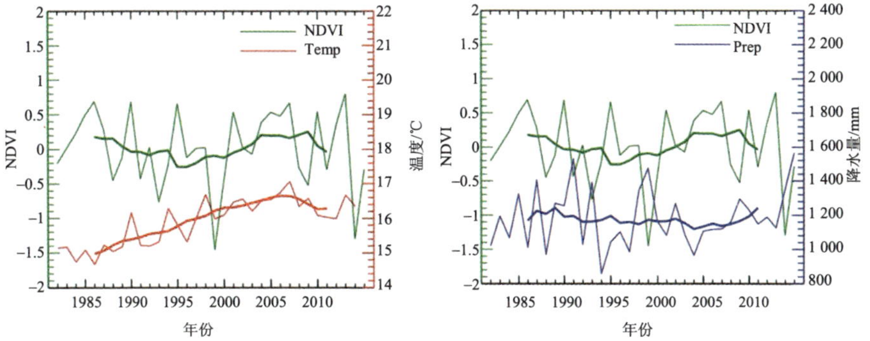

b. 山东—河南区

图 2-36 类型 7 地区的年最大 NDVI 及温度和降水量变化

江苏南部地区主要土地利用/覆盖类型是耕地，其次为城市用地。1982—2010 年，温度升高、降水量平稳波动是该地区气候变化的主要特征。其中，温度升高主要由 1992—2000 年上升所致，1992 年之前和 2000 年之后，温度基本呈平稳变化，未见明显趋势性变化。由于该地区地处亚热带，水热资源相对丰富，植被生长较少受到温度和降水量的限制。2005 年以后年最大 NDVI 的下降趋势可能主要与工业化进程中城市扩张、耕地减少有关。据统计，随着城市经济的发展，苏州、无锡等城市用地比例从 1980 年的 2.86%增至 2015 年的 25.7%，其中 2005—2015 年增加了 5.52%。

河南省西北部主要土地利用/覆盖类型为耕地、林地和城市用地。其中 1990—2014 年河南省耕地面积和造林面积变化不大，因此年最大 NDVI 的上升可能主要与城市发展有关。如郑州、洛阳的城市用地所占比例由 1990 年的 7.06%增至 2015 年的 13.01%，其中 2000—2015 年城市用地所占比例幅度较大，年均增幅可达 0.33%，这在一定程度上减少了年最大 NDVI。

2.3.2.8 类型 8

类型 8 主要特征是在波动中平缓上升，其中 1998—2004 年曾经出现相对低值（图 2-37）。这类地区主要集中分布于安徽省中北部，以及毗邻的河南省东南部和湖北省东部，包括安徽省的合肥市、蚌埠市、淮南市、淮北市、安庆市、滁州市、阜阳市、六安市、亳州市，河南省的漯河市、信阳市，湖北省的黄石市、黄冈市。此外环渤海地区和黑龙江省，以及云南省西部也是这类地区分布的相对集中区。

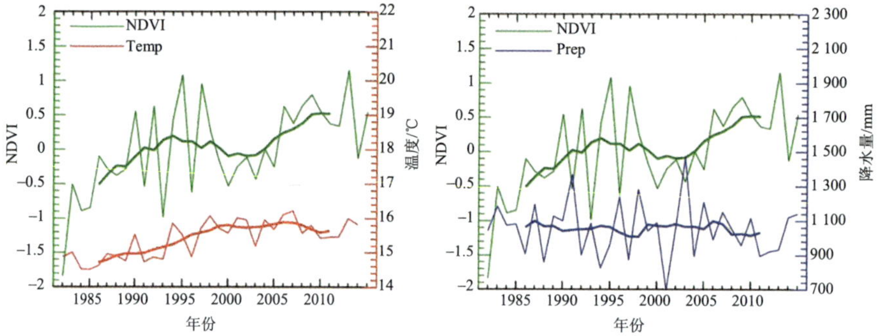

a. 安徽—湖北区

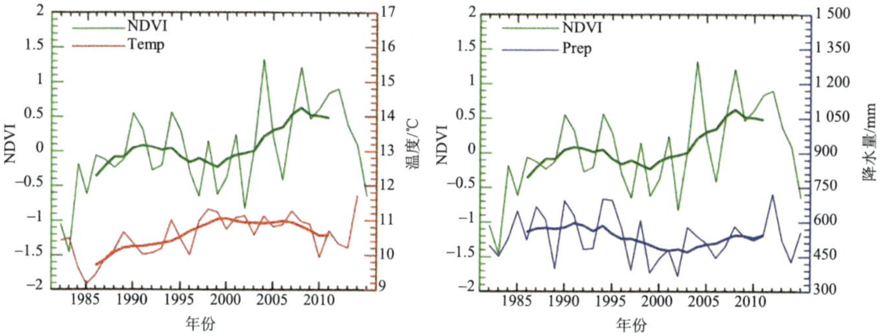

b. 环渤海地区

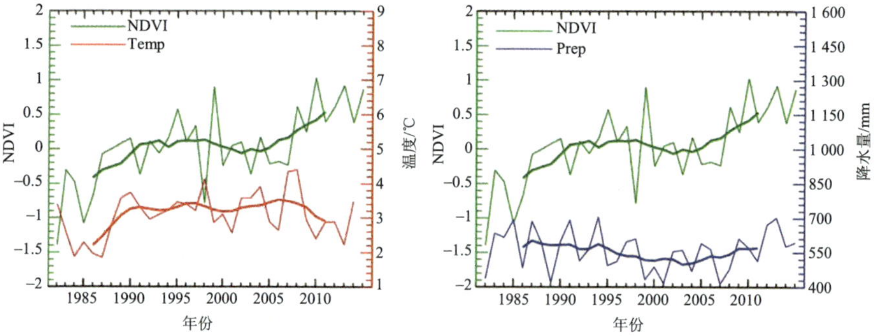

c. 黑龙江地区

图 2-37　类型 8 地区的年最大 NDVI 及温度和降水量变化

该地区主要土地利用类型为耕地，处于温带季风区。大量研究表明，人类活动对该地区植被覆盖度影响较重。从土地利用结构来看，1988—2016年安徽省耕地面积逐渐增大，由438.2万hm^2增至587.3万hm^2，粮食单产也逐渐增多，尤其在2003—2105年粮食单产增加幅度较大，如阜阳市的粮食单产由2003年的2 612.24 kg/hm^2增至2015年的5 688 kg/hm^2，年均增产236.57 kg/hm^2。1996—2004年森林覆盖率减小，2004年以后，森林覆盖率逐渐上升，由26%增至28.65%。与此同时，2004—2014年，河南省耕地由718.71万hm^2增至814.07万hm^2，造林面积也逐渐增加。这意味着2004年以后农业耕作强度增加，造林面积的扩大，在两方面共同作用下，地表绿色植被覆盖度在波动中平缓上升。

环渤海地区主要包括天津市，河北省的承德市、沧州市、廊坊市、衡水市以及山东省的东营市，该区域的主要土地利用/覆盖类型是耕地，其次为林地。1982—2015年，温度缓慢升高后缓慢降低、降水量先减少后增加是该地区气候变化的主要特征。由于该地区地处温带，植被生长受到温度和降水量的限制，2004年前后，温度的升高和降水量的减少导致NDVI的减少，2004年后，降水量的增多导致NDVI逐渐增加。人类活动在一定程度上也影响着年最大NDVI的变化特征，2003年以后，该地区粮食单产增加幅度较大，人工造林活动增强，森林面积持续增加。如河北省粮食单产由2003年的4 256.25 kg/hm^2增至2017年的5 754.34 kg/hm^2，年均增幅可达107 kg/hm^2；森林面积由2003年的437.596万hm^2增至2017年的600万hm^2，年均增幅约为11.6万hm^2，森林覆盖率由1985年的13.36%增至2016年的32%，特别是2004年后，增速尤为明显，年均增长率高达0.91%。由此来看，该地区一方面积极开展植树造林，增加地表绿色植被覆盖；另一方面，加强农业耕作，提高单位耕地面积的绿色植被覆盖。双重因素作用下，提升了地表的绿色植被覆盖度，助长了地表年最大NDVI。

东北地区包括长春市、哈尔滨市、鹤岗市、大庆市、佳木斯市、绥化市。该区域土地利用/覆盖类型为耕地、林地、草地交错分布。该地区地处季风气候区，水热条件控制植被的生长情况。1990 年之前，温度变化主要表现为增长，1990—2006 年温度较为平缓，而 2006 年之后，温度逐渐降低；2004 年以前降水量逐渐减少，2004 年以后降水量逐渐增加。这意味着 2004 年之后水分条件逐渐改善，有利于植被生长。农业活动强度在一定程度上也影响着年最大 NDVI 的变化特征。黑龙江省耕地面积由 1986 年的 893.1 万 hm^2 增至 2015 年的 1 586 万 hm^2，粮食单产也逐渐增加，如佳木斯市粮食单产由 2005 年的 3 660 kg/hm^2 增至 2015 年的 6 978 kg/hm^2，年增长率可达 331.8 kg/hm^2。因此，该地区的耕作活动加强，导致地表被绿色植被覆盖程度增加，由此在一定程度上助长了年最大 NDVI。

2.3.2.9 类型 9

类型 9 的主要特征是先平后升，与类型 4 的基本特征类似（图 2-38）。与类型 4 的不同之处有两点，一是类型 9 在 1990 年前后未出现持续性的低值，二是类型 9 由平转升的转折年份大致为 2000 年，早于类型 4。这类地区主要集中分布于东南沿海，包括浙江省的中南部、福建省，以及广东省的东北部。另外，这类地区也多见于陕西省的关中地区与青海省的东北部。在黑龙江省东北部、安徽省东南部和云南省南部也有零星分布。

其中，浙江省主要土地利用类型是林地，属于亚热带季风气候区。温度升高、降水量平稳波动是该地区气候变化的主要特征。其中，温度升高主要由 1996—2000 年跳跃式上升所致，1996 年之前和 2000 年之后，温度基本呈平稳变化，未见明显趋势性变化。年最大 NDVI 的上升过程主要得益于林业的发展，森林面积大幅增加。1984—2017 年森林面积由 352.73 万 hm^2 增至 2017 年的 660 万 hm^2，截至 2017 年，森林覆盖率达 61%，2000 年以后，森林覆盖率的年增长率可达 0.4%，与此同时，福建省耕地面积变化不大，森林覆盖率逐渐增大，截至 2016 年，福建省森林覆盖率可达 65.95%，尤其在 1999 年以后，森林覆盖率的增长率可达 0.54%。2000

年以后，在林地面积扩大的作用下，该地区年最大 NDVI 呈现上升趋势。

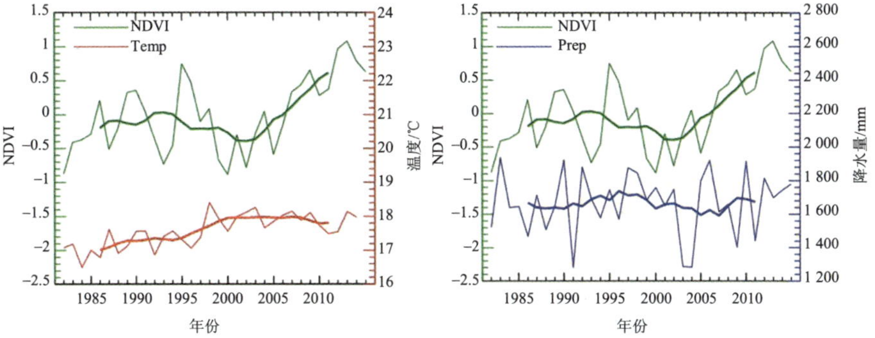

a. 东南沿海区

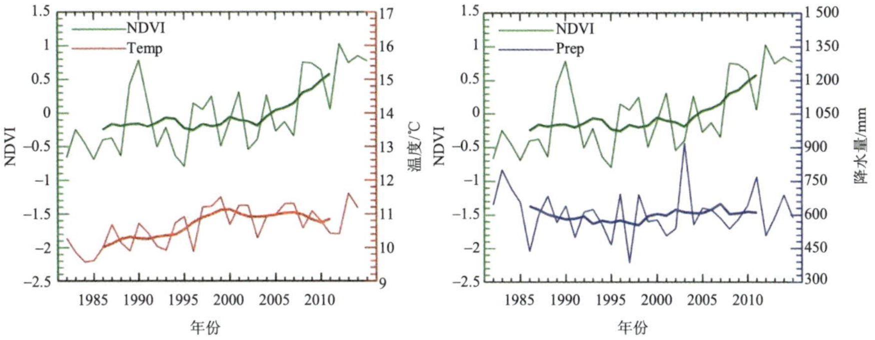

b. 陕西—青海区

图 2-38　类型 9 地区的年最大 NDVI 及温度和降水量变化

陕西省的宝鸡市、咸阳市、铜川市、渭南市、商洛市均属于类型 9，主要土地利用类型是耕地，主要种植作物是小麦和玉米，一年一熟，属于温带季风气候区，并且地处较高纬度，热量和水分条件均是作物生长的主要限制因子。2000 年之后与 2000 年前相比，这一地区的生长季气候变化是以变暖为主要特征的，由此导致植被生长的热量逐渐增加，有利于植被生长，此外人类活动对该区地表绿色植被覆盖度也有重要影响。该区耕地面积逐渐减少，由 2000 年的 323.83 万 hm^2 减少至 2017 年的 291.51 万 hm^2，年均减少达 36.2 万 hm^2，同时森林覆盖率逐渐增加，尤其在 2000—2017 年，陕西省森林覆盖率由 24.1%增至 43.06%，其中上述城市林地增加幅度较大，如咸阳市由 2000 年的 28.1%增至 2017 年的 56.08%。在耕地减少、林地面积扩大的作用下，该地区年最大 NDVI 呈现上升趋势。

2.3.2.10 类型 10

类型 10 呈“V”形变化，主要特征是先降后升，转折点大致出现在 2000 年（图 2-39）。其中，1989—2000 年为急剧下降阶段，2000 年以后则是持续上升。这类地区主要出现在珠三角及其毗邻地区，主要包括厦门市、广州市、深圳市、珠海市、汕头市、佛山市、江门市、东莞市、中山市。

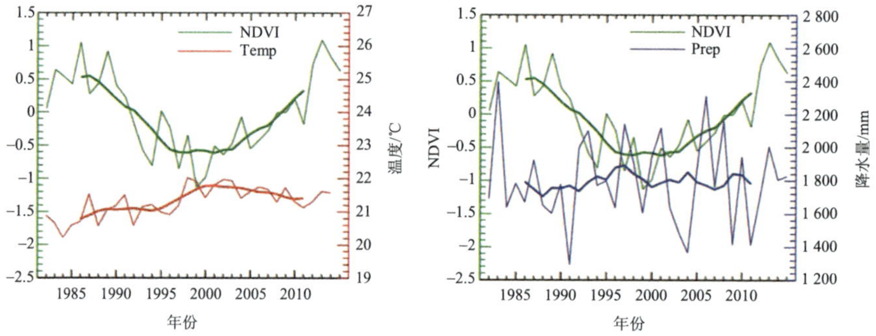

图 2-39 类型 10 地区（珠三角地区）的年最大 NDVI 及温度和降水量变化

上述城市主要土地利用/覆被类型是耕地和建设用地。其气候变化背景是：1980—2000 年气候变暖，2000 年以后温度逐渐下降，降水量基本呈稳定震荡状态，该区处于亚热带，水热资源比较丰富，植被生长较少受到温度和降水量的限制，年最大 NDVI 有可能受人类活动影响。如广州市和深圳市在 2000 年前经济迅速发展，城市用地所占比例不断增加，由 1980 年的 7.845%增长至 2000 年的 24.79%，2000 年之后城市用地所占比例增加幅度较小。此外，1988—2016 年广东省造林面积整体上呈“V”形变化，1988—1998 年下降幅度较大，1998 年以后逐渐重视该区的生态工程，造林面积逐渐增加，由 1998 年的 91.1 万亩[①]增至 2016 年的 149.88 万亩。由此可见，2000 年以前，城市发展迅速，城市用地比例增加，导致 2000 年以前的 NDVI 逐渐减小；2000 年之后，森林面积的扩大是导致该区年最大 NDVI 变化的主要驱动因素。

参考文献

[1] 董彩虹，李文佳，李增智，等. 我国虫草产业发展现状、问题及展望——虫草产业发展金湖宣言[J]. 菌物学报，2016，35（1）：1-15.

[2] 马有祥. 中国冬虫夏草资源与管理[M]//农业部草原监理中心. 冬虫夏草资源与环境. 兰州：兰州大学出版社，2010.

[3] 徐延达，徐翠，翟永洪，等. 三江源地区冬虫夏草采挖对草地植被的影响[J]. 环境科学研究，2013，26（11）：1194-1200.

① 1 亩=1/15 hm^2。

3
中国耕地撂荒的时空格局与影响

3.1 撂荒的空间格局及成因

土地利用、覆盖变化是人类改变自然环境的重要形式，是全球变化人文因素的重要载体。现阶段的中国，随着社会经济的发展，农业土地边际效应逐渐下降，城乡收入差距不断扩大，大量农业劳动力转移到非农产业，农业从业人口减少，一些土地逐渐退耕或转为其他用途[1-3]，导致耕地撂荒成为目前凸显的一种土地利用变化现象[4-6]。耕地撂荒不仅表现为耕地面积减少，影响粮食产量，从而对粮食安全构成一定威胁。而且，撂荒后的耕地通常转变为草地、灌木林地、有林地，从而影响地表径流、水土流失、土壤碳储量以及生物多样性[7-9]，并且导致地表反照率、发射率等地球物理参数变化，影响地表辐射能量平衡，进而影响天气和气候。因此撂荒作为影响粮食安全和生态环境的一种重要土地利用现象，引起了学术界和土地政策制定者的广泛关注[10]。

撂荒的时空特征是研究撂荒成因及生态环境效应的重要基础，更是国家制定相应政策的必要基础信息，因而成为撂荒研究领域的重要内容。纵观中国撂荒时空特征的研究，就研究尺度和手段而言，大多数是针对县级行政区、乡级行政区尺度的研究，一般通过实地调查揭示耕地撂荒的时空特征。目前，这类调查主要集中于地形比较复杂、农业生产条件较差的山区，且多以村庄为调查对象，例如重庆市酉阳县、巫山县、武隆县的 12 个村庄[7]以及浙江余姚市[11]、重庆市忠县[12]、重庆市璧山县大路镇[13]的部分村庄。这些研究以翔实的调查数据揭示了县域尺度撂荒的时空特征，并且在农户尺度上解析了撂荒的形成因素，主要包括农业生产条件差、与农户住址距离较远、劳动力不足等[14-17]。但是受数据来源所限，研究范围一般是单个县级行政区，对国家尺度撂荒的空间分布及其演变的认识非常有限，从而对国家层面撂荒相关的决策支持相对较弱。

目前针对国家尺度撂荒时空特征的研究相对较少，认识相对薄弱。李升发等[18]通过入村、入户问卷调查的方式获得了全国 153 个山区县的撂荒信息，经过统计抽样的推断，2014—2015 年全国山区县耕地撂荒率为 14.32%，其中江西、重庆两省（直辖市）撂荒率最高，其次是甘肃、浙江、四川、湖南、广西等省（自治区），这是目前对中国全国耕地撂荒空间特征比较全面的认识。但是，这一研究采用了先验确定调查县级行政区的方式，在一定程度上限制了对撂荒空间特征的认识，且主要是针对 2014—2015 年现状的调查，对撂荒空间格局的时间变化认识比较有限。

荟萃分析作为一个重要的研究手段，是指对研究目的相同、又相互独立的多项试验结果进行系统的、综合统计分析。将不同研究的结果相比较，从一个更为宏观的角度，发现那些单个研究难以发现的科学规律。该方法此前较多地用于教育、心理和医学领域，近年来已经被逐步应用于地表景观变化及相关学科研究。如土壤碳存储与土地利用的关系的研究[19]、全球城市扩张时空特征的研究[20]、现代中国物候对气候变化响应的时空规律研究[21]等均是基于荟萃分析方法完成的。

本书拟采用荟萃分析方法，通过文献调研，从已经发表的研究论文中提取撂荒的时空分布信息，系统分析过去 30 年中国耕地撂荒的时空特征，以期为研究撂荒的成因、应对策略以及对生态环境影响研究提供科学基础。

3.1.1 数据与方法

本书采用的数据来自中国知网中国期刊全文数据库。以“撂荒”“抛荒”为主题词检索已公开发表的研究论文，无时间范围限制。其中，以“撂荒”为主题检索到 1 201 篇，以“抛荒”为主题检索到 635 篇。采用荟萃分析的方法，对检索到的研究论文进行综合分析，揭示过去 30 年中国耕地撂荒的时空特征。荟萃分析本质上属于一种统计方法，是对已有研究结果的定量集成分析。其核心思想是：将每一项独立进行的研究视为一个统计样本，通过大样本综合分析，提取样本的共性规律。作为一种统计方法，荟萃分析的前提是足够多的独立研究论文。

具体地，本书通过逐一查阅检索到的研究论文，从中提取空间尺度不超过县域范围的撂荒时间、地点、形式、程度、形成因子等信息，共计从112篇有效研究论文中获取了全国20个省的163个县（市）的耕地撂荒数据，在此基础上构建了全国县域单元撂荒数据表。然后，以此为基础，首先以县（市）为基本单元分析了撂荒的空间分布特征。其次，将第一篇撂荒论文发表的1992年至今等间距分为三个阶段，依次为1992—2000年、2001—2009年、2010—2017年，分别分析了各阶段撂荒的空间分布特征及其变化。最后，利用频次记数法，统计分析了研究论文中提及的导致撂荒的主导因子，并分析了主导因子的空间分布特征。

进而采用统计部门发布的社会经济统计数据，分析了撂荒同期社会经济指标的变化，主要包括人均GDP、农业从业人员百分比和粮食播种面积及复种指数。其中，人均GDP来自各省统计局发布的统计年鉴。农业从业人口数据来自1991年中国统计年鉴（1990年人口）、第五次和第六次人口普查（2000年和2010年人口），以及2017年各省统计年鉴（2016年人口）。粮食播种面积来自《中国农业60年》（2009年之前）和《中国统计年鉴》（2009—2016年）；耕地面积来自《中国农业年鉴》（1992—1995年，2007—2008年，2013年，2015年）和《中国国土资源年鉴》（1999—2000年）。

3.1.2 结果分析

3.1.2.1 撂荒的空间分布

据统计，全国有撂荒记录的县级行政区为165个，涉及20余个省级行政区，自华南至黄淮海均有分布。但分布相对集中，有撂荒记录县级行政区的空间分布总体呈左旋90度的“T”形格局。其中，左旋“T”形的纵轴自北至南分布于甘肃东南部、四川东部、重庆境内，直至贵州西部和云南北部；横轴位于长江中下游地区，自西向东分布于湖北南部、湖南北部、安徽中部和南部。此外，在内蒙古、山西、浙江、福建、广西的部分县级行政区也出现了撂荒的记录。

以省级行政区而论，湖南省有撂荒记录的县级行政区数量最多(24 个)，主要分布于湖南省西部和中部地区，自南至北呈条带状。其次是四川、安徽、湖北、重庆，分别有 23 个、21 个、17 个、15 个县级行政区，主要位于四川的东缘、安徽中部和南部，湖北东南部和重庆全境。再次是福建（11 个）、甘肃（11 个）、云南（10 个）、江西（7 个）4 省。其余各省撂荒记录的县级行政区均不超过 5 个，其中仅东北三省、山东、广东、新疆和西藏等地未见有关县级行政区的撂荒记录。

大多数研究论文未提及撂荒的方式，从仅有的 38 个县级行政区的撂荒方式记录看，季节性撂荒和常年性撂荒交错分布。季节性撂荒记录较多，广泛分布于四川东部、湖南北部，在云南东部、陕西西南部、重庆东南部、湖北东部、河南南部、江西北部、安徽中部以及福建西南部。其中，四川东部的季节性撂荒以小春撂荒为主。常年性撂荒主要分布在云南东北部、四川东部、重庆西部、湖北东部、安徽中部以及福建东部。

3.1.2.2 撂荒的时空变化

分时段看，撂荒县级行政区的空间分布格局随时间而变，由最初主要沿长江中下游的东西向分布，变为自甘肃东南部至贵州西部和云南北部的南北向分布，即先出现左旋“T”形的横轴，再出现纵轴，时间拐点大致为 2010 年前后。2010 年之前，有撂荒记录的县级行政区主要位于长江中下游地区。其中，2000 年之前，仅 45 个县级行政区有撂荒记录，主要出现于重庆、湖北、湖南，以及安徽和江西的局部地区。2000—2009 年，新增 57 个县级行政区，这些新增县级行政区集中分布于长江中下游，自西至东分布于四川东部、重庆、湖北南部和安徽中南部。在此期间，湖南南部、福建南部和浙江局部地区的部分县级行政区也出现了撂荒记录。2010—2017 年，再增 63 个县级行政区，但是其主要分布格局已不再是沿长江中下游的东西向带状，而是转变为自甘肃东南部至贵州西部和云南北部的南北条带状集中分布。

伴随着撂荒记录县级行政区的增加和空间分布的变化，撂荒率也呈逐渐增加的趋势。根据调查数据，从 1992—2000 年到 2001—2009 年，撂荒率超过 30%的县级行政区由零增至 4 个，到 2010—2017 年，再新增 11 个。其中，撂荒最严重的地区为四川东部的宜宾市，撂荒率高达 62.03%，其次为贵州西部的六盘水市水城县，撂荒率为 61.1%；另外，四川东部的遂宁市市中区、广西的百色市田东县、湖北东北部的黄冈市红安县的撂荒率均超过 40%。

3.1.2.3 撂荒的直接因素

根据公开发表论文的相关结论，撂荒形成因素大致可分为 5 类。第一类因素可归结为农业效益低，主要由于农业生产规模小、农产品售价低、化肥等农资价格上涨、农业成本高，致使农业活动效益低。如在湖南省安仁县，每亩耕地毛收入为 560 元，扣除机耕、化肥、农药等费用后每亩耕地收益仅有 372 元，一年可收入 1 264.8 元，而外出打工扣除生活费用外，人均每年纯收入 2 300 元[22]。第二类因素为劳动力不足，大量劳动力向城镇转移，劳动力素质低。如湖南省安仁县外出劳动力已达 40%以上，武胜县某村的壮劳人口 80%以上外出务工[22,23]。第三类因素为生产条件差，自然条件较差，导致农民被迫撂荒，如土地贫瘠、位置偏远、污染严重、野生动物的破坏等。如湖北省孝感市因病虫灾害致使每年 15%～25%的农田减产幅度超过两成[24]。第四类因素为制度政策不完善，主要是缺少有效的土地流转机制。如武胜县在 2000—2007 年 2.29 万人由农业人口转为城镇人口，这 2.29 万人在第二轮土地延包时基本上都分到耕地，但由于缺少土地流转机制，部分耕地因没有进行有效流转而撂荒[23]。第五类因素为农业设施不完善，包括生产技术水平较低、农业设施老化、水利条件差等。如重庆市秀山县因财政投入不足，设施年久失修，旱不能浇、涝不能排，由此导致的撂荒面积占耕地的约 15% [17]。

在上述 5 类撂荒形成因素中，出现频率最高的是农业效益低，达 86%，位居第二的是劳动力不足，出现频率为 78%。生产条件差和制度不完善位居其后，出现的频率分别为 52%和 53%，农业设施不完善出现的频率最低，为 42%。由此可见，撂荒是多种因素共同作用的结果，其中大部分县级行政区撂荒的共性形成因素是农业效益低和劳动力不足，部分县级行政区撂荒的原因涉及生产条件差和制度不完善，而因农业设施不完善对撂荒形成贡献较小，如图 3-1 所示。

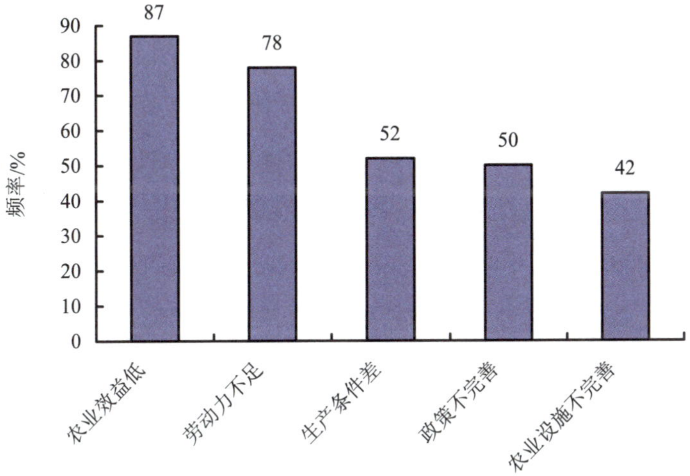

图 3-1　导致撂荒的主要因素的出现频率

农业效益低，作为撂荒形成的首要因素。劳动力不足，作为撂荒形成的第二位因素，在左旋“T”形的纵轴地带广泛分布，而在横轴地带分布密度相对较低，主要出现在湖北东南部和安徽中南部。生产条件差和政策不完善，作为撂荒形成的第三位和第四位因素，主要出现在左旋“T”形纵轴地带，而在横轴地带的分布密度进一步降低。由此凸显，2010 年以后出现的左旋“T”形纵轴地带的撂荒是多种因素共同导致的结果，此前长江中下游东西带状的撂荒则主要由农业效益低所致，其他因素的影响相对较弱。

3.1.2.4 撂荒的社会经济背景

撂荒本质上是社会经济发展、产业转型与第一产业劳动力析出的产物[2,25]。为深入理解上述地区撂荒的社会经济背景，本书对撂荒地区省域单元的经济水平和农业从业人口进行了分析。由表 3-1 可见，就经济水平而言，20 世纪 90 年代至今撂荒“T”形区域主要省份的人均 GDP 均呈现大幅增加，2012—2016 年相对于 1992—1996 年的最大增幅为 66 540 元（浙江省，年均增长率 9.4%），最小增幅也达 24 896 元（贵州省，年均增长率 11.45%）。其中，2002—2011 年增速普遍最高，浙江、福建、安徽、江西、湖北、湖南、四川的年均增长率分别为 14.1%、13.1%、14.2%、15.4%、15.4%、15.5% 和 14.9%，较 1992—2001 年和 2012—2016 年增长率分别平均偏高 3.6%和 1.7%。与此相对应的是，21 世纪前 10 年的撂荒记录数也显著多于前、后两个时期。贵州省的人均 GDP 增长率则表现为持续增加，2012—2016 年的年增长率高达 17.9%，高于 2002—2011 年的 16.3%。重庆市的人均 GDP 也保持强劲增长，2010—2015 年的增长率为 14.5%，仅仅略低于 2000—2010 年的 15.1%，并在所有省份中仅次于贵州，位居第二。与此相应，2010 年以后贵州与重庆两地仍然维持较高的撂荒记录数。

表 3-1 撂荒“T”形区域主要省份的人均 GDP　　单位：10^3 元

年份	浙江	福建	安徽	江西	湖北	湖南	四川	重庆	贵州
1992—1996	7.03	5.71	2.89	2.65	3.36	2.99	2.72	3.42	1.65
1997—2001	12.46	10.32	4.75	4.50	5.76	5.11	4.64	5.97	2.58
2002—2006	23.82	16.51	7.68	8.23	10.13	9.24	8.02	10.84	4.59
2007—2011	46.61	35.24	17.89	18.79	24.20	21.61	18.62	24.43	11.66
2012—2016	73.58	63.26	34.06	33.04	46.85	38.42	33.53	48.04	26.55

由表 3-2 可见，从农业从业人口比重看，20 世纪 90 年代至今撂荒“T”形区域主要省份的农业从业人口比重均呈持续降低的态势，最大降幅为 38.4%（重庆市，从 67.3%降至 28.9%），最小降幅为 20.8%（贵州省，从 78.1%降至 57.3%）。与人均 GDP 的增长率相对应，2000—2010 年是农业从业人口比重的降低速率较大的时期，农业从业人口比重最大年均降幅为 2.05%（安徽省），最小也高达 0.18%（湖北省），均普遍大于 1990—2000 年的年均降幅。与此相应，2000—2010 年各省的撂荒记录数均多于 1990—2000 年，撂荒现象频发。而贵州和重庆，2010—2016 年仍维持较大的降幅，年均降幅分别为 2.20%和 2.29%，而 2000—2010 年年均降幅均仅为 1.5%。与此对应，贵州和重庆 2010 年以后撂荒记录数持续增加，并且均多于 2000—2010 年。

表 3-2 撂荒“T”形区域主要省份的农业从业人员比重　　单位：%

年份	浙江	福建	安徽	江西	湖北	湖南	四川	重庆	贵州
1990	53.2	58.4	68.8	66.1	43.1	72.3	72.5	70.3	78.2
2000	33.7	47.8	75.0	68.4	66.4	75.0	77.6	72.8	81.8
2010	14.7	28.3	54.2	44.4	53.1	55.9	60.2	50.3	68.9
2016	12.4	22.0	31.7	30.0	36.8	40.7	38.6	28.9	57.3

伴随着农业从业人数的减少，粮食播种面积和复种指数也总体呈现减少趋势（表 3-3）。“T”形区域主要省份总的粮食播种面积由 36 985 hm^2（1992—1996 年平均）减至 33 931 hm^2（2012—2016 年平均），其中 2000—2010 年是年均减幅最大的时段，年均减少多达 340 hm^2，而 1992—2000 年年均减少仅为 113 hm^2，2010—2016 年则是年均增加 92 hm^2。其中，浙江、湖北、湖南、江西、重庆、四川的粮食播种面积减幅较大，并且也主要出现在 2000—2010 年。与此同时，各省复种指数不同程度下降，如浙江

和福建的复种指数由1992—1995年的1.75和1.66分别降至2013—2015年的0.64和0.9；四川和湖北的复种指数由1992—1995年的1.37和1.43分别降至2013—2015年的0.96和0.83。安徽和贵州两省的粮食播种面积不降反升，其中安徽升幅稍大，由5 917 hm^2（1992—1996年平均）升至6 632 hm^2（2012—2016年平均）；贵州升幅甚微。但是，两省的复种指数也逐步下降，贵州的复种指数由1992—1995年的1.31逐渐降至2013—2015年的0.62；安徽的复种指数由1992—1995年的1.37降至2013—2015年的1.13，降幅是所有省份中最小的。这可能与安徽省作为一个农业大省和国家粮食主产区之一，粮食生产一直是重点发展产业有关。

表3-3 撂荒"T"形区域主要省份的粮食播种面积 单位：10^3 hm^2

年份	浙江	福建	安徽	江西	湖北	湖南	四川	重庆	贵州
1992—1996	2 888	2 021	5 918	3 463	4 844	5 124	7 057	—	2 782
1997—2001	2 533	1 927	5 996	3 427	4 503	5 040	7 065	2 832	3 093
2002—2006	1 461	1 450	6 283	3 316	3 796	4 664	6 359	2 450	3 009
2007—2011	1 262	1 220	6 576	3 599	4 018	4 722	6 422	2 229	2 964
2012—2016	1 263	1 192	6 633	3 695	4 383	4 937	6 461	2 245	3 121

3.1.3 结论与讨论

本书采用荟萃分析方法，在前人对县级行政区撂荒研究的基础上，揭示了国家尺度耕地撂荒变化的时空特征及形成因素的空间分布。1992—2017年有撂荒记录的163个县级行政区分布于全国20余个省份，但是集中分布于南方，且基本呈左旋90度的"T"形，其纵轴自北至南贯穿甘肃东南部、四川东部、重庆境内，直至贵州西部和云南北部；横轴位于长江中下游地区，自西向东贯穿湖北南部、湖南北部、安徽中部和南部。"T"形的形成经历两个阶段，2010年之前撂荒记录县级行政区主要出现在长江中下游东西向带状地区，此后则主要出现于自甘肃东南部至贵州西部和云南北部的南北向带状地区。撂荒格局的形成过程与区域经济发展和产业结构调整背景下的农业劳动力析出基本同步。农业效益低和劳动力不足是大部分县级行政区撂荒形成的共性因素；部分县级行政区撂荒的原因涉及生产条件差和制度不完善。

与已有撂荒时空分布特征研究相比，本书采用大数据分析的思路，通过对已有研究的荟萃分析，发现了我国撂荒现象分布的左旋 90 度“T”形格局，以及“T”形格局先东西向、后南北向的形成过程。本书不仅支持了李升发等[18]发现的国家尺度撂荒宏观格局，而且更加详细地描述了撂荒的空间分布格局及其时间演变特征，以及撂荒形成因素的空间分布格局。这为深入研究撂荒的社会经济和自然环境效应提供了基础数据，为利用卫星遥感定量研究撂荒的时空范围奠定了基础。同时，本书以实证的方式印证了基于前人个例研究的大数据分析思路在地理事件时空分布研究中的实用性和有效性。

但是，本书尚有一定的不确定性，突出表现为收集的样本仅限于已经发表的论文。为进一步丰富样本量，更加详细地刻画中国撂荒的时空分布特征，未来有必要在大数据思想指导下，采用网络爬虫工具，检索相关的网络数据。另外，从公开发表论文中提取的部分撂荒率数据源自对县级行政区范围内部分村、镇的调查，为更科学地估算县级行政区平均撂荒率，有必要进一步深入研究被调查村、镇对县级行政区整体状况的代表性，以降低本书关于部分县级行政区撂荒率估算结果的不确定性。最后，地面调查固然是数据获取的有效途径，但是受限于财力和人力，难以开展全面的地面调查，而卫星遥感的优势则是空间全面覆盖。因此，在本书结果的指引下，利用卫星遥感开展全面的撂荒率估算，分析撂荒程度的时空变化，也是本领域的研究方向之一。

参考文献

[1] Dong J, Liu J, Yan H, et al. Spatio-temporal pattern and rationality of land reclamation and cropland abandonment in mid-eastern Inner Mongolia of China in 1990-2005[J]. Environmental Monitoring and Assessment，2011，179：137-153.

[2] 李升发，李秀彬. 耕地撂荒研究进展与展望[J]. 地理学报，2016，71（3）：370-389.

[3] Yan J，Yang Z，Li Z，et al. Drivers of cropland abandonment in mountainous areas：A household decision model on farming scale in Southwest China[J]. Land Use policy，2016，57：459-469.

[4] 邵景安，张仕超，李秀彬. 山区土地流转对缓解耕地撂荒的作用[J]. 地理学报，2015，70（4）：636-649.

[5] 定光平，刘成武，黄利民. 惠农政策下丘陵山区弄地边际化的理论分析与实证——以湖北省通城县为例[J]. 地理研究，2009，28（1）：109-117.

[6] Yu Z，Liu L，Zhang H，et al. Exploring the Factors Driving Seasonal Farmland Abandonment：A Case Study at the Regional Level in Hunan province[J]. Central China Sustainability，2017，9（187）：1-18.

[7] 李赞红，阎建忠，花晓波，等. 不同类型农户撂荒及其影响因素研究——以重庆市12个典型村为例[J]. 地理研究，2014，33（4）：721-734.

[8] Zhang Z，Li Q，Liu G，et al. Soil resistance to concentrated flow and sediment yields following cropland abandonment on the Loess plateau，China[J]. Journal of Soils and Sediments，2017，17：1662-1671.

[9] Wertebach T M，Hölzel N，Kämpf I，et al. Soil carbon sequestration due to post-Soviet cropland abandonment：estimates from a large-scale soil organic carbon field inventory[J]. Global Change Biology，2017，23（9）：3729.

[10] Li S，Li X. Global understanding of farmland abandonment：A review and prospects[J]. Journal of Geographical Sciences，2017，27（9）：1123-1150.

[11] 桑广书，欧玉婷，陈烨. 浙江非农经济发达地区耕地撂荒问题分析——以余姚市低塘街道为例[J]. 安徽农业科学，2007，5：1459-1463.

[12] 熊祥强，沈燕，廖和平. 农村土地抛荒问题的调查与分析——以重庆市忠县三汇镇为例[J]. 安徽农业科学，2006，34（11）：2536-2538.

[13] 郑财贵，邱道持，叶公强，等. 基于 GIS 空间分析的撂荒地空间分布特征研究——以重庆市璧山县大路镇为例[J]. 农机化研究，2010，32（3）：31-36.

[14] Zhang Y，Li X，Song W. Determinants of cropland abandonment at the parcel，household and village levels in mountain areas of China：A multi-level analysis[J]. Land Use Policy，2014，41：186-192.

[15] Zhang Y，Li X，Song W，et al. Land abandonment under rural restructuring in China explained from a cost-benefit perspective[J]. Journal of Rural Studies，2016，47：524-532.

[16] 薛宝全. 汉中市汉台区农村耕地撂荒成因分析及对策[J]. 安徽农业科学，2017，45（27）：243-250.

[17] 许洪富. 秀山县农村耕地撂荒现状及对策[J]. 现代农业科技，2016，9：345-346.

[18] 李升发，李秀彬，辛良杰，等. 中国山区耕地撂荒程度及空间分布——基于全国山区抽样调查结果[J]. 资源科学，2017，39（10）：1801-1811.

[19] Guo L B，Gifford R M. Soil carbon stocks and land use change：a meta analysis[J]. Global Change Biology，2002，8：345-360.

[20] Seto K C，Fragkias M，Güneralp B，et al. A Meta-Analysis of Global Urban Land Expansion[J]. Plos One，2011，6（8）：23777.

[21] Ge Q，Wang H，Rutishauser T，et al. Phenological response to climate change in China：A meta-analysis[J]. Global Change Biology，2015，21：265-274.

[22] 曾德平. 遏制农地撂荒 实现农业和谐发展[J]. 科技咨询导报，2007，29（208）：

191-192.

[23] 程凤翔. 对武胜县耕地撂荒的调查与思考[J]. 四川农业科技，2008（8）：21-22.

[24] 鲁德银. 耕地撂荒的调查与思考[J]. 农村经济，2002，4：14-16.

[25] 李秀彬，赵宇鸾. 森林转型、农地边际化与生态恢复[J]. 中国人口·资源与环境，2011，21（10）：91-95.

3.2 南方撂荒对地表物理特征的影响

土地利用可引起一系列的气候、生态、水文等效应[1-3]。因而，预测土地利用的环境效应，评估人类活动对环境的影响成为人—地关系研究领域的重要命题。为此，基于数学物理方程，建立定量表达土地利用与地表辐射、水、热平衡之间关系的陆地表层过程模型，进而开展模拟预测成为陆地表层研究的重要方向[4-5]。在陆地表层过程模型中，为定量表达土地利用与陆地表层各要素之间的关系，土地利用一般表达为一系列参数，如叶面积指数、地表反照率、绿叶覆盖度等[6-7]。因此，提高地表物理参数精度是模型研制和改进的关键环节，是降低模拟误差的基础。

当前，陆面过程模型通常采用查算表的形式预设土地利用相关的地表参数，并被默认为物理常数，不因地区而变[5]。查算表中的参数主要来源于地面调查和定点观测，并且，受调查和测量成本所限，一般仅来自一个或者少数几个观测站。由于真实地表参数具有较强的空间变异性，即使同一类土地利用的参数也因地而异，如因种植结构、耕作制度、作物类型的差异，不同地区耕地反照率最大相差超过 10%[8]。因而，这些来自少数观测站点的参数在其他地区的适用性有待评估。

地面调查和定点观测获取的数据固然具有较高的精度，但是需要较大的人力和财力支撑，难以实现逐个研究区开展地面测量，改进模型参数。

定量遥感技术弥补了地面测量的这一不足。例如，MODIS 陆地数据产品实现了对地表的全覆盖，参数类型丰富多样，并且时间更新频率最高可达每天，可满足完整记录地表物理参数季节变化的需要[9]。但是，由于地表覆盖的高度异质性，混合像元问题成为基于定量遥感产品统计分析土地利用类型对应地表参数所面临的最大障碍[10-11]。因此如何挑选土地利用类型单一的“纯像元”成为待解决的首要问题。谷歌地图（Google Earth）中的高清影像为开展“虚拟野外调查”，辨识土地利用类型的“纯像元”提供了可能。因此，本书拟以中国长江中下游为案例区，以“Google Earth”为平台，开展“虚拟野外调查”，利用 Google Earth 中的高清影像，挑选土地利用类型单一的“纯像元”。在此基础上，结合 MODIS 陆地数据产品，对比分析耕地、林地覆被参数差异。

3.2.1 数据与方法

3.2.1.1 研究区与主要地表参数

本书的研究区为长江流域部分地区，涵盖四川、重庆、湖北、湖南、安徽、江西的大部分地区，以及甘肃省的东南部、陕西南部、云南北部地区（图 3-2）。该区位于我国南部，102～122°E、24～34°N，属典型的亚热带季风气候，夏季高温，降水量充沛，年平均气温为 14～18℃，年平均降水量为 1 000～1 500 mm[12-14]。熟制类型多样，北部陕甘地区和云南东北部山区为一年一熟，春播秋收；自川渝地区顺江而下大部分为一年两熟，其中 5 月和 10 月分别为越冬作物和夏季作物的收割期，另有部分地区一年三熟，以水稻、小麦和玉米播种面积最大[15]。

人口密度大、耕作强度大是该地区人—地关系的主要特征，毁林开荒曾经是该地区人类改变地表的主要形式[16]。近年来，随着经济发展，农业边际效应下滑，该地区成为近年来我国最典型的耕地撂荒区，耕地转变为林地成为该地区新型的土地利用变化形式[17]。因此，耕地与林地的转换是该地区人类活动主导的主要土地利用变化形式。厘清耕地与林地地表物理参数的差异是预测该地区人类活动主导的地理环境演变的基础。因而本书聚焦于耕地和林地的地表物理参数的季节动态和差异。

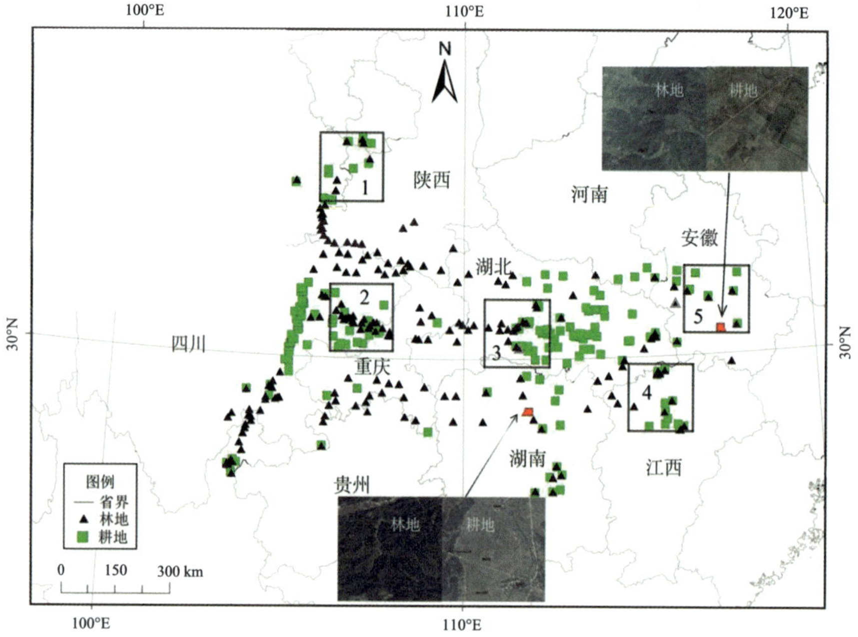

图 3-2 采样点的空间分布及示例样点的 Google Earth 高清影像

（右上图阴影为研究区的位置）

地表反照率（Albedo）、叶面积指数（LAI）、绿叶覆盖度（GVC）是陆面过程参数化的 3 个关键物理参数[18-19]。其中，Albedo 是决定地表净辐射的主要参数之一；LAI 和 GVC 是决定地表蒸散发的主要参数。同时，这 3 个参数之间也存在密切关系，一般地，LAI 越大，GVC 越大，Albedo 越小。在部分陆面模型中，GVC 和 Albedo 成为模型过程中的诊断输出变量，由 LAI 和其他状态量计算得到。另外，陆表温度（LST）是量化不同类型土地利用气候效应的最直接指标，被广泛用于研究土地利用类型变化的气候效应。因此，本书重点分析了耕地、林地 LAI、Albedo、GVC 和 LST 4 个参数的差异，以及其他 3 个参数与 LAI 之间的关系。

3.2.1.2 数据来源

地表参数数据来源于 MODIS 陆地产品数据集，由美国国家航空航天局（NASA）提供，分析时段为 2015 年，与研究区全覆盖的 Google Earth 高清影像拍摄时间一致。其中，Albedo 来源于 MCD43B3_005 产品[20]，包括可见光波段反照率（Albedo-vis）和近红外波段反照率（Albedo-nir），空间分辨率为 1 000 m，时间间隔为 8 天。LAI 来源于 MCD15A2H_006 产品[21]，空间分辨率为 500 m，时间间隔为 8 天。Albedo 和 LAI 的原始数据均来源于 Terra 和 Aqua 两颗卫星上搭载的 MODIS 传感器。GVC 是利用归一化差值植被指数（NDVI）通过像元二分法[22]计算得到。NDVI 为 MOD13A1_005 产品[23]，空间分辨率为 500 m，时间间隔为 16 天，原始数据来自 Terra 卫星上搭载的 MODIS 传感器。LST 为 MOD11A2_005 产品[24-25]，包括白昼 LST 和夜间 LST，空间分辨率为 1 000 m，时间间隔为 8 天，原始数据来自 Terra 卫星上搭载的 MODIS 传感器。

3.2.1.3 数据处理

首先，基于 2015 年 Google Earth 高清影像，通过目视判别，在张学珍等[17]（2018）识别出的耕地撂荒集中地区（地带）内随机遴选出 200 个“纯”耕地像元和相同数量的“纯”林地像元。“纯”像元的判别标准是该像元周边 1 km 范围内地物类型单一。

其次，从上述 MODIS 陆地产品数据集中获取每个像元每个物理参数 2014—2016 年的时间序列及数据质量标识码。耕地与林地各参数、各等级样本量的百分比见表 3-4。由于云、积雪和卫星姿态的影响，MODIS 产品中的部分数据质量较差，为尽量降低研究结果的不确定性，本书挑选了其中的优质数据。为兼顾样本的数量，各参数的数据质量遴选标准不尽相同。耕地 LAI 选取质量为一级的数据，实有样本量占 90.34%；林地 LAI 选取一级和二级的数据，实有样本量占 82.28%；NDVI 数据选取一级和二级，耕地和林地的实有样本量分别占 92.77%和 89.67%；Albedo 选取质量为一级和二级的数据，耕地和林地的实有样本量分别占 53.53%和 63.23%；LST 选取质量为一级的数据，耕地和林地的实有样本量均占 50%～60%。对于数据质量低导致的数据缺失，本书通过相邻时间点数据的线性内插进行填充。

表 3-4　耕地与林地各地表参数各质量等级数据占比

参数类型	Level 1		Level 2		Level 3		Level 4		Level 5	
	耕地	林地	耕地	林地	耕地	林地	耕地	林地	耕地	林地
LAI	91.95%	71.80%	1.72%	11.43%	0.00%	0.00%	6.34%	15.76%	0.00%	1.00%
GVC/NDVI	31.42%	42.22%	62.09%	47.70%	9.47%	17.45%	—	—	—	—
Albedo	8.22%	11.08%	44.90%	51.38%	51.08%	42.22%	—	—	—	—
LST（白）	56.43%	51.63%	22.86%	26.21%	47.53%	45.82%	—	—	—	—
LST（夜）	56.95%	51.66%	23.22%	27.05%	46.07%	44.03%	—	—	—	—

进而对每个像元上述各参数的时间序列数据进行低通滤波，剔除高频噪音，提取有效的季节变化信号。Savitzky-Golay 滤波[26]（简称 SG 滤波）和基于小波分解与重构的滤波[27]是两种比较常用的遥感时间序列滤波方法。为遴选适用于本地区的滤波方法，本书分别利用 SG 滤波、小波分解与重构，以及二者结合的方法进行了低通滤波，并对滤波效果进行了比对。具体地，通过设置多种不同参数，对比分析低通滤波结果是否较大程度地保留了季节变化信号同时消除高频噪音，在此基础上初步确定了各种滤波方法的最优参数。其中，SG 滤波采用 3 次多项式拟合，窗口大小为 180 天。小波分解过程采用 morelet 小波函数，临界周期设置为 60 天，因为即使一年多熟耕作制度下一个完整的作物生长季一般也不少于 60 天。在二者结合的方法中，先进行 SG 滤波再进行小波分解与重构，SG 滤波的窗口大小改

为 150 天，小波分解和重构过程的参数设置同上。为消除边界效应对滤波结果的影响，滤波过程采用了 2014—2016 年连续 3 年的时间序列，提取 2015 年的滤波结果用于后续分析。

利用 2015 年的低通滤波结果，分析了耕地与林地全部采样点平均的差异，以此表征整个区域平均的耕地与林地参数的差异，并明确其季节变化特征。同时，因为研究区面积较大，气候与地貌类型多样，农作物种类与种植制度及森林物候因地而异，本书选择了 5 个代表性的小区域（图 3-2），区域 1～5 依次为陕甘交界处、川渝地区、湖北中南部、江西北部和安徽中南部。在此基础上，逐一分析了各地区耕地与林地之间各参数的差异，进而对比分析了各地区之间的不同，凸显了参数差异的地域性特征，以及各参数差异的地域分异规律之间的关系。

进一步，为定量表征参数之间的关系，利用全部采样点的数据，建立了 GVC、Albedo、LST 与 LAI 之间的关系模型，对比分析了农、林地模型的差异。为降低“噪音”的影响，有效提取变量之间的关系，在统计建模之前对样本数据进行了重采样处理。具体地，依据 LAI 数值大小，以 0.05 为间隔对样本进行分类，提取每类的中位数用于统计建模。经过区间中位数“重采样”后的样本，虽然样本量大幅减少，但是变量之间的统计关系更加明晰。

3.2.2 结果分析

3.2.2.1 滤波效果对比

为展示不同方法的滤波效果，本书随机抽取两对采样点（图 3-2），分别位于安徽南部和湖南北部。如图 3-3 所示，不同方法的滤波效果有明显差异，其中 Albedo 的滤波效果差异尤为明显。总体而言，基于小波分解和重构的滤波方法可以较为准确地记录 Albedo 的峰值，保留年内季节变化幅度，但受极值影响较大，不能有效地削减高频噪音，以至于年内出现了多次较人振幅的短周期波动，如林地的 Albedo-vis 在年内出现 4 个波峰。SG 滤波可以较好地削减高频信号，但同时也大幅削减了年内季节变幅，例如小波分解和重构后林地年内最小 Albedo-vis 为 0.37 和 0.22，SG 滤波后则增至 0.4 和 0.33。先进行 SG 滤波再进行小波分解和重构，能够兼取上述两种方法之长，一定程度上避免了单一方法的不足。仍以林地的 Albedo-vis 为例，SG 滤波与小波分解和重构相结合能够有效地避免由小波分解和重构滤波中的高频信号扰动现象，同时在一定程度上避免了 SG 滤波对峰值、谷值的过度削减，比较好地保留了 Albedo-vis 的年内季节变化规律及变化幅度。

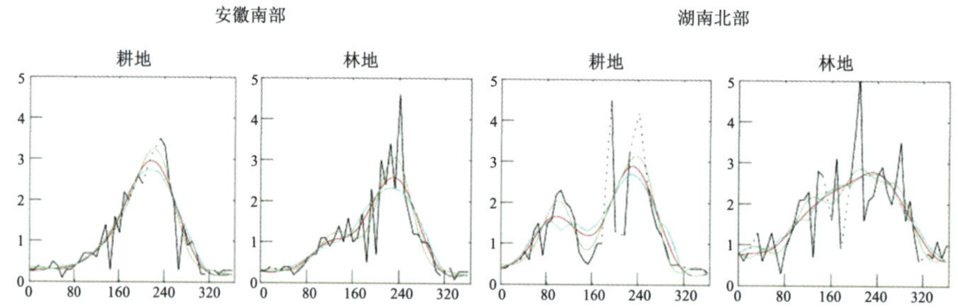

a. LAI

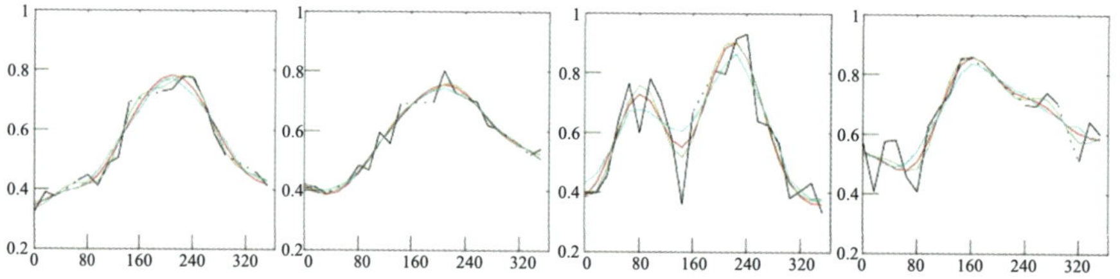

b. GVC

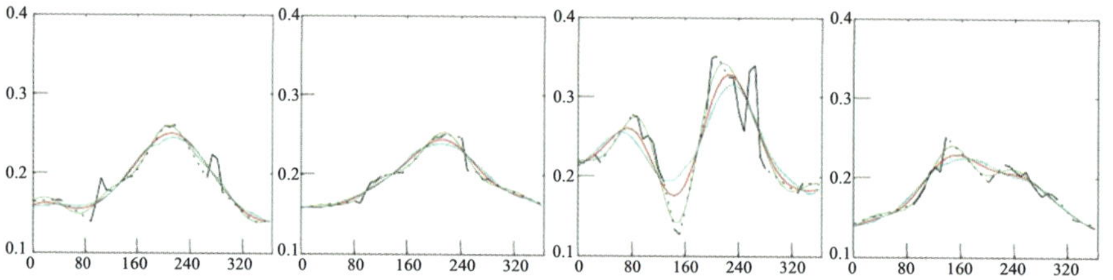

c. ABD-nir

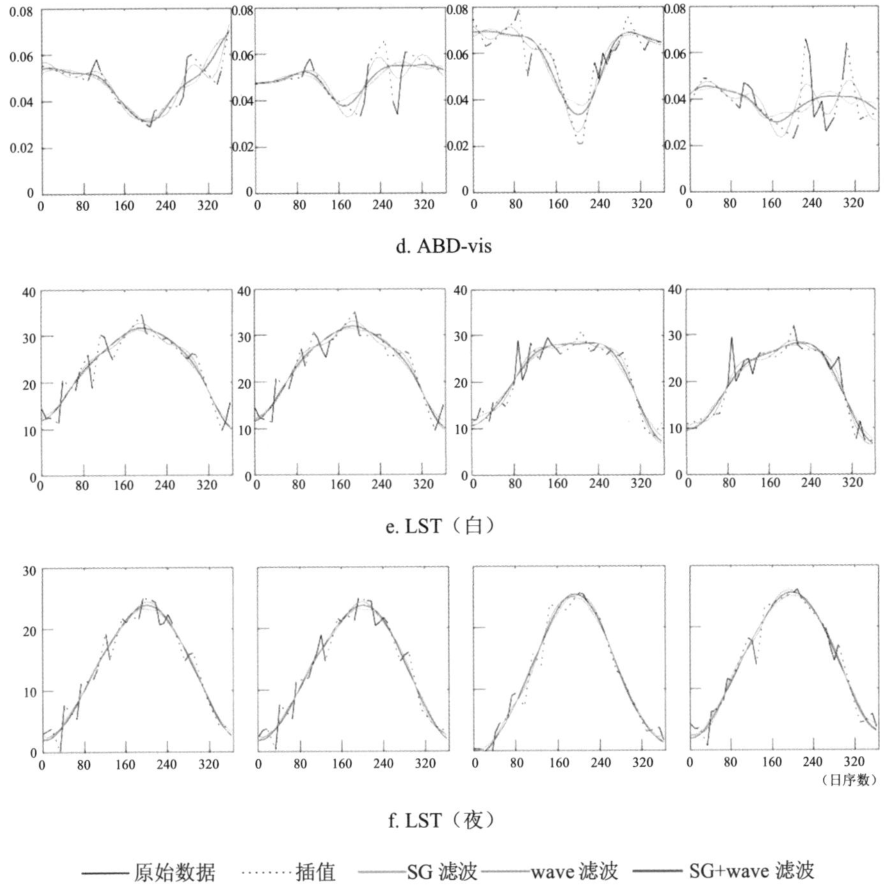

图 3-3　3 种不同方法的滤波结果

如图 3-3 所示，Albedo-vis 的数据质量明显低于其他各参数，上述 3 种滤波方法的效果差异也相对较大。Albedo-nir 和 LAI 的数据质量略好于 Albedo-vis，不同方法的滤波结果差异也略微缩小；GVC 和 LST 的数据质量较高，不同方法的滤波结果差异进一步缩小。但是，通过对比，仍旧可以看出各方法的上述优、缺点。相对而言，SG 滤波与小波分解和重构相结合的方法能吸收二者之优点，一定程度上避免了单一方法的缺点。因此，在本书的后续分析中，只采用了 SG 滤波与小波分解和重构相结合的低通滤波结果。

3.2.2.2 林地—耕地地表物理参数之差

由图3-4可见，从研究区所有采样点平均看，耕地与林地各参数的季节变化规律基本一致，LAI、GVC和Albedo-nir夏季大、冬季小，Albedo-vis则是夏季小、冬季大。但是，耕地与林地各参数的年平均值及季节波动峰值、谷值时间有明显差异。总体上，耕地的LAI和GVC小于林地，Albedo大于林地。在季节变化方面，耕地与林地LAI、GVC之差呈现双谷结构，谷值大致分别出现在5月和10月，而夏季差别相对较小，冬季差别最小。这一季节变化规律与耕作制度基本一致。研究区内大多数采样点为一年多熟，其中5月和10月分别是越冬作物和夏播作物收割期，人为收割致使地表植被覆盖降低，由此造成了耕地与林地参数的较大差异。相对而言，夏季农作物和树木均处于生长鼎盛时期，耕地与林地的LAI、GVC差异相对较小。

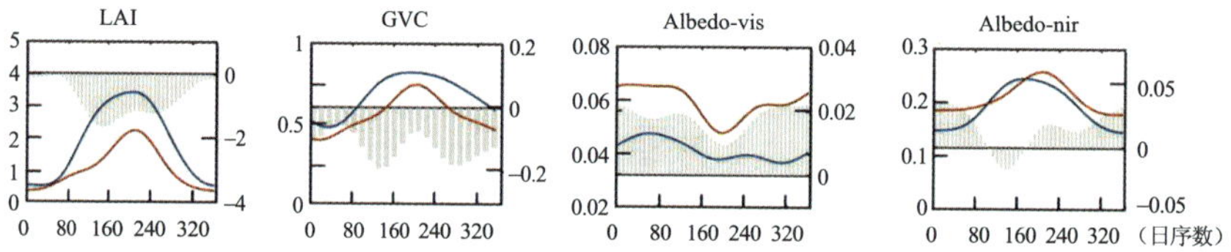

a. 全部样点

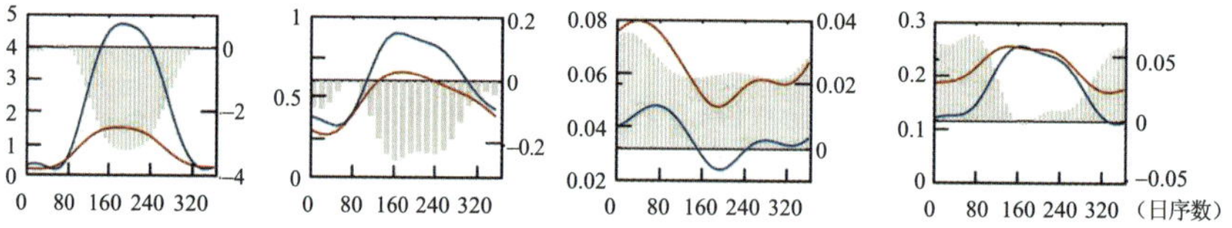

b. 区域1

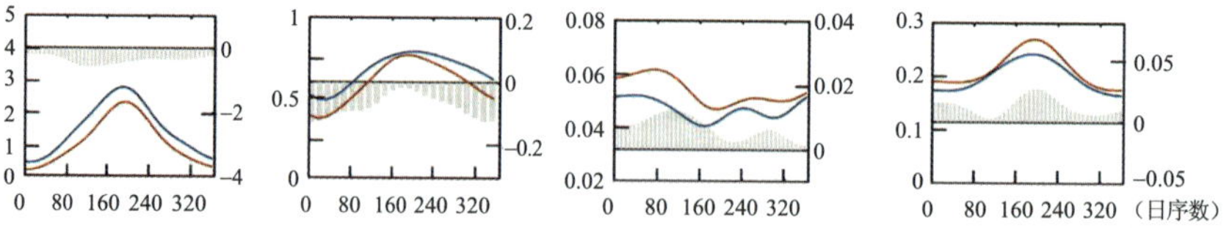

c. 区域2

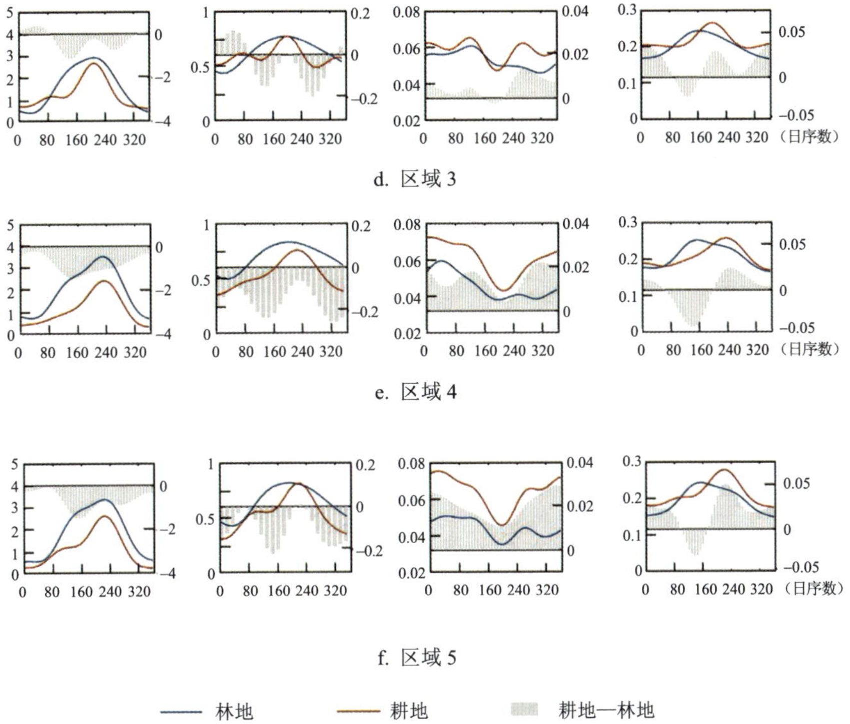

图 3-4 各区域耕地与林地地表物理参数（左侧 Y 轴）及其差异（右侧 Y 轴）的季节动态

夏季耕地与林地 Albedo-vis 差异较小，春季、秋季、冬季较大，其中 5 月和 10 月出现局部峰值。Albedo-nir 差异则是春季小，夏季、秋季次之，冬季最大。由此看出，在春季、夏季、秋季，耕地与林地 Albedo-vis 差异与 LAI、GVC 差异基本呈反向变化。夏季耕地与林地 LAI 差异较小，Albedo-vis 差异也相对较小，春、秋两季耕地与林地 LAI 差异较大，Albedo-vis 差异也相对较大；特别是，因为作物收割，5 月和 10 月 LAI 差异出现局部谷值，Albedo-vis 则对应为局部峰值。但是，冬季 LAI、GVC 相差较小，Albedo-vis 差异却处于一年中的最高峰。LAI、GVC 差异与 Albedo-nir 差异的季节变化基本同向，LAI、GVC 偏低幅度越大，Albedo-nir

偏高幅度越小；反之亦然，在 LAI、GVC 偏低幅度最大的 5 月，耕地 Albedo-nir 低于林地。

由于各地农作物类型与种植制度各异，耕地与林地参数差异的幅度与季节变化规律因地而异。陕甘交界处（区域 1）耕地年平均 LAI、GVC 分别为 0.79 和 0.49，较林地分别偏低 1.15 和 0.11，差异幅度位居所有区域之首。与此相应，该地区耕地与林地 Albedo 的差异幅度也位居所有区域的前列，耕地年平均 Albedo-vis 和 Albedo-nir 分别为 0.062 和 0.022，较林地分别偏高 0.022 和 0.03。该地区一年一熟，耕地与林地 LAI 和 GVC 差异呈单谷结构，谷值出现在夏季，春季、秋季次之，冬季差异最小。耕地与林地 Albedo 差异则是冬季较大，春季、夏季、秋季较小。在春季、夏季、秋季 Albedo-vis 差异与 LAI、GVC 差异呈反向变化，Albedo-nir 差异与 LAI、GVC 差异则呈同向变化。

川渝地区（区域 2）和湖北中南部（区域 3）耕地年平均 LAI 分别为 1.09 和 1.19，较林地分别偏低 0.41 和 0.38；耕地年平均 GVC 分别为 0.60 和 0.58，较林地分别偏低 0.08 和 0.05，差异幅度位居各区域之末。与此相应，这两个地区耕地与林地 Albedo 之差也位居所有区域之末。这两个地区耕地年平均 Albedo-vis 分别为 0.054 和 0.058，仅较林地分别偏高 0.007 和 0.006，Albedo-nir 较林地也仅分别偏高 0.013 和 0.009。但是，这两个地区耕地与林地参数差异的季节变化各异。川渝地区一年一熟，农作物物候与森林物候基本一致，由于作物的收割，冬季耕地与林地 LAI、GVC 差异较大，夏季最小。湖北中南部一年三熟，耕地 GVC 呈现三峰，其中 5 月、10 月由于作物收割，耕地 LAI 和 GVC 大幅度小于林地，而由于越冬作物的存在，冬季耕地 LAI 和 GVC 则高于林地。由此，耕地与林地 LAI、GVC 差异呈现出两谷一峰的结构特征。同样地，Albedo-vis 差异与 LAI 差异的季节变化基本反向，春季 3—4 月耕地 LAI 较林地偏低幅度最大，耕地 Albedo-vis 较林地偏高幅度也相对较大。Albedo-nir 差异与 LAI 差异的季节变化基本同向，春季 3—4 月耕地 Albedo-nir 偏高幅度是一年中最小的，而 6—7 月耕地 LAI 较林地偏低幅度最小，耕地 Albedo-nir 较林地偏高幅度却是一年中最大的。

江西北部（区域 4）和安徽中南部（区域 5）耕地年平均 LAI 分别为 1.024 和 1.125，较林地分别偏低 1.18 和 0.71；耕地年平均 GVC 分别为 0.53 和 0.54，较林地分别偏低 0.18 和 0.11；差异幅度位居各区域中间。但是，这两个地区耕地与林地的 Albedo 之差却位居前列，与云贵交界处和陕甘交界处大致相当。其中，江西北部和安徽中南部耕地年平均 Albedo-vis 分别为 0.06 和 0.064，较林地分别偏高 0.018 和 0.021，耕地年平均 Albedo-nir 分别为 0.207 和 0.213，较林地分别偏高 0.006 和 0.018。这两个地区耕地与林地参数差异呈现基本一致的季节变化特征。其中，LAI、GVC 之差呈双谷结构，谷值分别出现在 5 月和 10 月，而冬季和盛夏季节的差异相对较小。冬季 Albedo-vis 差异最大，夏季最小，夏季谷值与 LAI、GVC 差异较小基本对应；Albedo-nir 差异夏季最大，冬季、秋季次之，春季最小，与 LAI 差异的季节变化基本同向。

由此来看，在季节尺度上，作物收割是导致耕地与林地之间较大 GVC 与 LAI 差异的主要因素。由于作物收割，农作物被人为清除，造成耕地较低的 LAI 和 GVC，从而导致耕地与林地之间较大的 GVC 和 LAI 差异。春季、夏季、秋季三季耕地与林地 Albedo-vis 差异与 LAI 差异基本呈反方向变化，Albedo-nir 差异与 LAI 差异则主要呈同方向变化。耕地 LAI 较林地偏低幅度越大，Albedo-vis 则偏高幅度越大，Albedo-nir 偏高幅度越小。但是，冬季这一规律不复存在，冬季是耕地与林地 Albedo 差异最大的季节。

3.2.2.3 生物物理参数之间的关系

图 3-5 综合时间和空间变异信息展示了 GVC、Albedo 与 LAI 之间的统计关系。总体来看，GVC 随着 LAI 的增加而增加，Albedo-vis 随着 LAI 的增加而降低，Albedo-nir 则随着 LAI 的增加而增加。但是，它们之间并非呈

线性关系，而是更近似于一种对数形式，这与此前的研究结果基本一致（如瞿瑛，2008；García-Haro et al.，2018；Tian et al.，2004）。大致以 1 为分界线，当 LAI 小于 1 时，GVC 对 LAI 变化的响应敏感度较高，随着 LAI 由 0 增至 1，耕地和林地 GVC 增幅分别为 0.51 和 0.38；当 LAI 超过 1 后，GVC 响应 LAI 变化的敏感度明显降低，LAI 由 1 增至 3，耕地和林地 GVC 增幅分别仅为 0.188 和 0.140。当 LAI 大于 3 时，GVC 接近饱和，对 LAI 增加的响应敏感度进一步减弱。

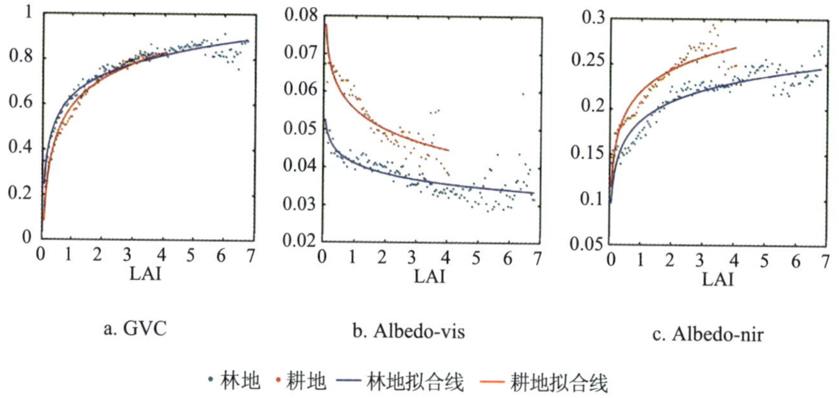

图 3-5　GVC、Albedo-vis 和 Albedo-nir 与 LAI 的关系

与之对应地，当 LAI 小于 1 时，Albedo-vis 和 Albedo-nir 对 LAI 变化响应敏感度也比较高。随着 LAI 由 0 增至 1，耕地与林地 Albedo-vis 分别由 0.076 减至 0.055 和由 0.050 减至 0.041，Albedo-nir 分别由 0.115 增至 0.22 和由 0.106 增至 0.187。LAI 由 1 增至 3，耕地和林地 Albedo-vis 减幅分别为 0.008 和 0.003，Albedo-nir 增幅分别为 0.039 和 0.030。当 LAI 大于 3 时，Albedo-vis 接近底线，Albedo-vis 也接近饱和，对 LAI 增加的响应较弱。

GVC、Albedo 与 LAI 之间的非线性响应关系与植被生长规律有密切关系。在植被和作物生长初期，LAI 相对较低，这一时期的植物生长通常主要表现为水平方向绿叶覆盖面积增加，随着绿叶覆盖度增加，裸土面积则相应减少。因此，在这一时期，伴随着LAI的增加，GVC迅速增加，由于裸土Albedo-vis一般高于绿色植被，所以Albedo-vis迅速降低。当LAI增至某一个水平后，植物生长则主要表现为垂直方向叶密度的增加，这个时期绿叶覆盖面积接近饱和，GVC和Albedo-vis则不再随着LAI增加而发生快速变化。

LAI与GVC、Albedo之间的关系为前述季节尺度上耕地与林地参数差异之间的关系提供了理论解释。根据LAI与GVC的关系，耕地与林地GVC响应LAI变化的敏感度基本相等，且在LAI相等条件下，耕地与林地GVC大致相当。由于耕地LAI始终小于林地，所以耕地GVC始终小于林地，且5月和10月作物收割导致较大的LAI差异，GVC差异也随之增大。同时，由于LAI越大，GVC响应LAI变化的敏感度越小，所以在LAI差异幅度相同的条件下，夏季耕地与林地 GVC 之差相对较小，而冬季相对较大。Albedo-vis随LAI增加而降低，耕地Albedo-vis响应LAI变化的敏感度略大于林地。LAI较低时，耕地与林地Albedo-vis差异较大，随着LAI增加，耕地Albedo-vis降低速率大于林地，所以在LAI差异幅度相同的条件下，冬季耕地与林地Albedo-vis之差相对较大，而夏季相对较小。在5月和10月，作物收割导致耕地LAI降低、Albedo-vis增加，从而加大了耕地与林地Albedo-vis的差异；而盛夏7—8月，耕地与林地LAI相差较小，Albedo-vis差异也处于一年中的低位。Albedo-nir随LAI增加而增加，耕地Albedo-nir响应LAI变化的敏感度略大于林地，自冬至夏，LAI逐渐增加，同时耕地与林地LAI差异越来越大，由此可以造成耕地Albedo-nir较林地偏高的幅度越来越小，在作物收割季节，耕地LAI大幅降低，Albedo-nir也随之降低，此时有可能低于林地。

表 3-5 GVC、Albedo 与 LAI 的拟合方程

土地类型	表达式	R^2	*RMSE*	*p*
耕地	GVC=0.170*1nLAI+0.594	0.963	0.031	<0.01
	Albedo-vis=–0.008*1nLAI+0.055	0.775	0.004	<0.01
	Albedo-nir=0.035*1nLAI+0.220	0.852	0.013	<0.01
林地	GVC=0.130*1nLAI+0.638	0.942	0.030	<0.01
	Albedo-vis=–0.004*1nLAI+0.041	0.521	0.003	<0.01
	Albedo-nir=0.030*1nLAI+0.188	0.862	0.011	<0.01

3.2.2.4 农林地转换对地表温度的影响

农、林地转换引起的地表物理特征变化可直接导致地表辐射能量收支变化，从而改变地表温度。如图 3-6 所示，耕地地表温度普遍高于林地，其中白天温度偏高幅度尤大，夜间温度偏高幅度相对较小。全部采样点平均的耕地年平均白天温度和夜间温度分别为 22.62℃和 13.18℃，较林地分别偏高 2.75℃和 1.15℃，并且存在一定程度的季节变化。与上述 LAI、GVC 差异的季节变化特征相似，耕地与林地白天温度也呈现出双峰特征，峰值分别出现在 5 月和 10 月，温差可达 3.18℃和 3.33℃，夏季、冬季、春季季节温差相对偏小，其中冬季温差仅约 1.51℃。耕地与林地的夜间温差却呈现单峰结构，峰值出现在 7 月，高达 2.46℃，谷值出现在 1 月，仅为 0.47℃。

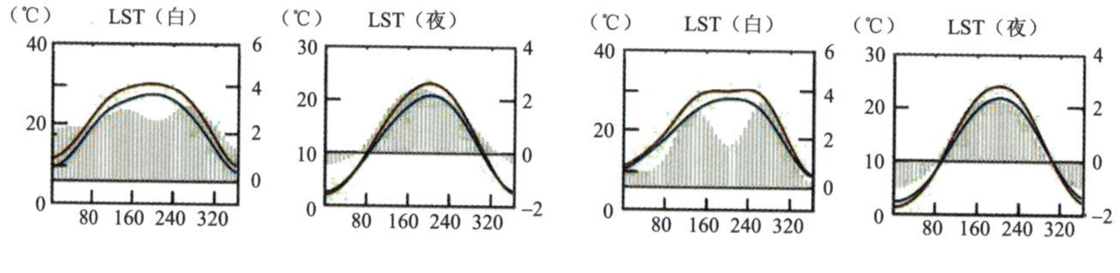

a. 全部样点

d. 区域 3

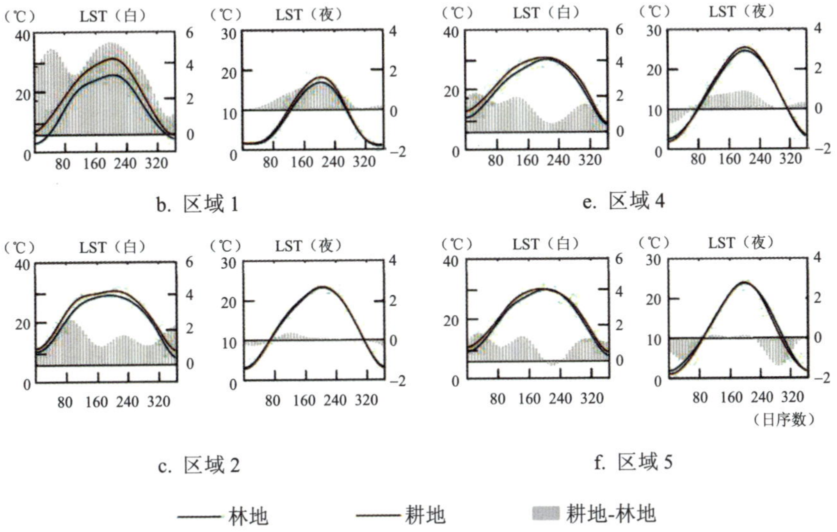

图 3-6　各区域耕地与林地地表温度（左侧 Y 轴）及其差异（右侧 Y 轴）的季节动态

与地表物理参数差异的因地而异类似，地表温度差异也因地而异，同时白天温度差异与夜间温度差异的地理规律不尽相同。就白天温度而言，陕甘交界处耕地与林地的温度差异最大，耕地年平均温度较林地偏高达 3.83℃。其季节变化呈现双峰结构，峰值分别出现在 2 月和 8 月，高达 5.04℃和 5.44℃，11 月至次年 1 月温差较小，仅为 1.06℃。

川渝地区、湖北中南部和江西北部耕地与林地温差次之，年均温之差为 1.8～1.9℃；安徽中南部耕地与林地温差最小，年均温之差仅为 1.1℃。各地温差的季节变化特征互不相同。川渝地区耕地与林地温差的季节变化呈现三峰结构，峰值分别出现在 3 月、8 月和 12 月，其中 3 月尤大，达 2.63℃；湖北中南部温差则呈现鲜明的双峰结构，峰值分别出现在 5 月和 10 月，分别为 3.41℃和 3.84℃，盛夏 7 月和冬季温差相对较低，这一季节变化特征与 LAI 和 GVC 的差异季节变化基本对应。江西北部和安徽中南部温差也呈现类似双峰的结构特征，峰值分别出现在 5 月和 10 月，7—8 月的温差相对较低，与 LAI、GVC 差异的季节变化特征基本对应。并且，与湖北中南部相比，江西北部和安徽中南部两个地区冬季 LAI、GVC 差异仍旧维持较高的水平，温差也相应较大。

就夜间温度而言，各地区的季节变化多呈现单峰结构。陕甘交界处、湖北中南部和江西北部耕地与林地温度差异大致相当，耕地温度较林地偏高 0.5～0.7℃，并且其季节变化均呈现单峰结构。其中，陕甘交界处的峰值出现在 8 月，为 1.28℃；湖北中南部峰值几乎维持在 6—8 月，高达 2.32℃，江西北部峰值出现在 5 月，为 0.94℃。川渝地区耕地与林地温差相对较小，耕地温度较林地偏高，并且季节变化幅度相对较小。安徽中南部耕地温度则低于林地温度，偏低幅度约为 0.46℃，其季节变化呈双谷特征，谷值分别出现在 2 月和 10 月。

图 3-7 展示了耕地与林地温度差异与 LAI 差异之间的关系。由此来看，温度差异与 LAI 差异总体呈现负相关关系，耕地 LAI 较林地偏低幅度越大，温度则偏高幅度越大。但是，负相关关系存在明显的昼夜差异和季节差异。其中，白天温度差异与 LAI 差异的相关性较强，夜间温度差异与 LAI 差异的相关性较弱；夏季白天温度差异与 LAI 差异的相关性最强，而其余季节白天温度差异与 LAI 差异的相关性较弱。这一结果与此前大量研究报道的“湿润地区植被生长具有致冷效应”一致。已有大量研究表明，在湿润地区植被生长通过蒸发散热降低地表温度，起到白天致冷作用。植被生长对夜间温度的影响，则因地而异，在有些地区是延续白昼的冷却作用，夜间也表现为一定程度的致冷，而有些地区夜间则是致暖作用，主要机制是白天蒸发形成的水蒸气聚集在近地层，在夜间产生了温室效应。

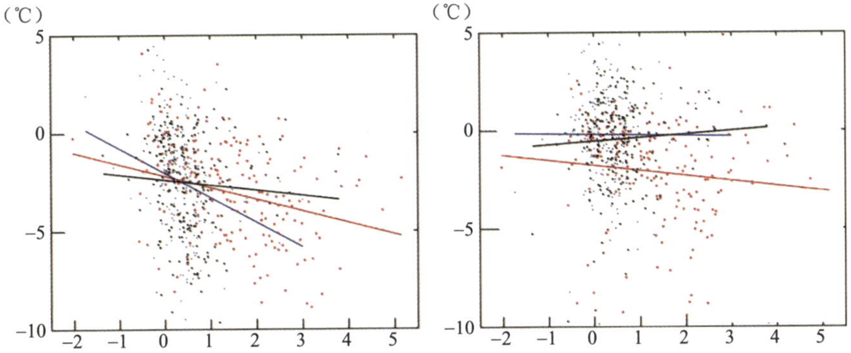

a. 耕地—林地 LAI 之差（昼）　b. 耕地—林地 LAI 之差（夜）

·1—4 月散点 ——1—4 月拟合 ·5—8 月散点 ——5—8 月拟合 ·9—12 月散点 ——9—12 月拟合

图 3-7　不同季节耕地与林地陆表温度之差对 LAI 之差的响应敏感度

表 3-6　耕地与林地陆表温度之差对 LAI 之差的响应函数

时间	LST（昼）			LST（夜）		
	响应函数	R^2	p	响应函数	R^2	p
1—4 月	$\Delta LST_{(\text{白})}=-1.257*\Delta LAI-2.022$	0.052	<0.01	$\Delta LST_{(\text{夜})}=-0.030*\Delta LAI-0.180$	0.000	0.92
5—8 月	$\Delta LST_{(\text{白})}=-0.593*\Delta LAI-2.176$	0.050	<0.01	$\Delta LST_{(\text{夜})}=-0.261*\Delta LAI-1.753$	0.009	0.17
9—12 月	$\Delta LST_{(\text{白})}=-0.266*\Delta LAI-2.377$	0.004	0.04	$\Delta LST_{(\text{夜})}=0.178*\Delta LAI-0.530$	0.003	0.46

3.2.3　结论与讨论

通过上述分析可以看出，长江中下游地区耕地的 LAI 和 GVC 小于林地，Albedo 大于林地。并且，各参数的差异幅度均呈现明显的地理差异和季节动态。其中，耕地与林地 LAI 和 GVC 差异的季节动态基本一致，总体表现为夏季大，冬季小，春季、秋季介于中间。耕地与林地 Albedo-vis 和 Albedo-nir 差异均是冬季最大；在春季、夏季、秋季三季，Albedo-vis 差异与 LAI 差异季节动态呈反向变化，Albedo-nir 的差异则与 LAI 差异季节动态呈同向变化。进一步分析发现，GVC、Albedo 与 LAI 的时空变异之间呈现显著的对数关系，GVC 和 Albedo-nir 随 LAI 增加而增加，Albedo-vis 随 LAI 增加而降低，在 LAI 较低（高）时，对 LAI 变化的响应敏感度较大（小）。由于耕地与林地之间物理特征的差异，耕地地表温度高于林地，其中夏季温度偏高幅度较大，白昼温度偏高幅度尤其大，温度偏高幅度与 LAI 偏低幅度呈显著正相关，白昼温度尤甚。

本书的研究方法兼取了野外定点监测和卫星遥感观测的长处，避免了单一传统方法的不足。以全新的视角从时间和空间两个维度刻画了研究区耕地与林地物理特征的差异。LAI、GVC 和 Albedo 方面的研究结果为改进陆面模型中的相关参数查算表，改进模型精度提供了基础数据；LST 方面的研究则为验证模型模拟结果提供了科学基础。

不过，本书尚有几点不足有待于进一步改进。首先，受自然环境和土地利用格局的限制，耕地与林地采样点的空间分布尚不是完全混合，在 200 对采样点中只有 100 对采样点属于“近距离配对”，总体来说地形复杂的中偏西部林地采样点居多，而地势相对平坦的东部地区耕地采样点偏多，因此本书展示的全部采样点平均的耕地与林地之差包括了地理差异的影响。其次，在地形条件极其复杂的川渝地区，景观破碎度极高，难以挑选出“纯像元”，为此本书尽可能地选取像元范围内主导覆盖类型面积相对偏大的作为“纯像元”。因此，该地区耕地与林地地表参数之差可能具有较大的不确定性。最后，Albedo 数据质量严重偏低，造成插补数据相对偏多，由此造成耕地与林地 Albedo 之差分析结果的不确定性大于其他参数差异的分析结果。

参考文献

[1] Mahmood R，Pielke R A，Hubbard K G，et al. Land cover changes and their biogeophysical effects on climate[J]. International Journal of Climatology，2014，34（4）：929-953.

[2] Newbold T，Hudson L N，Hill S L L，et al. Global effects of land use on local terrestrial biodiversity[J]. Nature，2015，520（7545）：45-50.

[3] Karlsson I B，Sonnenborg T O，Refsgaard J C，et al. Combined effects of climate models，hydrological model structures and land use scenarios on hydrological impacts of climate change[J]. Journal of Hydrology，2016，535：301-317.

[4] Bonan G B，Doney S C. Climate，ecosystems，and planetary futures：The challenge to predict life in Earth system models[J]. Science，2018，359（6375）：8328.

[5] 孙菽芬. 陆面过程的物理、生化机理和参数化模型[M]. 北京：气象出版社，2005.

[6] Cao Q，Yu D，Georgescu M，et al. Impacts of land use and land cover change on regional climate：A case study in the agro-pastoral transitional zone of China[J]. Environmental Research Letters，2016，10（12）：124025.

[7] Forzieri G，Duveiller G，Georgievski G，et al. Evaluating the Interplay Between Biophysical processes and Leaf Area Changes in Land Surface Models[J]. Journal of Advances in Modeling Earth Systems，2018.

[8] Myhre G，Kvalevåg M M，Schaaf C B. Radiative forcing due to anthropogenic vegetation change based on MODIS surface albedo data[J]. Geophysical Research Letters，2005，32（21）：21410.

[9] 付立哲，屈永华，王锦地. MODIS LAI 产品真实性检验与偏差分析[J]. 遥感学报，2017，21（2）：206-217.

[10] 蓝金辉，邹金霖，郝彦爽，等. 高光谱遥感影像混合像元分解研究进展[J]. 遥感学报，2018，22（1）：13-27.

[11] 胡茂桂，王劲峰. 遥感影像混合像元分解及超分辨率重建研究进展[J]. 地理科学进展，2010，29（6）：747-756.

[12] Li J，Dodson J，Yan H，et al. Quantitative Holocene climatic reconstructions for the lower Yangtze region of China[J]. Climate Dynamics，2018，50（3-4）：1101-1113.

[13] Jin D，Guan Z. Summer Rainfall Seesaw between Hetao and the Middle and Lower Reaches of the Yangtze River and Its Relationship with the North Atlantic Oscillation[J]. Journal of Climate，2017，30（17）.

[14] Pei F，Wu C，Qu A，et al. Changes in Extreme precipitation：A Case Study in the Middle and Lower Reaches of the Yangtze River in China[J]. Water，2017，9（12）：943.

[15] 李勇，杨晓光，代姝玮，等. 长江中下游地区农业气候资源时空变化特征[J]. 应用生态学报，2010，21（11）：2912-2921.

[16] Li S，He F，Zhang X. A spatially explicit reconstruction of cropland cover in China from 1661 to 1996[J]. Regional Environmental Change，2016，16（2）：417-428.

[17] 张学珍，赵彩杉，董金玮，等. 过去30年中国耕地撂荒的时空特征——基于荟萃分析的结果[J]. 地理学报，2018.

[18] Xue Y，Zeng F J，Mitchell K E，et al. The Impact of Land Surface processes on Simulations of the U.S. Hydrological Cycle：A Case Study of the 1993 Flood Using the SSiB Land Surface Model in the NCEp Eta Regional Model[J]. Monthly Weather Review，1999，129（12）：2833-2860.

[19] Niu G，Yang Z，Mitchell K E，et al. The community Noah land surface model with multiparameterization options（Noah-Mp）：1. Model description and evaluation with local-scale measurements[J]. Journal of Geophysical Research Atmospheres，2011，116（D12）：1248-1256.

[20] Arendt A，Luthcke S，Gardner A，et al. Analysis of a GRACE global mascon solution for

Gulf of Alaska glaciers[J]. Journal of Glaciology，2013，59（217）：913-924（12）.

[21] Yebra M，Dijk A V，Leuning R，et al. Evaluation of optical remote sensing to estimate actual evapotranspiration and canopy conductance[J]. Remote Sensing of Environment，2013，129（2）：250-261.

[22] 张学珍，朱金峰. 1982—2006 年中国东部植被覆盖度的变化[J]. 气候与环境研究，2013，18（3）：365-374.

[23] Tomar V. Rice Equivalent Crop Yield Assessment Using MODIS Sensors' Based MOD13A1-NDVI Data[J]. IEEE Sensors Journal，2014，14（14）：3599-3605.

[24] Wang Y Y，Li G C. Analysis of "furnace cities" in China using MODIS/LST product（MOD11A2）// Geoscience and Remote Sensing Symposium[C]. IEEE，2014：1817-1820.

[25] Essa W，Verbeiren B，Kwast J V D，et al. Improved DisTrad for Downscaling Thermal MODIS Imagery over Urban Areas[J]. Remote Sensing，2017，9（12）：1243.

[26] Li Y，Jiang M. Spatial-fractional order diffusion filtering[J]. Journal of Mathematical Chemistry，2018，56（1）：257-267.

[27] Golestaneh P，Zekri M，Sheikholeslam F. Fuzzy wavelet extreme learning machine[R]. Fuzzy Sets & Systems，2017.

[28] 瞿瑛，刘素红，谢云. 植被覆盖度计算机模拟模型与参数敏感性分析[J]. 作物学报，2008，34（11）：1964-1969.

[29] García-Haro F J，Campos-Taberner M，Muñoz-Marí J，et al. Derivation of global vegetation biophysical parameters from EUMETSAT polar System[J]. Isprs Journal of photogrammetry & Remote Sensing，2018，139：57-74.

[30] Tian Y，Dickinson R E，Zhou L，et al. Land boundary conditions from MODIS data and consequences for the albedo of a climate model[J]. Geophysical Research Letters，2004，31（5）：179-211.

4
植被覆盖与土地利用变化的气候与环境效应

4.1 1982—2000 年春季绿色植被覆盖变化的气候效应

陆地植被是气候系统重要的动态组成部分[1-3]。陆地植被通过直接改变地表能量收支平衡和水热通量的交换以及生物地球化学过程来调节天气和气候[4]。因此，从理解气候变化的角度来说，研究植被变化对气候的影响具有重要意义[5-6]。

许多学者已对土地利用变化（包括森林砍伐/再造林、城市化和农田扩张）导致的气候效应展开了广泛的研究[7-10]。除了这些植被类型的转化，同样值得注意的是，由于气候变化[11-13]和人类农业活动（包括灌溉和使用人工肥料）[14-15]导致植被物理参数的变化，如表面反射率、绿色植被覆盖比例、总叶面积等。这些物理参数的变化也可能导致地表辐射收支的变化和感热与潜热之间的能量分配，进而对气候产生重要的影响。

我国东部主要土地利用类型为草原、林地和农田，植被物理参数具有较大的变异性。通过 NDVI 可以发现，自 20 世纪 80 年代初，黄淮海平原农业区绿色植被覆盖呈上升趋势，在春季尤为明显[14-16]；而城镇化地区植被明显减少[17]。近年来，关于植被物理参数变化对温度的反馈效应的研究日益增多。例如，Liu 等（2006）[18]通过对地表气温观测值和卫星遥感的 NDVI 分析发现，植被的变化对欧亚大陆气温的年际变化产生正反馈。Zhang 等（2009）[19]利用首尔国立大学区域气候模式（SNU-RCM）的模拟实验表明，东亚地区植被增加可对冬季气候产生制暖效应，而对夏季气温影响甚微。Wu 等人（2011）[20]发现中国植被对温度变化的反馈随地区和季节的变化而变化，在我国东部地区主要表现为正反馈，在冬季尤为显著。然而，Jeong 等（2009a）[21]通过分析 NDVI 和地表气温变化，发现绿色植被增加会产生冷却效应，并且通过 CCSM-CLM 数值模拟[22]发现这种冷却效应是由潜热增加和显热减少造成的。

由此来看，关于植被变化对温度的影响还未得出一个普遍的结论。本书拟以中国东部为研究区，通过数值模拟试验，研究植被动态对气候变暖的反馈作用，为我国东部地区 1982—2000 年植被变化对气温的影响提供新的科学依据。与已有研究不同的是，本书进行了两个 20 年连续的模拟试验。在模拟过程中，我们采用 1982—2000 年卫星观测的动态地面参数[23-25]。

4.1.1 数据与方法

4.1.1.1 模型简介

模拟研究采用了高级研究用 WRF（ARW）V3.3 版本[26]，耦合了 Noah LSM 陆面过程模型。Noah LSM 模型作为一种中等复杂的地表模型，能够提供作为大气下边界条件的地表热通量的日变化和季节变化[27]。WRF-Noah LSM 耦合模式已被广泛用于模拟区域气候[28]和土壤水分-大气相互作用[29-30]。该耦合模式也被广泛用于研究植被变化对大气的反馈。例如，Jiang 等人（2009）[31]在耦合 WRF-Noah LSM 模式中嵌入了一个动态植被模型，以提高模拟的准确性；Yu 等（2012）[32] 认为中国西北河套地区由稀疏植被向草原的转化可导致冬季气候变暖、夏季气候变冷。

在 Noah LSM 模型中，植被是由一个冠层组成的，冠层特性由绿色植被分数（GVF）、叶面积指数（LAI）、发射率（EMS）和无雪反照率（ALB）等参数描述。GVF 是直接决定暴露在大气中的陆地面积从而影响表层蒸发量（E_{dir}）的关键参数；LAI 是决定冠层阻力的参数之一，调节冠层截获降水量的蒸发量（E_c）、冠层的蒸散量（E_t）；ALB 和 EMS 直接决定地表辐射收支[27]。除了上述冠层参数外，还有其他与植被相关的参数，如最小气孔阻力（R_s）和植物根系深度（N_{root}）。R_s 和 N_{root} 均采用 WRF-Noah LSM 耦合模型的默认值，这些默认值依赖于植被类型。除此之外，还有一些由土壤类型所决定的土壤相关的参数，如体积饱和含水量（Q_s）、饱和土壤吸力（C_s）、饱和渗透系数（K）、田间持水量（Q_{ref}）和凋萎含水量（Q_w）等，均采用了 WRF-Noah LSM 耦合模型的默认值。

植被冠层的变化是由 GVF 的变化决定的。随着 GVF 的变化，其他植被物理参数也发生了变化。LAI 和 EMS 与 GVF 成正比，而 ALB 与 GVF 成反比。LAI 和 EMS 的达到最大值/最小值时间与 GVF 达到最大值/最小值的时间一致；ALB 达到最大值/最小值的时间与 GVF 达到最小值/最大值的时间一致，最大值和最小值依植被类型而定，在本书中，我们使用了 WRF-Noah LSM 耦合模型默认的最大值和最小值。

4.1.1.2 试验设计

为了揭示 1982—2000 年植被变化对温度变化的影响，我们进行了两个模拟试验：动态植被实验（DYCV）和静态植被实验（FIXV）。DYCV 和 FIXV 除了规定的植被参数外，使用完全相同的模拟区域、模拟时间、侧向边界条件和物理参数设置。DYCV 模拟采用卫星遥感观测的 1982—2000 年的动态植被参数，各年植被参数具有不同的季节变化形式；而 FIXV 采用的植被参数没有年际变化，每年的季节动态是固定的。本书以 DYCV 为控制试验，以 FIXV 为敏感试验。因此，DYCV 模拟与 FIXV 模拟结果的差异显示了植被增/减对气候的影响。

如图 4-1 所示，该模拟区域涵盖了中国东部的中心点（37°N，117°E），水平分辨率为 30 km（东西网格为 95 个，南北网格为 139 个），垂直层数共 28 层。DYCV 和 FIXV 模拟时间为 1980—2000 年。起始时间为 1980 年 1 月 1 日，为减少初始土壤湿度的影响，前两年作为模式“预热”期，不做分析。DYCV 和 FIXV 的侧边界数据是 NCEp/DOE 再分析数据（http://dss.ucar.edu），分辨率为 2.5°×2.5°，时间间隔为 6 小时。DYCV 和 FIXV 使用的主要物理参数化方案包括 WSM 三级简单冰微物理方案[33-34]、Grell–Devenyi ensemble 积云对流方案[35]、CAM3 辐射方案[36]、Yonsei

University planetary 边界层方案[37]和 Noah 陆面过程方案[27]。

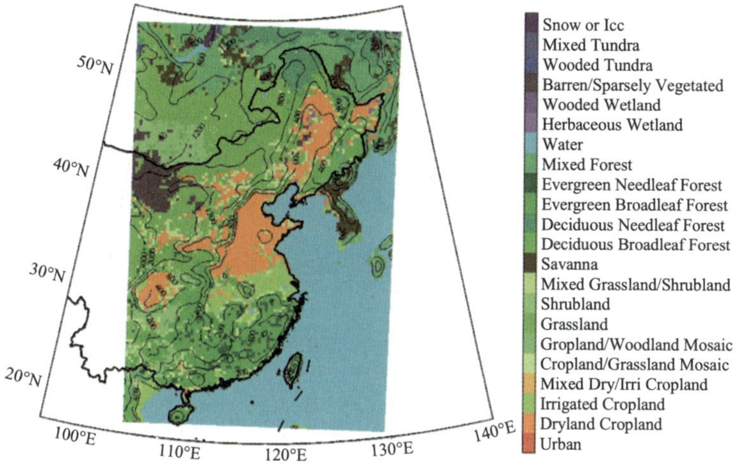

图 4-1 中国东部区域（黑线内）和模拟区域（彩色矩形内区域）的海拔（等高线；单位：m）及植被类型（彩色像素；源自全球土地覆盖特征数据库）

在 DYCV 中，GVF 是根据 1982—2000 年卫星观测的 NDVI 数据制定的。在 1980 年和 1981 年使用的是 1982 年的 GVF 数据。在 FIXV 模拟中，1980—2000 年的整个模拟期间均使用了 1982 年的 GVF。本书使用的 GVF 是由 GIMMS NDVI 数据集[38]按照式（4-1）计算的[39]，GVF 的大小取决于裸土 NDVI 值（NDVIs）和全植被覆盖度（NDVIv）。由于在大尺度下难以获得真实的NDVIs和NDVIv，这种方法可能会系统地低估或高估GVF[34,40]。然而，Zeng 等（2003）[39]的研究表明，由于 NDVIs 和 NDVIv 是恒定的，且对 GVF 的年际变化没有影响，因此该方法可以合理地捕捉 GVF 的变化趋势。本书主要关注 GVF 变化的气候效应，与绝对 GVF 值无关。GVF 是由 GIMMS 中 8 km×8 km 的 NDVI 线性插值成逐日数据，然后合并成 WRF 模式分辨率（30 km×30 km）而得，其中，NDVIs 和 NDVIv 分别表示裸土 NDVI 和全植被覆盖度 NDVI。

$$GVF=(NDVI-NDVIs)/(NDVIv-NDVIs) \tag{4-1}$$

如上所述，在 Noah LSM 中，LAI 和 EMS 与 GVF 有相同的季节周期模式，ALB 与 GVF 呈反向季节性循环。利用我们计算的 GVF 和 WRF-Noah LSM 耦合模型中这些参数的默认年最大值和最小值，可以得到每个参数的日值。因此，在 DYCV 模拟中，年际变化的 GVF 生成 LAI、ALB、EMS 的年际变化；而在 FIXV 仿真中，GVF 的固定季节周期生成 LAI、ALB、EMS 的季节周期。

4.1.1.3 模拟分析

为了比较模拟结果，我们使用了站点温度数据集[41]。这个数据集基于中国主要地区的 700 多个观测站，空间分辨率为 0.5°×0.5°，覆盖 1961—2009 年的时间段。由于模式中的分辨率为 30 km，在控制实验与观测数据对比中，控制实验分辨率设为 0.5°×0.5°，与观测数据集的分辨率一致，然后，对耦合 WRF-Noah LSM 的性能做出评估模型，一方面，我们比较了 1982—2000 年观测气温的季节性空间分布；另一方面，我们逐个网格计算了 1982—2000 年模拟气温与观测气温之间的相关系数。

为了揭示植被变化对温度变化的影响，我们首先绘制了 DYCV 模拟和 FIXV 模拟的 1982—2000 年 GVFs 差异（R_v）的线性趋势；其次，通过 DYCV 模拟和 FIXV 模拟计算了 1982—2000 年地表气温差异（R_t）的线性趋势。最后，为了解释 R_v 与 R_t 之间的关系，我们计算了 DYCV 模拟和 FIXV 模拟中的地表净辐射（RN）、潜热（LH）和感热（SH）的差异线性趋势。

由于 FIXV 模拟得到的 GVF 在 1982—2000 年没有变化，因此 R_v 表示 1982—2000 年植被的增/减。此外，除了植被特性外，DYCV 模拟和 FIXV 模拟具有相同的设置，因此 FIXV 与 DYCV 模拟的温度差异代表了 1982—2000 年植被增减对温度变化的影响。同样地，FIX 与 DYCV 模拟的 RN、LH 和 SH 的差异表明植被对地表能量收支变化的调节作用。

4.1.2 植被覆盖变化对温度的影响

4.1.2.1 控制试验评估

在空间分布上，DYCV 模拟的季节性平均温度与观测结果较为一致。模拟和观测的各季节平均温度之间的空间相关性较高，相关系数约为 0.97（其中，MAM：0.97；JJA：0.93；SON：0.98；DJF：0.98）。这表明 WRF-Noah LSM 模型可以很好地展现中国东部气温的空间变化，但 DYCV 模拟值与观测值也有一定的偏差。除了夏季中国西北部和秋季、冬季东北地区的西北角处的气温略微偏高（大多数为 1～2℃）外，大部分地区模拟气温普遍偏低。春季，东北地区西部出现偏冷的幅度较大（约−4℃）；在夏季和秋季，南方地区偏冷的幅度较大（分别为−2℃和−3℃左右）；在冬季，中国东部山区偏冷的幅度较大（约−4℃）。相比之下，平原区域在四季中的偏差幅度都很小。

WRF-Noah LSM 耦合模型不仅可以模拟气温的空间分布情况，还能很好地展现 1982—2000 年气温的时间变化。DYCV 模拟的年际温度变化与观测结果显著相关。春季、秋季和冬季，中国东部地区均存在显著正相关关系（$p<0.01$），超过一半的研究区域相关系数均高于 0.9（$p<0.001$）。在夏季，呈显著相关关系（$p<0.01$）的区域主要发生在东北地区，其他地区相关性不显著。相关系数较低的两个区域为黄河下游和珠江流域，最主要的原因可能是中国东部夏季是雨季，模型模拟降雨、云层以及地表太阳辐射的能力较差，此外，可能还有其他潜在的原因。本书的目的不是阐明 WRF-Noah-LSM 耦合模型不能很好地反映夏季气温年际变化的原因。因此，在本书中我们没有深入探讨这个问题。

4.1.2.2 植被增加/减少的线性趋势及其对温度变化的影响

1982—2000 年 GVF 变化的线性趋势随空间和季节的变化而变化。在春季，大部分区域的 GVF 呈增加趋势。黄淮海平原、我国西南部草地以及内蒙古高原东部草地的 GVF 均呈显著增加趋势（$p<0.05$，同上），其中，增长速度最快的地区为黄淮海平原，可达 0.16/10a。Piao 等（2003）[14]和 Fang 等（2004）[15]的研究中已经表明植被增长速度较快，并将其归因于气候变暖和人类农业实践，如灌溉和人工化肥。在夏季，北纬 40°附近的 GVF 有增长趋势，而在我国南部地区呈减少趋势。东北平原和内蒙古高原南部草原均呈显著增加趋势，最高可达 0.1/10a。Sun 等（2011）[17]的研究表明，长三角地区和珠三角地区自 20 世纪 80 年代初开始城市化，且与 GVF 呈显著负相关关系，下降幅度最大的为−0.01/10a。在秋季，除黄淮海平原有一小部分区域的 GVF 为显著减少外，研究区域的大部分地区 GVF 均为增加的趋势。东北平原和内蒙古高原南部的 GVF 均显著增加，最高为 0.07/10a。在冬季，这一趋势比其他三个季节小。GVF 在研究区西南、东北极少量区域为显著减少，在淮河流域极显著增加，其他区域均无明显的变化趋势。

植被的增加或减少均可改变 1982—2000 年的气温变化速率。GVF 增加区域的气温呈降低趋势，而在 GVF 减少的地区，气温呈增加趋势。在春季，DYCV 模拟的黄淮海平原的气温升高速率比 FIXV 模拟的约低 0.3℃ / 10a。Jeong 等（2009a）[21]通过分析 NDVI 和温度的关系发现植被的增加会导致降温。在夏、秋两季，温度与 GVF 呈显著正相关关系，东北平原和内蒙古高原南部地区的气温升高速率呈降低趋势。与 FIXV 比较，DYCV 在夏季气温升高速率降低了约 0.2℃/10a；在秋季减少约 0.1℃/10a。在冬季，淮河流域 GVF 的增加，与该区域温度减少相对应，减少速率为 0.08/ 10a。除上述气候变暖率降低外，在 GVF 减少的区域气候变暖增强。在秋季，黄淮海平原 GVF 的减少，导致气温升高速率增大了 0.1℃/a。

图 4-2 展示了 GVF 变化与气温变化速率之间的空间相关性。各季节间均存在显著负相关关系（$p<0.001$）。这些负相关系数证实了上述植被增/减对温度变化的影响。植被的增加减缓了气候变暖，而植被的减少则加剧了气候变暖。春、夏、秋、冬四季相关系数分别为−0.87、−0.64、−0.79、−0.5。

研究发现，生长季节（即春季、夏季和秋季）中的相关性强于非生长季节（即冬季）；在生长季中，春季和秋季的相关性强于夏季。春、秋、冬三个季节的拟合线均穿过原点，即在植被不变的条件下，温度的变化没有发生变化。然而，在夏季，拟合线没有穿过原点。这表明，即使植被没有变化，温度也会发生变化。这种现象与模式不能很好地模拟夏季温度有关。

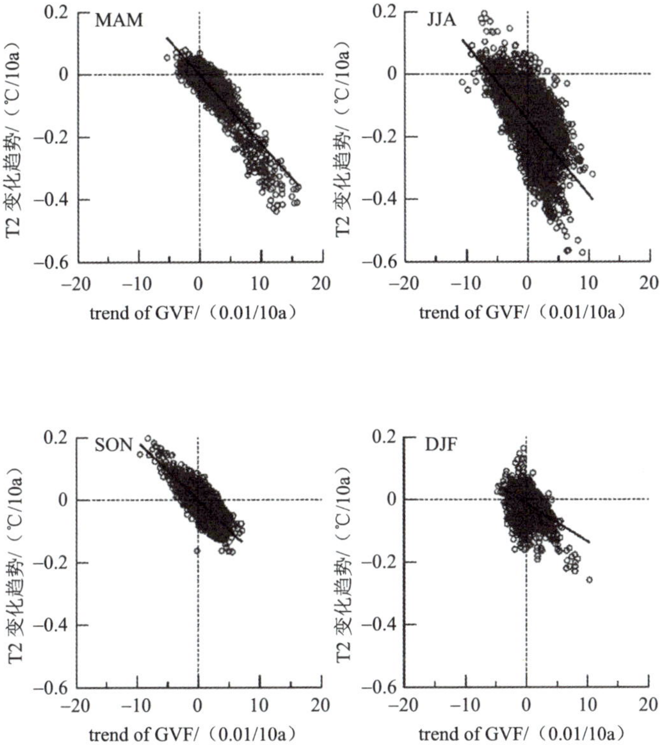

图 4-2　网格尺度的 GVF 变化与气候变暖/变冷速率的变化的相关系数

为了突出上述植被增加/减少的影响，我们选择了 3 个显著的区域作为研究区域，来研究 1982—2000 年 DYCV 和 FIXV 模拟的区域平均温度变化，以及地面观测到的温度变化。由于植被的变化主要呈增加趋势，因此，我们选择 1982—2000 年植被大量增加的区域为显著区域，即在春季选择黄淮海平原，在夏季、秋季选择东北部区域。如图 4-3 所示，在 3 个显著区域里，DYCV 模拟的升温速率低于 FIXV 模拟升温速率，观测数据的升温速率介于两个模拟之间。众所周知，观测到的地表变暖的部分原因是由城市化引起的热岛效应[42-43]。在 DYCV 和 FIXV 模拟去掉城市化影响的情况下，模拟的气候变暖速度将低于当前的观测值。因此，DYCV 模拟的升温速率将比 FIXV 模拟的升温速率更接近真实的气候变暖速率。这一发现表明，植被的变化可能对温度变化产生了实质性影响。

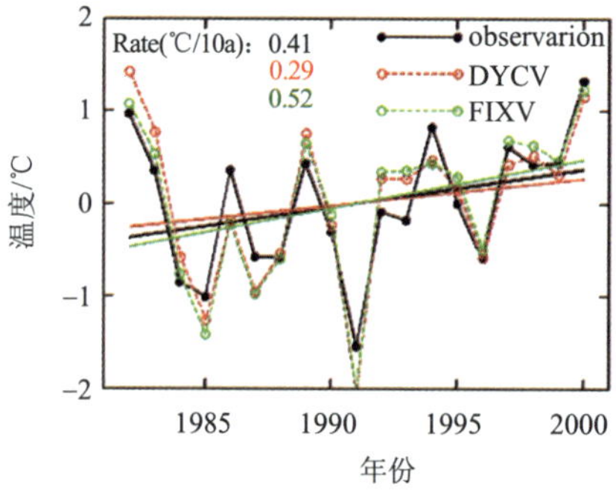

（a）黄淮海平原春季

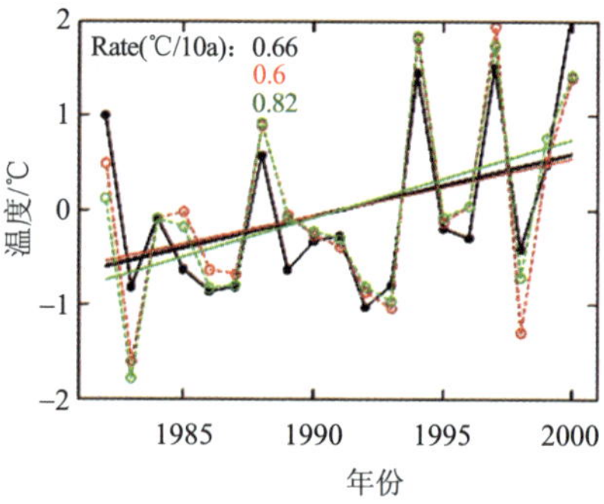

（b）中国东北平原南部夏季

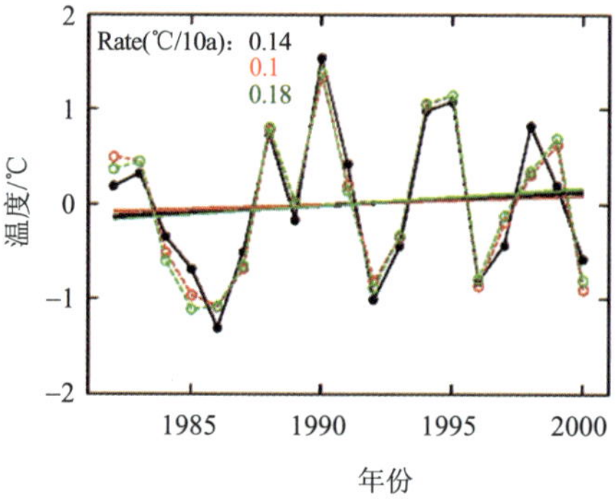

（c）中国东北平原南部秋季

图 4-3　1982—2000 年植被显著增加的 3 个典型区模拟和观测的温度变化

然而，也有一些例外情况。如图 4-2 所示，不是所有的点都位于第二和第四象限。这表明在有些地区中，GVF 的增加/减少和气候变暖/变冷率的变化不符合上述规律，这些不符合规律的点大多发生在夏季。这些异常主要分布在黄淮海平原、黄土高原和中国东部的西南部。在这些地区中，植被的减少导致气候变冷。也就是说，植被的减少产生了降温效应。显然，这些异常点是由于模拟偏差造成的。如上所述，模拟的偏差与模式在夏季模拟温度的能力较差有关。

4.1.2.3 地表能量收支变化

植被增加或减少对 RN、LH 和 SH 变化会有影响，RN 对植被变化的响应不显著；而 LH 和 SH 对植被变化的响应较为显著。随着植被的增加，LH 增加而 SH 减少；相反，随着植被的减少，SH 增加而 LH 减少。众所周知，蒸散发是由 3 个部分组成的：土壤直接蒸发（E_{dir}）、冠层截留水分的蒸发（E_c）和植物气孔的蒸腾（E_t）。在 Noah LSM 中，E_{dir} 与 GVF 成反比，而 E_c 和 E_t 与 LAI 和 GVF 成正比[27]。因此，上述 LH 对植被增加的响应主要是由于植被增加导致 E_c 和 E_t 的增加，在 RN 不变的情况下，LH 的增加减少了对地表用于直接加热大气的能量，即 SH，导致地表空气温度下降。这一发现解释了上述结果，即植被的增加减缓了气候变暖。相反，在植被减少的情况下，SH 增加，LH 减少。在黄淮海平原的秋季，随着植被的减少，SH 增加，LH 减少。这一发现解释了黄淮海平原在秋季气候变暖增强的现象。

4.1.2.4 结论与讨论

上述研究结果表明，1982—2000 年，中国东部地区植被的增加减缓了气候变暖；而植被的减少加剧了气候变暖。除了城市化地区的夏季外，中国东部地区的春季、夏季和秋季植被普遍增加。在春季，黄淮海平原植被增长最快；因此，气候变暖的最大减小幅度发生在春季。通过分析观测到的 NDVI 和温度也发现了这种负反馈[21]。Jeong 等（2009b）[22]指出，植被变化可导致地表 RN 和 SH、LH 的变化，从而影响温度，植被的增加导致蒸腾作用增强，从而增加 LH 并减少 SH；最终导致气候变暖减缓。相比之下，由植被变化引起的地表反照率和 EMS 的变化很小，因此由其导致的地表 RN 变化很小。

上述发现再次证实了 Jeong 等（2009a）[21]认为的春季植被增加可在局部导致降温。由此可知，1982—2000 年春季没有植被增加的情况下，气候变暖的速度将会更快。此外，本书还表明，植被增加的降温效应不仅发生在春季，还发生在其他季节。然而，对于冬季，植被增加的降温效应与 Zhang 等（2009）[19]和 Wu 等（2011）[20]的研究成果稍有不同，两者都认为植被的增加有升温效应。Zhang 等（2009）[19]认为植被增加的暖化效应来自反照率的减少，从而导致 RN 的增加。此外，尽管 Zhang 等（2009）[19]和 Wu 等（2011）[20]一致认为植被增加可导致暖化效应，但他们的结果不同。Zhang 等（2009）[19]表示暖化效应在我国境内主要发生在东北的北部地区；而 Wu 等（2011）[20]则表示这种变暖效应主要发生在整个华东地区，东北北部除外。这些差异说明我们对植被变化的气候效应的理解存在很大的不确定性。一方面，这些不确定性可能来自地表模型的缺陷。例如，Noah LSM 高估了矮植被（即草和作物）的换热系数，低估了高植被（即森林）的换热系数[44]。另一方面，不确定性也可能与植被温度变化反馈分析方法有关。

此外，上述由植被减少引起的变暖效应与现有的基于 GCM 的由森林转化为耕地引起的植被减少引起的变暖效应相冲突[45]。这种冲突是由决定陆地表面能量收支的主要物理过程引起的。正如 Forster 等（2007）[45]认为的那样，从森林到农田的转变大大提高了地表反照率，从而减少了地表净辐射，结果产生了冷却效应。然而，在本书中我们关注的是植被数量的变化而忽略了植被类型的变化。表面反照率变化较小，蒸腾能力变化较大。因此，表面净辐射的变化太小而无法检测到；而潜热与感热的分配比例有较大的变化，因此，在植被减少的情况下，出现了致暖效应。

值得注意的是，本书的模拟是敏感性实验。模拟只关注植被的增减，忽略了人为诱导的植被类型转变。然而，真实的植被变化包括植被增加/减少和植被类型转变。因此，要全面了解真实植被变化对气候变化的影响，既要考虑植被增减，又要考虑植被类型转变。综合理解植被变化的气候效应，将是既考虑自然植被动态又考虑人为植被类型转变的潜在研究方向。

参考文献

[1] Foley JA，DeFries R，Asner GP，et al. Global consequences of land use[J]. Science，2005，309：570-574.

[2] Bonan GB. Forests and climate change：forcings，feedbacks，and the climate benefits of forests[J]. Science，2008，320：1444-1449.

[3] Pielke RA，Niyogi D. The role of landscape processes within the climate system. In Landform - Structure，Evolution，process Control：proceedings of the International Symposium on Landforms Organised by the Research Training Group 437，Vol. 115，Otto JC，Dikaum R（eds）. Springer：New York，2009：67-86.

[4] Notaro M，Liu Z，Williams JW. Observed vegetation-climate feedbacks in the United States[J]. Journal of Climate，2006，19：763-786.

[5] Mahmood R，pielke RA，Hubbard KG，et al. Impacts of land use/land cover change on climate and future research priorities[J]. Bulletin of the American Meteorological Society，2010，91：37-46.

[6] Dirmeyer pA，Niyogi D，de Noblet-Ducoudre N，et al. Impacts of land use change on climate[J]. International Journal of Climatology，2010，30：1905-1907.

[7] Pielke RA，Adegoke J，Beltran-przekurat A，et al. An overview of regional land use and land cover impacts on rainfall[J]. Tellus B 59B，2007：587-601.

[8] Pitman AJ，de Noblet-Ducoudré N，Cruz FT，et al. Uncertainties in climate responses

to past land cover change: First results from the LUCID intercomparison study[J]. Geophysical Research Letters，2009，36，14814.

[9] Molders N. Impact of land-cover and land-cover changes. In Land use and Land Cover Changes. Atmospheric and Oceanographic Sciences Library，Vol. 44，Molders N（ed）. Springer：New York，2012：39-116.

[10] Zhou L，Tucker CJ，Kaufmann RK，et al. Variations in northern vegetation activity inferred from satellite data of vegetation index during 1981 to 1999[J]. Journal of Geophysical Research，2001，106（D17）：20069-20083.

[11] Zhou L，Kaufmann RK，Tian Y，et al. Relation between interannual variations in satellite measures of

[12] Piao SL，Wang XH，Ciais P，et al. Changes in satellite-derived vegetation growth trend in temperate and boreal Eurasia from 1982 to 2006[J]. Global Change Biology，2011，17：3228-3239.

[13] Wang XH，Piao SL，Ciais P，et al. Spring temperature change and its implication in the change of vegetation growth in North America from 1982 to 2006. Proceedings of the National Academy of Sciences of the United States of America，2011.

[14] Piao SL，Fang JY，Zhou LM，et al. Interannual variations of monthly and seasonal NDVIm in China from 1982 to 1999[J]. Journal of Geophysical Research，2003，108：D14，4401.

[15] Fang JY，Piao SL，He JS，et al. Increasing terrestrial vegetation activity in China，1982-1999[J]. Science in China（Series C），2004，47（3）：229-240.

[16] Peng SS，Chen Ap，Xu L，et al. Recent change of vegetation growth trend in China[J]. Environmental Research Letters，2011，6：044027.

[17] Sun JY，Wang XH，Chen Ap，et al. NDVI indicated characteristics of vegetation cover change in China's metropolises over the last three decades. Environmental Monitoring and Assessment，2011，179：1-14.

[18] Liu Z，Notaro M，Kutzbach J，et al. Assessing global vegetation-climate feedbacks from the observations[J]. Journal of Climate，2006，19：787-814.

[19] Zhang JY，Cha DH，Lee DK. Investigating the role of MODIS leaf area index and vegetation-climate interaction in regional climate simulations over Asia[J]. Terrestrial Atmospheric and Oceanic Sciences，2009，20：377-393.

[20] Wu LY，Zhang JY，Dong WJ. Vegetation effects on mean daily maximum and minimum surface air temperatures over China[J]. Chinese Science Bulletin，2011，56：900-905.

[21] Jeong SJ，Ho CH，Jeong JH. Increase in vegetation greenness and decrease in springtime warming over East Asia[J]. Geophysical Research Letters，2009a，36：L02710.

[22] Jeong SJ，Ho CH，Kim KY，et al. Reduction of spring warming over East Asia associated with vegetation feedback[J]. Geophysical Research Letters，2009b，36：L18705.

[23] Zhou L，Dickinson RE，Tian Y，et al. A sensitivity study of climate and energy balance simulations with use of satellite-derived emissivity data over Northern Africa and the Arabian peninsula[J]. Journal of Geophysical Research，2003b，108：D24，4795.

[24] Miller J，Barlage M，Zeng X，et al. Sensitivity of the NCEp/Noah land surface model to the MODIS green vegetation fraction data set[J]. Geophysical Research Letters，2006，33：L13404.

[25] Hong S，Lakshmi V，Small EE，et al. Effects of vegetation and soil moisture on the simulated land surface processes from the coupled WRF/Noah model[J]. Journal of Geophysical Research，2009，114：D18118.

[26] Skamarock WC，Klemo JB，Dudhia J，et al. A Description of the Advanced Research WRF Version 3[J]. Technical Note，2008，125.

[27] Chen F，Dudhia J. Coupling an advanced land surface-hydrology model with the penn

State-NCAR MM5 modeling system. part I：model implementation and sensitivity[J]. Journal of Climate，2001，129：569-585.

[28] Leung LR，Qian Y. Atmospheric rivers induced heavy precipitation and flooding in the western U.S. simulated by the WRF regional climate model[J]. Geophysical Research Letters，2009，36：L03820.

[29] Zhang JY，Wang W-C，Leung LR. Contribution of landatmosphere coupling to summer climate variability over the contiguous United States[J]. Journal of Geophysical Research，2008，113：D22109.

[30] Zhang JY，Wu LY，Dong WJ. Land-atmosphere coupling and summer climate variability over East Asia[J]. Journal of Geophysical Research，2011，116：D05117.

[31] Jiang X，Niu GY，Yang ZL. Impacts of vegetation and groundwater dynamics on warm season precipitation over the Central United States[J]. Journal of Geophysical Research，2009，114：D06109.

[32] Yu E，Wang H，Sun J，Gao Y. Climatic response to changes in vegetation in the Northwest Hetao plain as simulated by the

[33] Hong SY，Dudhia J，Chen S-H. A revised approach to ice microphysical processes for the bulk parameterization of clouds and precipitation[J]. Monthly Weather Review，2004，132：103-120.

[34] Jiang Z，Huete AR，Chen J，et al. Analysis of NDVI and scaled difference vegetation index retrievals of vegetation fraction[J]. Remote Sensing of Environment，2006，101：366-378.

[35] Grell GA，Devenyi D. A generalized approach to parameterizing convection combining ensemble and data assimilation techniques[J]. Geophysical Research Letters，2002，29：1693.

[36] Collins WD，Rasch pJ，Boville BA，et al. Description of the NCAR Community Atmosphere Model（CAM 3.0）[J]. National Centre for Atmospheric Research，Boulder，2004，464：214.

[37] Hong SY，Pan HL. Nonlocal boundary layer vertical diffusion in a medium-range forecast model[J]. Monthly Weather Review，1996，124：2322-2339.

[38] Tucker CJ，Slayback DA，pinzon JE，et al. Higher northern latitude normalized difference vegetation index and growing season trends from 1982 to 1999[J]. International Journal of Biometeorology，2001，45：184-190.

[39] Zeng X，Rao p，Defries RS，et al. Interannual variability and decadal trend of global fractional vegetation cover from 1982 to 2000[J]. Journal of Applied Meteorology and Climatology，2003，42：1525-1530.

[40] Jiménez-Muñoz JC，Sobrino JA，plaza A，et al. Comparison between fractional vegetation cover retrievals from vegetation indices and spectral mixture analysis：case study of pROBA/CHRIS data over an agricultural area[J]. Sensors，2009，9：768-793.

[41] Xu Y，Gao XJ，Shen Y，et al. A daily temperature dataset over China and its application in validating a RCM simulation[J]. Advances in Atmospheric Sciences，2009，26：763-772.

[42] Ren G，Zhou Y，Chu Z，et al. Urbanization effects on observed surface air temperature trends in North China[J]. Journal of Climate，2008，21：1333-1348.

[43] Yang XC，Hou Y，Chen B. Observed surface warming induced by urbanization in east China[J]. Journal of Geophysical Research，2011，116：D14113.

[44] Chen F，Zhang Y. On the coupling strength between the land surface and the atmosphere：From viewpoint of surface exchange coefficients[J]. Geophysical Research Letters，2009，36：L10404.

[45] Forster P，Ramaswamy V，Artaxo P，et al. Changes in atmospheric constituents and in radiative forcing. In Climate change 2007：the physical science basis，Solomon S（ed）. Cambridge University press：Cambridge，2007：180-185.

4.2 黄淮海平原春季绿色植被覆盖变化对降雨的影响

黄淮海平原是我国重要的农业区之一，为我国提供了 75%以上的小麦和 35%的玉米[1]。春季干旱是黄淮海平原作物产量的主要威胁因素[2]。为了认识该地区春季降雨的影响因素，揭示 1980 年以来春季降水量减少的成因机制，已有学者进行了大量的研究[3-6]。其中许多研究集中于大尺度大气环流和相关的水汽传输的作用等方面。例如，Yang 和 Lau（2004）[7]认为，印度洋热带海面的温度异常和暖池效应可能导致更强的南风和东南风，从而给黄淮海平原带来更多温暖潮湿的空气。Zhao 等（2012）[6]发现东亚槽脊的强度和位置可以调节向黄淮海的湿度运输。Choi 等（2010）[4]研究表明，中纬度积雪深度的降低会限制亚热带反气旋的北向运动，阻止暖湿空气流入黄淮海平原地区。Zhou 和 Zhao（2010）[8]指出，海陆差异可能通过改变东亚地区的大规模环流模式来调节春季降水量。有研究表明地表变化通过热力学作用在黄淮海平原上产生春季降雨，从而调节大气环流。例如，Wang 等（2010）[5]发现青藏高原植被的变化可能通过热力学过程改变高原上空的空气运动。因此，在黄淮海平原上空对流层下部存在一个异常气旋环流，最终抑制了春季降雨。如上所述，现有的研究大多从大尺度环流和水汽输送的角度解释黄淮海平原的降水量变化，而下垫面变化，如植被覆盖变化，对降水量影响的研究甚少，从而限制了我们对黄淮海春季降水量变化成因机制的认识。

在 20 世纪的最后 20 年里，由于气候变暖和农田管理[9-10]导致 NDVI 增加，致使春季地表绿化率增加，有研究认为，地表绿化具有降温作用，尤其在白天的降温作用较为明显[11-13]。现有的研究表明，降温效应主要由于植被绿度增加导致蒸散发量增加，即潜热通量增加，而感热通量减少。大气表面的湿度和热通量可以调节与降雨发生密切相关的低层大气的水分条件和动力条件。然而，我们对黄淮海平原地表植被覆盖变化对当地降雨量的影响知之甚少。

Kim 和 Wang（2007）[14]认为，植被覆盖加强了土壤水分异常对夏季降水量的正反馈，同时抑制了由春季水分异常偏多导致的夏季降水量发生。Wang（2011）和 Sun（2014）[15-16]等发现了当地降水量与植被生长之间的正反馈关系，并得出了动态植被对亚马逊地区降水量变率有增强作用的结论。Notaro 等（2011）[17]认为，中国大陆季风地区植被覆盖减少可导致春季降水量增加、夏季降水量减少。Jiang 等（2009）[18]也发现了美国中部夏季降水量中动态植被的显著调控作用。这些结论主要来源于耦合模型的模拟，而很少有基于观测的研究。因此，利用基本观测资料进行更多的研究，以诊断地表植被覆盖变化对当地降雨的基本影响是很有必要的。在本书中，我们分析了各气象站的降水量及植被指数变化之间的关系，探讨地表绿色植被覆盖对黄淮海地区春季降水量的影响。利用再分析数据，诊断分析了绿色植被影响降水量的可能机制。

4.2.1 数据与方法

研究区为黄淮海平原，32.5°N～40°N，112°E～122°E（图 4-4）；重点研究 20 世纪 80—90 年代春季（3—5 月）降雨量和地表绿色植被覆盖的年代际变化，因为这一时期是近 30 年来地表绿色植被覆盖增加幅度最大的一个时期[10]。本书使用的气象数据由中国气象局（CMA）提供，为气象站观测数据。在本书中，气象站的遴选标准是：①1982—2001 年 3—5 月无缺失数据；②海拔低于 400 m，且气象站位于平原地区；③在城市外，排除城市热岛效应的影响。利用 Landsat TM 影像和中巴地球资源卫星 01 星数据建立的中国土地利用数据集对城市进行识别[19]。依照上述标准，总共选用了

41 个站点（图 4-4）。根据日降雨量将降雨分成 3 类分别予以分析，依次为：小雨（日降雨量为 0.1～10 mm），中雨（日降雨量为 10～25 mm）和大雨（日降雨量为 25～50 mm）。研究中分别计算了每类降雨的天数和降雨量。

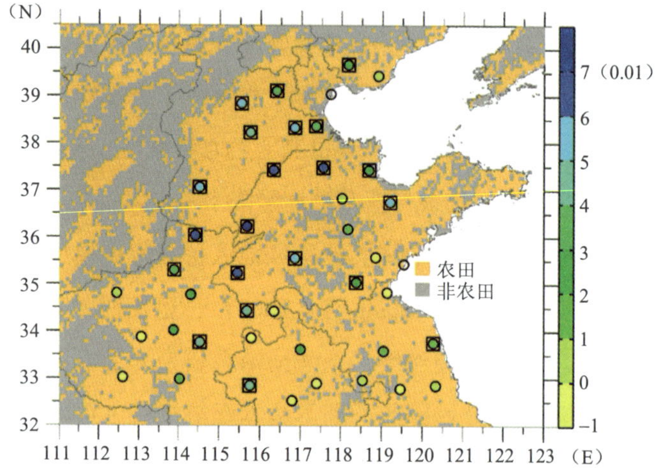

图 4-4　气象站点及站点周围春季 NDVI 的变化

（20 世纪 90 年代数据减 80 年代数据）

本书使用的 NDVI 数据由全球模拟与制图研究组（GIMMS）提供。GIMMS NDVI 数据来自 NOAA/AVHRR 数据集，其空间分辨率为 8 km×8 km，时间间隔为 15 天，时间覆盖为 1982—2012 年[20,21]。这些数据已被广泛验证并用于研究中国的表面绿色变化[9-10]。在本书中，用每个站点周围的 9 个（3×3）网格平均的 NDVI 来表征该站点的绿色植被覆盖度。

本书还采用了欧洲中尺度天气预报中心的再分析数据 ERA-Interim[22]，包括其中的 850 hPa 和 500 hPa 等压面的月平均空气温度（T）和比湿度（H），以及表面蒸发（E）、显热通量（SH）和潜热通量（λE），分辨率均为 0.5°×0.5°。用两个气压层之间的温差（T_{850}～T_{500}）来表示空气柱的不稳定程度，温差越大，不稳定程度越高，越有利于对流。

使用上述数据的春季平均值，我们计算 1982—1991 年和 1992—2001 年降雨天数、降雨量、NDVI、空气不稳定性、H_{850}，E，SH，λE 的年代际差异。采用双样本 t 检验来检验这些差异的显著性。然后，为了分析地表绿度对降雨量的影响，我们分别计算了 NDVI 的变化与当地降雨天数和降雨量的变化之间的相关性。为了诊断地表绿色植被覆盖度影响降雨的潜在机制，我们分别计算了网格尺度的 NDVI 与空气柱不稳定性、E、SH 的变化之间的相关性，揭示了地表绿色植被覆盖度对地表能量/湿度和空气柱不稳定性的影响；最后，我们分别计算了降雨天数/降雨量的变化与湿度和空气柱不稳定性的关系。

4.2.2 植被覆盖变化对降雨的影响

4.2.2.1 春季 NDVI 和降雨量变化

图 4-5 a～e 显示了 1982—2001 年黄淮海平原农田春季 NDVI 和降雨天数的变化。NDVI 增加的站点有 32 个，其中 21 个站点 NDVI 增加显著（$p<0.1$）。NDVI 增加的站点基本遍布了整个黄淮海平原，这表明黄淮海平原发生了大面积绿化。然而，绿化强度存在较大的空间差异。我们可以发现一个明显的绿化区，从黄淮海平原中心到东北方向（图 4-5 a），NDVI 相对增幅达 20%以上（$p<0.1$）。仅有少量站点的 NDVI 降低，这些站点主要分布在黄淮海平原的南部。与此同时，黄淮海平原春季降雨变化以减少为主要特征，大部分站点的各类型降雨均表现为减少。其中，大雨天数、中雨天数和小雨天数降低的站点数据分别为 33 个、27 个和 41 个，下降幅度达到 0.1 显著性水平的站点分别有 3 个、3 个和 15 个。降雨天数和降雨量的变化也表现出较大的空间差异。北部下降幅度较大，南部下降幅度较小。黄淮海平原中心到东北方向有一个很大的下降区（图 4-5 b～e）。降雨量变化的空间分布特征与降雨天数变化的空间特征基本一致，如图 4-6 所示。

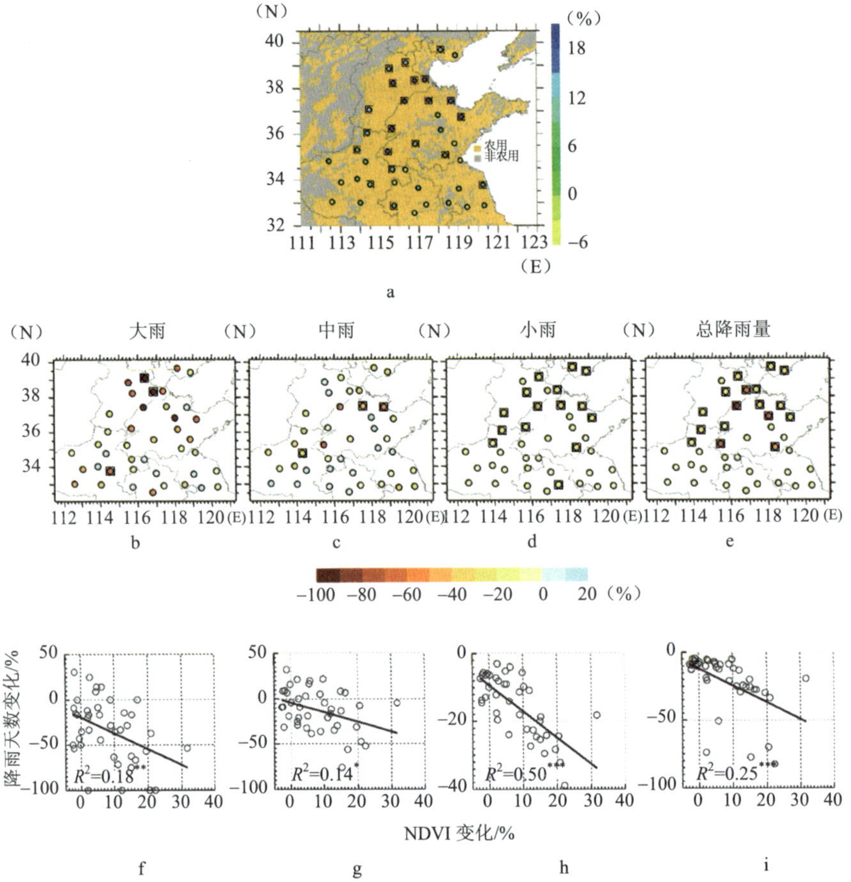

图 4-5　1980—1990 年气象站点周围 NDVI 的变化（a）及大雨天数（b）、中雨天数（c）、小雨天数（d）和总降雨天数（e）（1980—1990 年：空心正方形代表 NDVI 的变化与大雨天数（f）、中雨天数（g）、小雨天数（h）、总降雨天数（i）的相关性高于 90%；*、**和***分别为 95%、99%和 99.9%的显著性水平）

NDVI 的变化与降雨天数、降雨量变化的空间分异之间存在一定的“对应”关系，呈现出显著的负相关。NDVI 增加幅度越大的站点，降雨天数和降雨量的减少幅度越大。其中，小雨天数变化与 NDVI 变化的相关系数最高（$r = -0.71$，$p<0.001$）。NDVI 变幅为零的站点，小雨天数减少幅度约为 10%，而 NDVI 增幅为 20%的站点，小雨天数减幅增至 30%。基于最小二乘法的线性拟合表明，NDVI 每增加 10%，小雨天数大致减少 10%。中雨和大雨天数也与 NDVI 呈负相关关系（$r=-0.42$，$p<0.01$；$r=-0.37$，$p<0.05$），相对而言，相关性稍弱。因而，总降雨天数变化与 NDVI 变化也呈现显著负相关（$r=-0.50$，$p<0.001$）。NDVI 每增加 10%，总降雨天数大致减少 10%（图 4-5 i）。与此相应，小雨降雨量变化与 NDVI 变化的相关性较强，而中雨和大雨降雨量变化与 NDVI 变化的相关性较弱；总雨量变化与 NDVI 变化的相关性最强（图 4-6）。

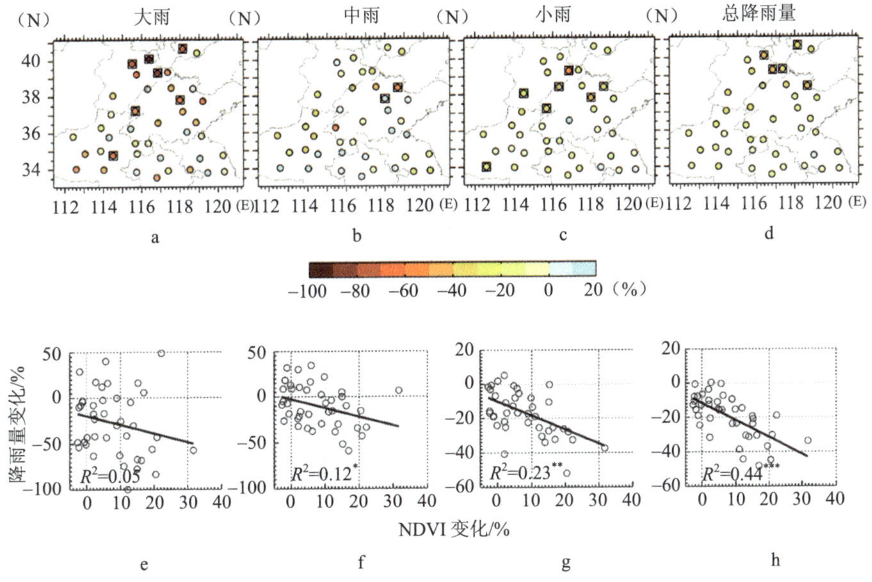

图 4-6　1980 年的大雨（a）、中雨（b）、小雨（c）及总雨量（d）的变化以及 1990 年 NDVI，与大雨（e）、中雨（f）、小雨（g）和总降雨量（h）的相关性（1980—1990 年：空心方形代表相关性高于 90%；*、**和***分别代表显著性在 95%、99%和 99.9%水平以上）

4.2.2.2 春季 NDVI 对空气湿度和空气柱不稳定性的影响

图 4-7 展示了 20 世纪 80—90 年代黄淮海平原农田的春季 NDVI 及表面湿度与热通量的变化。由此可见，NDVI 的变化与地表蒸散发及表面感热和潜热通量变化显著相关，其中与地表蒸散发、潜热通量是显著正相关，与地表感热通量显著负相关。随着 NDVI 的增加，黄淮海平原地表蒸散发增加，潜热通量随之增加，感热通量减少。NDVI 的变化与蒸发/潜热通量变化的相关系数大约为 0.55（$p<0.001$）。NDVI 每增加一个单位，地表蒸发增加约 0.16 mm，地表潜热通量增加 4.66 W/m^2。NDVI 的变化与地表感热通量变化的相关系数约为–0.63（$p<0.001$）。NDVI 每增加一个单位，显热通量减少约 5.43 W/m^2。这些相关关系表明，NDVI 的增加，会导致地表蒸发/潜热通量增加，感热通量相应减少。这一结果与 JRA-25 再分析资料的诊断分析和 WRF 模型模拟的结果一致[11,13]。

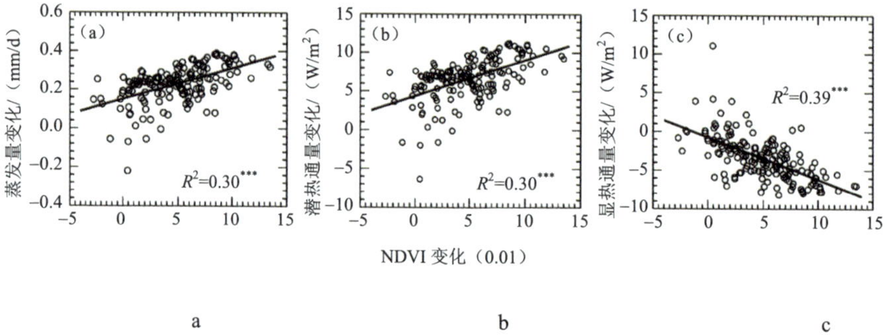

图 4-7　1980—1990 年 0.5°×0.5° 网格尺度上 NDVI 和地表蒸发（a）、潜热通量（b）和显热通量（c）相关性散点图（* * *表示显著性大于 99.9%）

低层大气温度和湿度与地表水、热通量密切相关。由于地表绿色植被覆盖度对水、热通量变化的影响，NDVI 的变化与 20 世纪 80—90 年代低层大气湿度/温度的变化显著相关。NDVI 的变化与 850 hPa 的空气湿度的变化呈显著的正相关关系（$r = 0.46$，$p<0.001$）（图 4-8 a），与 850 hPa 的气温

变化呈显著负相关关系。随着 NDVI 的增加，850 hPa 的空气湿度呈增加趋势，温度呈降低趋势。而 NDVI 变化与 500 hPa 的空气温度变化之间不存在显著相关。因此，NDVI 变化与 500～850 hPa 的温度差，即空气不稳定程度，存在显著负相关（r=−0.37，p＜0.001）。随着 NDVI 增加，空气柱呈现逐渐稳定的趋势（图 4-8）。这些相关性表明，植被可能通过增大蒸发和减少感热通量而降低地表空气的温度、增大空气的湿度，这与 CAM-CLM 模型的模拟结果一致[23]。Jeong（2009a，2009b）和 Zhang 等（2013）[11]也研究发现春季地表绿化会有降温增湿的效应。同时，地表冷却使得大气柱更加稳定，不利于空气对流。

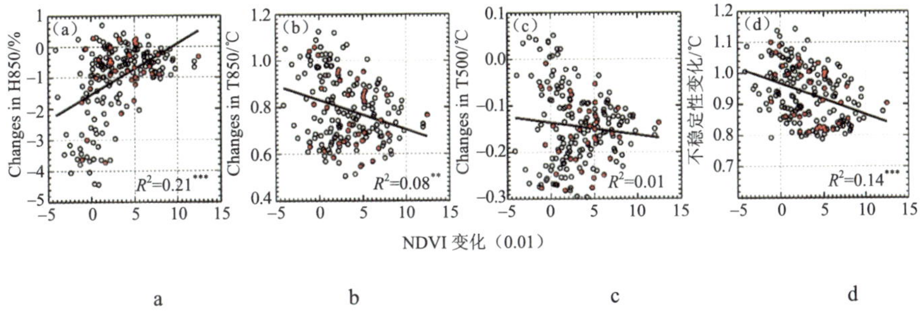

图 4-8　1980—1990 年 0.5°×0.5°网格尺度上 NDVI 和湿度（a：850 hPa；c：500 hPa）、温度（b）及空气柱不稳定性（d）的相关性散点图（黑圈与红点表示气象站点数据；**和***分别表示显著性大于 99%和 99.9%）

4.2.2.3　空气湿度和不稳定性对春季降雨的影响

降雨的发生需要由空气中足够的水分和不稳定大气的支持。图 4-9 显示了降雨天数与空气柱的不稳定性及 850 hPa 空气湿度的关系。我们发现降雨天数与空气柱的不稳定性呈正相关关系（图 4-9 a～d）。相关性最强的为小雨天数（r = 0.69，p＜0.001），其次为总降雨天数（r =0.51，p＜0.001），这与图 4-5 所示的 NDVI 和降雨天数的相关性一致。然而，850 hPa 空气湿度与降雨天数之间的相关性很弱（图 4-9 e～h）。这些相关性表明，降雨天数变化的空间差异，特别是小雨天数变化的空间差异，可能是由于黄淮海平原地表绿化降温效应导致空气不稳定性变化的空间差异造成的。而 850 hPa 空气湿度对降雨变化的空间差异影响甚微。

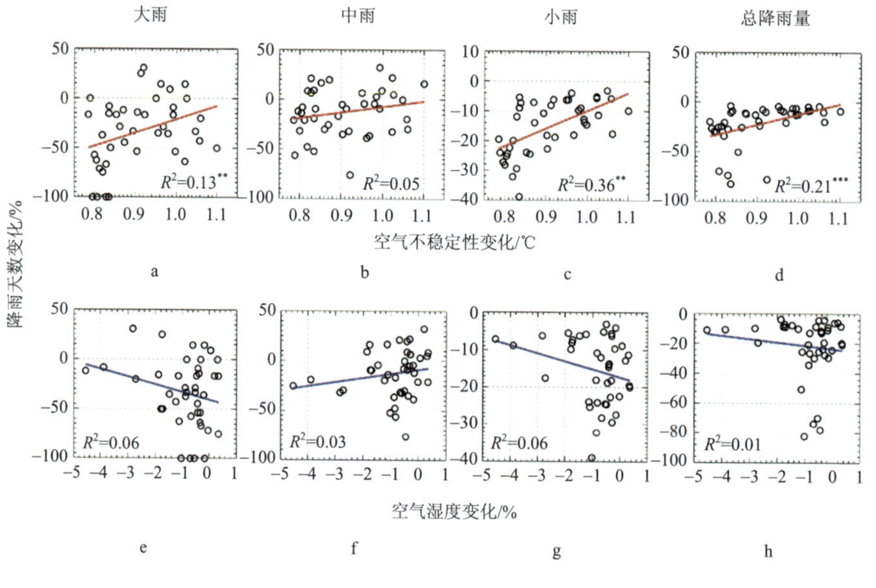

图 4-9　850 hPa 压力水平下 1980—1990 年小雨、中雨、大雨、总降雨天数与空气中不稳定性、湿度的关系（* *和* * *代表相关性在 99%和 99.9%的水平以上）

4.2.3　结论与讨论

本书利用观测到的降雨量、卫星植被指数和再分析数据，研究了地表绿色植被覆盖变化对黄淮海平原春雨的影响。通过分析 NDVI 变化与当地降雨量、空气不稳定性和低空大气湿度的相关性，研究发现春季 NDVI 变化与降雨天数变化之间为显著负相关，其中小雨的相关性最强。NDVI 每增加 10%，小雨天数和降雨量大约均减少 10%。NDVI 增加导致蒸发/潜热通量增加，显热通量减少。因此，对低层大气有明显的增湿和冷却作用，有利于提高空气的稳定性。增强的空气柱稳定性可以抑制降雨的发生。然而，低层大气湿度对降雨变化的空间差异的影响较弱，未达到统计显著水平。这些结果意味着地表绿色植被覆盖度增加可能加剧了 20 世纪 80—90 年代黄淮海平原春雨的减少趋势。

当然，黄淮海平原春季总降雨量的减少很可能与大尺度环流和相关水分输送的变化有关[6]。我们还发现，20 世纪 80—90 年代，黄淮海平原区域降雨减少，同时空气柱体含水量呈减少趋势。虽然，地表蒸发能够影响空气柱体含水量，但是上述结果表明，影响程度较弱，不足以对降雨量产生显著影响。这一结果表明，由地表绿色植被覆盖度增加产生的地表冷却效应对当地降雨的影响远大于润湿效应对降雨的影响。地表绿色植被覆盖度增加通过冷却低层大气，提高空气柱的稳定性，从而减少当地降雨量。

黄淮海平原地区降雨不足，农田区的春季植被覆盖高度依赖灌溉[24]。在降雨减少的背景下，灌溉可影响地表植被绿度的变化趋势。因此，低层大气的冷却作用可能部分来自灌溉的直接蒸发。虽然关于地表绿化度与区域气候之间的相互作用还有待进一步研究，但本研究的结果表明，由灌溉支撑的春季绿化在很大程度上抑制了当地的降雨。因此，开发新的灌溉技术、提高用水效率、减少蒸发、降低地表降温效果，可能是节约灌溉成本和水资源并促进降雨发生的有效途径。

参考文献

[1] National Bureau of Statistics of China. China Agriculture Year Book[M]. Beijing: China Agriculture Press，2009.

[2] Chen Z，Yang G. Analysis of drought hazards in North China：distribution and interpretation[J]. Nat. Hazards，2013，65：279-294.

[3] Yang F，Lau KM. Trend and variability of China precipitation in spring and summer：linkage to sea-surface temperatures[J]. Int. J. Climatol，2004，24：1625-1644.

[4] Choi KS，Kim DW，Byun HR. The regime shift in the early 1980s of spring precipitation in Korea[J]. Int. J. Climatol，2010，30：721-732.

[5] Wang Y，Zhao P，Yu R，et al. Inter-decadal variability of Tibetan spring vegetation and its associations with eastern China spring rainfall[J]. Int. J. Climatol，2010，30：856-865.

[6] Zhao R，Zhang H，Wu G，et al. Decadal variations in the season advancement of spring water cycle over Eastern China[J]. Sci. China D Earth Sci，2012，55：1358-1370.

[7] Yang F，Lau KM. Trend and variability of China precipitation in spring and summer：linkage to sea-surface temperatures[J]. Int. J. Climatol，2004，24：1625-1644.

[8] Zhou B，Zhao p. Influence of the Asian-pacific oscillation on spring precipitation over central eastern China[J]. Adv. Atmos. Sci，2010，27：575-582.

[9] piao S，Fang J，Zhou L，et al. Interannual variations of monthly and seasonal normalized difference vegetation index（NDVI） in China from 1982 to 1999[J]. J. Geophys. Res，2003，108（D14）：4401.

[10] Peng S，Chen A，Xu L，et al. Recent change of vegetation growth trend in China[J]. Environ. Res. Lett，2011，6：044027.

[11] Jeong SJ，Ho CH，Jeong JH. Increase in vegetation greenness and decrease in springtime warming over east Asia. Geophys[J]. Res. Lett，2009a，36：L02710.

[12] Jeong S-J，Ho C-H，Kim K-Y，et al. Reduction of spring warming over East Asia associated with vegetation feedback[J]. Geophys. Res. Lett，2009b，36：L18705.

[13] Zhang X，Tang Q，Zheng J，et al. Warming/cooling effects of cropland greenness changes during 1982-2006 in the North China plain. Environ[J]. Res. Lett，2013，8：

024038.

[14] Kim Y，Wang G. Impact of vegetation feedback on the response of precipitation to antecedent soil moisture anomalies over North America[J]. J. Hydrometeorol，2007，8：534-550.

[15] Wang G，Sun S，Mei R. Vegetation dynamics contributes to the multi-decadal variability of precipitation in the Amazon region[J]. Geophys. Res. Lett，2011，38：L19703.

[16] Sun S，Wang G. Climate variability attributable to terrestrial and oceanic forcing in the NCAR CAM3-CLM3 Models[J]. Clim. Dyn，2014，42：2067-2078.

[17] Notaro M，Chen G，Liu Z. Vegetation feedbacks to climate in the global monsoon regions[J]. J. Clim，2011，24：5740-5756.

[18] Jiang X，Niu GY，Yang ZL. Impacts of vegetation and groundwater dynamics on warm season precipitation over the Central United States[J]. J. Geographys. Res，2009，114：D06109.

[19] Liu J，LiuM，Zhuang D，et al. Study on spatial pattern of land-use change in China during 1995-2000[J]. Sci. ChinaDEarth Sci，2003，46：373-384.

[20] Tucker CJ，Slayback DA，pinzon JE，et al. Higher northern latitude normalized difference vegetation index and growing season trends from 1982 to 1999[J]. Int. J. Biometeorol，2001，45：184-190.

[21] Tucker CJ，pinzon J，Brown M，et al. An extended AVHRR 8-km NDVI data set compatible with MODIS and SpOT vegetation NDVI data[J]. Int. J. Remote Sens，2005，26：4485-4498.

[22] Dee DP，Uppala SM，Simmons AJ，et al. The ERA-Interim reanalysis：configuration and performance of the data assimilation system[J]. Q. J. R. Meteorol. Soc，2011，137：553-597.

[23] Lee E，Sacks WJ，Chase TN，et al. Simulated impacts of irrigation on the atmospheric circulation over Asia[J]. J. Geophys. Res. Atmos，2011，116：D08114.

[24] Yuan Z，Shen Y. Estimation of agricultural water consumption from meteorological and yield data：a case study of Hebei，North China[J]. PLoS One，2013，8(3)：e58685.

4.3 雄安新区城市化的气候效应

雄安新区是中央为打造北京非首都功能疏解集中承载地、深入推进京津冀协同发展作出的一项重大决策部署。这是继深圳经济特区和上海浦东新区之后又一个具有全国意义的新区，是千年大计、国家大事[1-2]。因而，雄安新区的发展战略和城市规划成为当前决策者和学术界关注的热点问题[3-4]。城市规划的编制不仅要充分考虑社会经济现状和未来的发展战略，而且也在很大程度上依据包括温度、降水量、辐射等气候条件在内的自然环境条件，因为气候条件是制定城市建设标准的重要依据[5]。

越来越多的研究表明，区域气候不仅取决于大气环流，而且深受土地利用/覆盖的影响[6-7]，其中包括城市化导致的地表覆盖由植被向建筑物和不透水面转变。城市化对天气和气候的典型影响之一是城市热岛效应[8]，即城区温度显著高于郊区，其原因主要有：人为排放废热、建筑物几何形状不利于反射太阳光、不透水面使得地表波纹比降低等。同时大量研究也发现城市化对降水量也有显著影响[9-10]，但是由于降水量物理机制的复杂性[11-12]，城市化对降水量的影响尚未发现广泛一致的规律。

因此，城市规划中城市建设标准的制定不仅要参考历史气象数据，而且有必要考虑未来城市化对温度和降水量的影响，特别是对暴雨强度的影响，因为暴雨强度是设计城市的防洪（涝）标准重要依据[13]，以使城市建设能够适应经城市化调节之后的气象条件。基于上述现实和科学背景，本书拟以典型降水量过程为研究对象，利用 Weather Research and Forecast（WRF）模式，通过集合模拟试验，模拟研究雄安新区城市化对降水量的影响，以期为雄安新区城市规划提供科学参考。

4.3.1 模式简介与试验设计

本书采用新一代的中尺度模式——美国国家大气研究中心（NCAR）组织研发的高级研究版 WRF 模式（Advanced Research WRF，V3.6）为模拟平台[14]。WRF 模式囊括了中尺度气象动力学、云微物理过程、边界层气象过程、陆面过程等区域天气/气候变化的关键过程。近年来，该模式被广泛应用于包括中国在内的区域相互作用研究，在模拟土地利用/覆盖变化的天气和气候效应方面表现出了较好的模拟性能[15-16]。

本书依据城市化水平差异进行了 3 组试验，其中一组试验（EXP0）采用 WRF 默认的土地利用数据，代表了 20 世纪 90 年代的土地利用/覆盖状态，雄县、容城、安新 3 县区域内城市面积百分比不足 10%，另外两组分别采用了中高城市发展情景，其对应的城市面积百分比依次为 40%和 80%（分别命名为 EXP40 和 EXP80）。为消除模式模拟的不确定性，每组试验内部进一步分为两个亚组，其区别是采用了不同的云微物理参数化方案，分别为 Mp6 方案和 Lin 方案；每个亚组又包括 10 个试验，其区别是采用不同的模拟初始化时间，依次为 1994 年 5 月 31 日—6 月 9 日每日的 0 点。因此，本书共进行了 60 个试验（3 组城市化水平×2 种云微物理参数化方案×10 个初始化时间=60 个试验）。

除了上述土地利用情景（数据）、云微物理参数化方案和模拟初始化时间外，这 60 个试验的其他设置完全相同。其中，模式中心点坐标（116ºE，39ºN）与雄安新区的区域中心基本一致，模式水平网格大小为 3 km×3 km，模拟区域网格数为 190（东西）×172（南北），大约为雄安新区面积的 147 倍，为研究雄安新区建设主导的土地利用/覆盖变化对区域天气和气候的影响提供了充足的空间范围（图 4-10）。模式垂直方向 39 层，模式顶层气压 10 hPa。侧边界采用指数松弛方案，缓冲区为 10 个网格，每 6 小时更新一次；侧边界及海冰、海温和初始土壤湿度数据均来自 NCEP2 再分析资料集。

模拟试验分别从 1994 年 5 月 31 日—6 月 9 日每日的 0 点初始化，统一至 1994 年 7 月 15 日 18 点终止。选择这一模拟时段的主要原因是 1994 年是该地区 1980—2016 年降水量最多的年份，且分别于 6 月 29 日和 7 月 12—13 日出现了较强的降水量过程，雄县气象站 24 小时降水量分别高达 55.1 mm 和 83.5 mm，是 1980—2016 年较强的两次降水量过程。

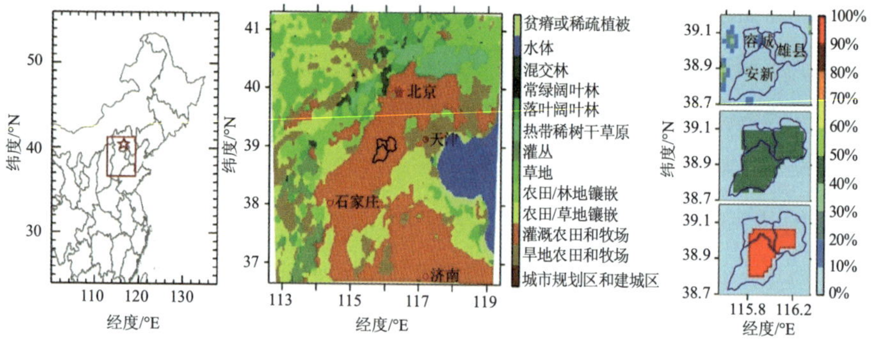

图 4-10　模拟区域范围（a）、WRF 默认的主导土地利用/覆盖类型（b）及雄安新区的城市面积百分率（c：WRF 默认数据；d 和 e 分别表示城市总面积为 40%和 80%的城市化情景）

另外，这 60 个试验采用的其他主要物理参数化方案完全相同，包括：Grell-Devenyi ensemble 积云对流方案[17]、CAM3 辐射方案[18]、YSU 边界层方案[19]、Noah 陆面过程方案[20]（含土地利用/覆盖的次网格化过程）和单层城市冠层参数化方案[21]。在这一参数化方案中，城市土地利用包括 3 类，分别是商业区、高密度住宅区和低密度住宅区。模型中 3 类城市土地利用的差异主要体现在建筑物高度、屋顶面积、人为热释放量等方面。鉴于雄安新区的规划尚在进行之中，根据目前已公开资料难以研判雄安新区 3 类城市土地利用的配置方案，并且本书设置的城市发展规模情景差异远大于 3 类城市土地利用之间的差异，因此本书采用了 WRF 模式的默认城市参数，将城市土地利用默认为高密度住宅区，默认建筑物平均高度 7.5 m，标准差为 3.0 m，建筑物和道路平均宽度均为 9.4 m，人为热释放量平均为 50 W/m^2，平均的反照率和发射率分别为 0.2 和 0.9。

4.3.2 控制试验与观测数据对比

如图 4-11 和图 4-12 所示，控制试验基本再现了观测的温度和降水量空间分布与时间变化。在空间分布方面，控制试验再现了暖舌自南向北入侵、西北部偏冷的温度空间分布特征，模拟与观测温度空间分布的相关系数为 0.9～0.91（p＜0.001）；再现了斜穿模拟区域总体呈西南—东北走向的强降水量带，模拟与观测降水量空间分布的相关系数为 0.76～0.83（p＜0.001）。并且，模拟与观测的温度、降水量数值相当，暖舌的温度大致为 26～30℃，强降水带的降水量强度为 12～15 mm/d。控制试验与观测数据均显示雄安新区位于暖舌的北端及强降水带之中。在时间变化方面，控制试验也基本再现了雄安新区温度先降后升、降水量增加的变化特征，并且再现了 7 月第 2 候和第 3 候的强降水过程，降水量强度为 10～40 mm/d。

但是，控制试验与观测的数值差异较大。就温度而言，控制试验模拟温度与观测温度的均方根误差为 1.6～1.9℃，模拟温度总体偏高，偏高幅度为 1～3℃，其中观测的暖舌温度为 26～28℃，而控制试验模拟的暖舌温度则为 27～30℃。模拟温度偏高的这一特征，在雄安新区平均温度的时间变化方面也有明显体现，如图 4-12 所示，6 月第 4 候—7 月第 3 候模拟温度始终高于观测温度，偏高 1～3℃。就降水量而言，控制试验模拟降水量与观测降水量的均方根误差为 3.4～3.6 mm/d，模拟降水量总体偏多，偏多幅度为 2～3 mm/d。在强降水带上，观测降水量约为 12 mm/d，而模拟降水量大多超过 12 mm/d，最大达 18 mm/d。这主要是由于模拟的 7 月第 2 候降水量偏多所致，如图 4-12 所示，雄安新区 7 月第 2 候的模拟降水量高达 30～40 mm/d，而观测仅约为 15 mm/d。

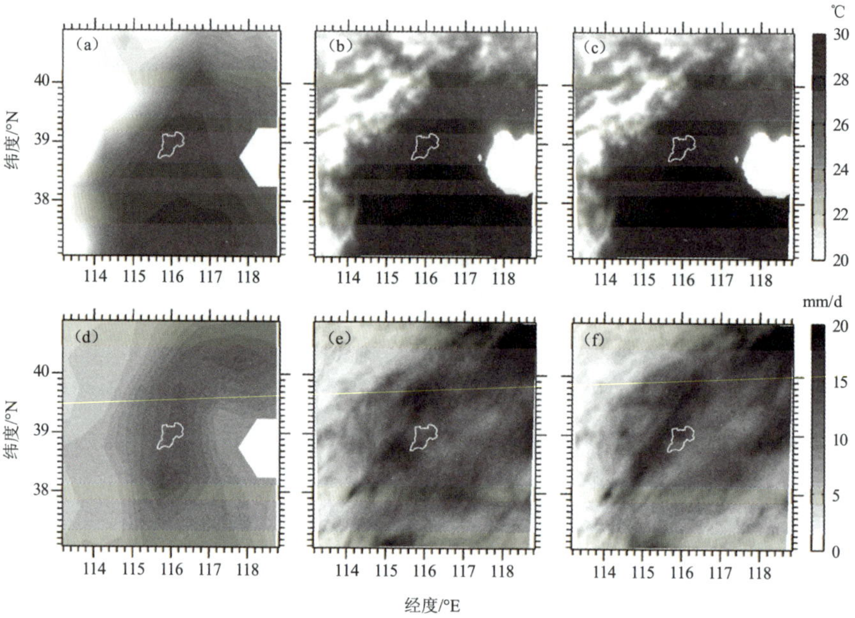

图 4-11 模拟与观测的 6 月 15 日—7 月 14 日平均温度（a，b，c）、降水量（d，e，f）的空间分布（观测：a，d；Mp2 模拟：b，e；Mp6 模拟：c，f；白色多边形为雄安新区边界线）

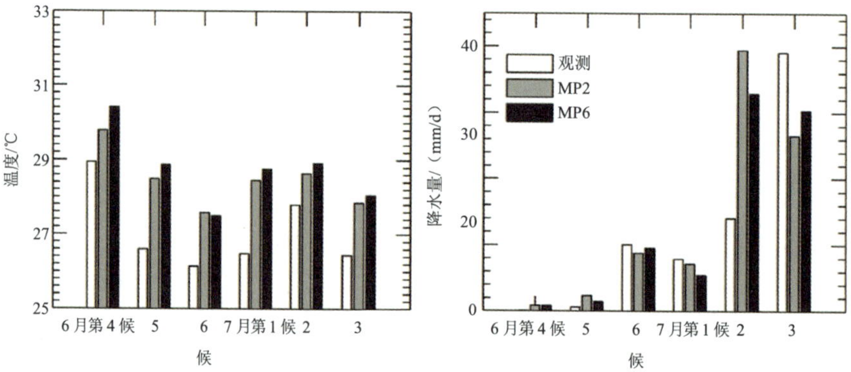

图 4-12 模拟与观测的雄安新区候平均温度和降水量的时间变化

根据此前的研究，气候模式模拟温度的误差一般以偏低为主，本书控制试验的模拟温度却偏高，其可能主要原因之一是模式中缺失农业灌溉。在模拟区域内，农业灌溉普遍存在。灌溉土地的土壤含水量高于非灌溉地，由此导致灌溉地的感热通量相对偏少，而潜热通量相对偏多，进而产生底层大气冷却效应，在黄淮海平原其致冷幅度为 1～2℃[22]. 另外，气候模式的动力学框架及其他物理参数化方案的影响也不容忽视。例如，本书的 Mp2 控制试验较 Mp6 控制试验模拟温度偏低 0.2～0.5℃，主要出现在南部的暖舌区域。降水量的误差一直是困扰气候模式的最大问题，究其原因在于降水量成因机制比较复杂，目前对降水量发生过程中的很多机制尚不清晰，特别是云微物理过程。就本书采用的 Mp2 与 Mp6 两种微物理过程而言，Mp2 控制试验较 Mp6 控制试验模拟降水量偏高约 5 mm/d，最高达 10 mm/d，其主要出现在南部地区，与 Mp2 试验模拟温度偏低是一致的。

4.3.3 新城区对温度的影响

图 4-13 展示了雄安新区建成前和建成后的温度和降水量变化。如图 4-13 所示，新区建成后，地面气温显著上升，且显著升温主要发生在新建城区及周边地区。升温幅度虽然因微物理过程参数化而异，但是差异甚微，影响升温幅度的主要因素是城市面积百分比，随着城区内建筑密度的增加，升温幅度也随之增加。在建成区面积占 40%的情景下，地面气温升高 0.1～0.4℃。在建成区占 80%的情景下，地面气温升高 0.5～0.8℃。一方面是因为城区建筑密度越高，人口密度越大，单位面积的人为热释放量也越大；另一方面，建筑密度增加，植被绿地面积则相应减少，蒸发冷却作用被削弱，并且硬化的陆面和墙体更容易吸收太阳辐射。如图 4-13 所示，随着城市面积比例增加，地表感热通量大幅增加。在建成区面积占 40%的情景下，地表感热通量大约增加了 20 W/m^2；在建成区面积占 80%的情景下，地表感热通量增幅高达约 50 W/m^2。

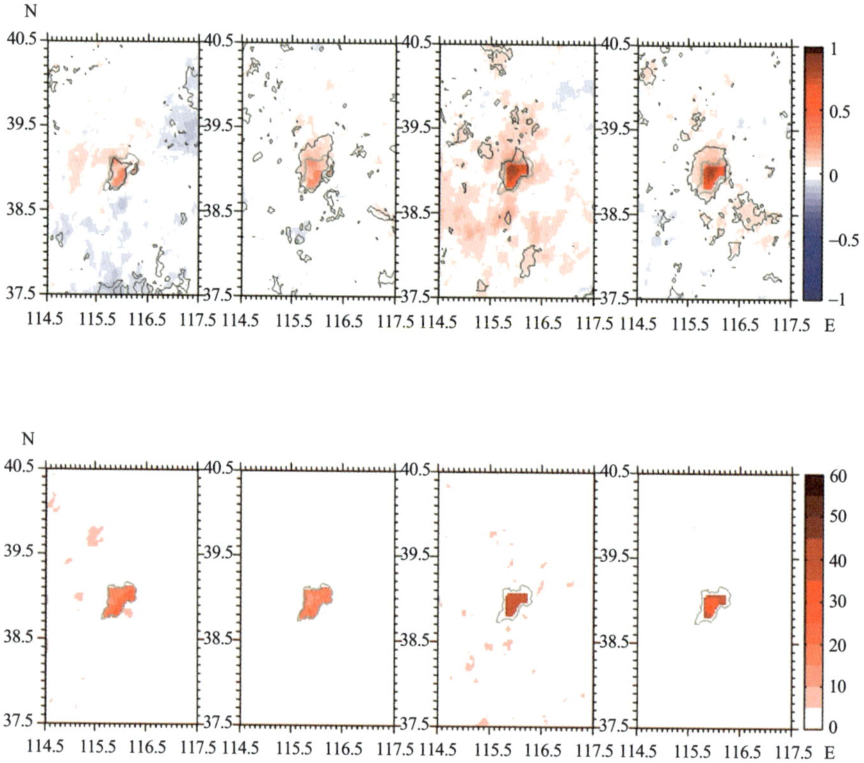

图 4-13 不同城市发展情景（建城区占区域总面积的 40%和 80%）驱动下 10 个试验集合模拟的地面气温（上图）和感热通量（下图）变化（上图中黑色实线表示显著变化区域；灰色粗线表示雄安新区边界）

并且通过对比温度变化与感热变化的空间分布可以看出，感热变化仅仅出现在城市区域，而温度变化的区域范围不仅限于新建城区，其周边地区温度也出现不同程度的显著升高，其中对城区以北毗邻地区影响较为显著。虽然，在城市建设规模相同情景下，显著升温的范围因微物理过程参数而异，但是在任一微物理过程参数化方案下，显著升温的区域范围随着新建城区面积比例的增加而增加，并且新增显著升温区域主要出现在城区南、北毗邻地区，这与该地区夏季盛行南风有密切关系。这一结果表明城市建设导致的显著升温区域范围虽有一定不确定性，但基本可以确定，由于其显著升温不仅出现在当地，而且扩展至周边地区，特别是南北方向的长方形区域。

在垂直方向上，近地层升温幅度最大，越往高层，升温幅度越小，在850～900 hPa（相当于 1 000～1 500 m）处，升温接近于零，该高度与边界层高度大致相当（图 4-14）。这意味着由地表城市化导致的升温主要出现在近地层，至边界层顶部，升温幅度接近于零。但是，不同的微物理参数化方案升温幅度有一定差异。Lin 参数化方案下，温度变化对城市面积百分比响应较为敏感，在 40%的城市面积情景下，上升至约 975 hPa（相当于 250 m）处，城市化导致的变暖信号就消失了，转而被变冷信号代替。在 80%的城市面积情景下，变暖信号一直维持到 800 hPa（相当于 2 000 m）的高度。而 Mp6 参数化方案下，两种城市面积百分比情景下，温度变化几乎相同。

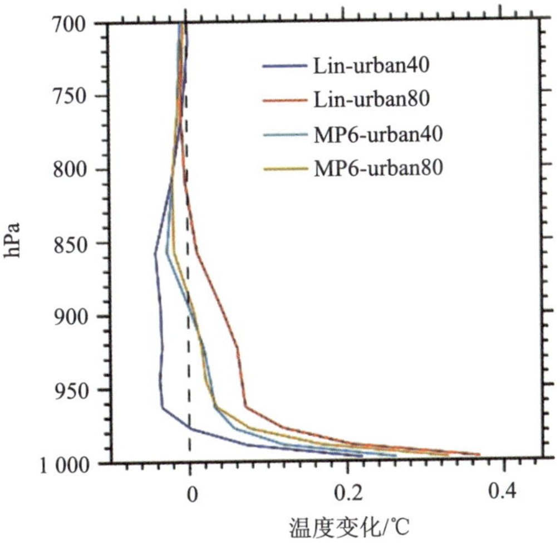

图 4-14　不同城市发展情景驱动下雄安新区平均温度变化廓线

4.3.4 新城区对降水量的影响

在 40%和 80%两种城市面积比例情景下，新建城区对当地降水量影响甚微，而对其西南和东北方向的降水量有较为明显的影响（图 4-15）。在 Lin 方案下，建成区面积占 40%时，由城区向东北方向，降水量先小幅减少，再明显增加，增加幅度为 3～5 mm/d。当建成区面积增至 80%时，城区东北的降水量减少幅度明显增加，增至约 5 mm/d，同时降水量增加的区域范围明显扩大。在 Mp6 方案下，降水量变化格局与 Lin 方案基本一致，也是自城区向东北方向先减少后增加，并且变化幅度也是随着建成区面积增加而增加。不同之处在于 Mp6 方案下城区东北方向的降水量减少幅度大于降水量增加幅度。由此来看，不同微物理参数化方案下模拟的新建城区导致的降水量变化幅度尚有一定差异，但是自城区向东北方向先减少后增加的降水量变化格局是基本稳定的，并且随着建成区面积增加，降水量变化幅度加大。

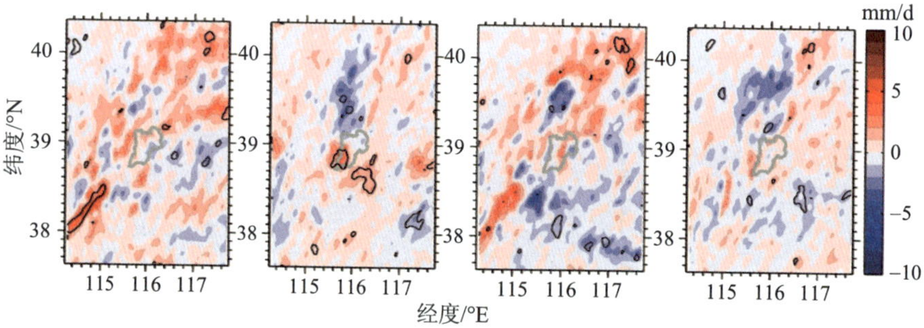

图 4-15　雄安新区不同城市发展情景（urban40 和 urban80：城市面积占区域总面积的 40%和 80%）下的降水量变化（黑色实线表示 10 个模拟试验中不少于 8 个模拟试验的变化符号一致，表征模拟结果的稳定性较高；灰色粗线多边形表示雄安新区边界）

上述分析结果表明，雄安新区城市建设对区域温度和降水量将产生一定的影响。对温度的影响主要表现为城市热岛效应，局地升温幅度可达1℃；并且，对建成区以北毗邻地区也造成一定的升温效应。对降水量的影响主要表现为建成区以北地区降水量增、减各异，其中城区以北毗邻地区的降水量略有减少，远离城区地区的降水量则略有增加。这意味着，雄安新区建筑规划需要考虑建成区对气候条件的反馈作用，充分考虑新城区未来的城市气候特征。

当然，由于气候模式能力所限，以及模拟所需环境参数的可获取性的限制，本模拟试验还有较大的不确定性，特别是对降水量的模拟方面。尽管本书采用了本领域通用的不同物理过程参数化、不同初始条件下的集合模拟技术，但是模拟结果的不确定性仍不可忽视。如何降低模拟的不确定性也是我们将来努力的方向。另外，本书模拟的对象是1994年6月15日—7月14日的气候条件，是在这一时期大尺度环流变化下城市发展对温度和降水量的影响。根据目前的研究结果，大尺度环流条件的变化有可能影响下垫面气候效应。因而，为了更充分地认识雄安新区建设对气候条件的影响，还需要做大量的模拟试验，尽可能地囊括各类不同的大尺度环流特征。

参考文献

[1] 葛全胜，董晓峰，毛其智，等. 雄安新区：如何建成生态与创新之都[J]. 地理研究，2018，37（5）：849-869.

[2] 孟广文，金凤君，李国平，等. 雄安新区：地理学面临的机遇与挑战[J]. 地理研究，2017，36（6）：1003-1013.

[3] 葛全胜，杨林生，金凤君，等. 雄安新区资源环境承载力评价和调控提升研究[J]. 中国科学院院刊，2017（11）：1206-1215.

[4] 李兰冰，郭琪，吕程. 雄安新区与京津冀世界级城市群建设[J]. 南开学报（哲学社会科学版），2017（4）：22-31.

[5] 张文忠. 宜居城市建设的核心框架[J]. 地理研究，2016，35（2）：205-213.

[6] Salazar A，Baldi G，Hirota M，et al. Land use and land cover change impacts on the regional climate of non-Amazonian South America：A review. Global and Planetary Change，2015，128：103-119.

[7] Zhang X L，Xiong Z，Zhang X Z，et al. Using multi-model ensembles to improve the simulated effects of land use/cover change on temperature：a case study over northeast China[J]. Climate Dynamics，2016，46（3-4）：765-778.

[8] 寿亦萱，张大林. 城市热岛效应的研究进展与展望[J]. 气象学报，2012，70（3）：338-353.

[9] Wang J，Feng J M，Yan Z W. Impact of Extensive Urbanization on Summertime Rainfall in the Beijing Region and the Role of Local Precipitation Recycling[J]. Journal of Geophysical Research：Atmospheres，2018，123（7）：3323-3340.

[10] Song X M，Zhang J Y，AghaKouchak A，et al. Rapid urbanization and changes in spatiotemporal characteristics of precipitation in Beijing metropolitan area[J]. Journal of Geophysical Research：Atmospheres，2014，119（19）：11250-11271.

[11] 胡庆芳，张建云，王银堂，等. 城市化对降水影响的研究综述[J]. 水科学进展，2018，29（1）：138-150.

[12] Kusaka H，Nawata K，Suzuki-Parker A，et al. Mechanism of Precipitation Increase with Urbanization in Tokyo as Revealed by Ensemble Climate Simulations[J]. Journal of Applied Meteorology and Climatology，2014，53（4）：824-839.

[13] 彭建，魏海，武文欢，等. 基于土地利用变化情景的城市暴雨洪涝灾害风险评估——以深圳市茅洲河流域为例[J]. 生态学报，2018，38（11）.

[14] Skamarock WC，Klemo JB，Dudhia J，et al. A Description of the Advanced Research WRF Version 3[J]. Technical Note，NCAR/ TN-475+STR，2008，125.

[15] 张宏文，张学珍，张丽娟. WRF 模拟的 1980—2000 年中国东北农业开发对气候的影响[J]. 地理研究，2015，34（10）：1853-1863.

[16] 李侠祥，张学珍，张丽娟，等. 中国东部土地利用/覆盖变化对夏季降水影响的不稳定性研究[J]. 地理研究，2017，36（7）：1233-1244.

[17] Grell GA，Devenyi D. A generalized approach to parameterizing convection combining ensemble and data assimilation techniques[J]. Geophysical Research Letters，2002，29：1693.

[18] Collins WD，Rasch PJ，Boville BA，et al. Description of the NCAR Community Atmosphere Model（CAM 3.0）. NCAR Tech. Note NCAR/TN-464+STR，214 pp.，National Centre for Atmospheric Research，Boulder，2004.

[19] Hong S-Y，pan H-L. Nonlocal boundary layer vertical diffusion in a medium-range forecast model[J]. Monthly Weather Review，1996，124：2322-2339.

[20] Chen F，Dudhia J. Coupling an advanced land surface-hydrology model with the penn State-NCAR MM5 modeling system. part I：model implementation and sensitivity[J]. Journal of Climate，2001，129：569-585.

[21] Martilli A，Clappier A，Potach M，An urban surface exchange parameterization for mesoscale modesl[J]. Boundary Layer Meteorology，2002，104：261-304.

[22] Zhang X，Tang Q，Zheng J，Ge Q. Warming/cooling effects of cropland greenness changes during 1982-2006 in the North China plain[J]. Environ. Res. Lett，2013，8：024038.

参考文献

[1] 杨涛，朱博文，等. 对农村耕地抛荒现象的透视[J]. 中国人口·资源与环境，2002，12（2）：133-134.

[2] 田国军，李秀彬，马国霞，等. 劳动力析出对生态脆弱区耕地撂荒的影响[J]. 中国土地科学，2010，24（7）：4-9.

[3] 定光平，刘成武，黄利民. 惠农政策下丘陵山区弃地边际化的理论分析与实证：以湖北省通城县为例[J]. 地理研究，2009，28（1）：109-117.

[4] 熊祥强，沈燕，廖和平. 农村土地抛荒问题的调查与分析——以重庆市忠县三汇镇为例[J]. 安徽农业科学，2006，34（11）：2536-2538.

[5] 陈柚明，魏文均，李建平. 重庆市渝北区农村土地撂荒情况调查及对策[J]. 南方农业，2015，9（19）：41-63.

[6] 辜夕尹. 农村土地撂荒情况原因及对策[J]. 农家科技，2002，10：8-9.

[7] 李赞红，阎建忠，花晓波，等. 不同类型农户撂荒及其影响因素研究——以重庆市 12 个典型村为例[J]. 地理研究，2014，33（4）：721-734.

[8] 雷锟，阎建忠，何威风. 基于农户尺度的山区耕地撂荒影响因素分析[J]. 西南大学学报（自然科学版），2016，38（7）：149-157.

[9] 许洪富. 秀山县农村耕地撂荒现状及对策[J]. 现代农业科技，2016，9：345-346.

[10] 吴应瑛. 秀山县耕地撂荒原因及解决途径[J]. 南方农业，2012，6（8）：54-57.

[11] 吴远春，马艳妮，黄勇，等. 秀山县膏田镇农村耕地撂荒现状及对策[J]. 现代农业科技，2014，7：343-344.

[12] 张英，李秀彬，宋伟，等. 重庆市武隆县农地流转下农业劳动力对耕地撂荒的不

同尺度影响[J]. 地理科学进展，2014，33（4）：552-560.

[13] 蒋昌禄. 渝东北山区耕地撂荒归因及对策[J]. 南方农业，2015，9（13）：49-53.

[14] 蒋廷科. 解决农村耕地撂荒现象的思考[J]. 农村经济，1998，7：7-8.

[15] 邵景安，张仕超，李秀彬. 山区耕地边际化特征及其动因与政策含义[J]. 地理学报，2014，69（2）：227-242.

[16] 谭术魁. 农民为何撂荒耕地[J]. 中国土地科学，2001，5：34-39.

[17] 杨晓玲. 土地撂荒的现状、成因与对策[J]. 重庆职业技术学院学报，2004，2：104-127.

[18] 刁官玉，杨晓玲. 土地撂荒的现状成因及对策[J]. 重庆行政，2003，6：43-45.

[19] 郑泽洪. 重庆市江津区支坪镇撂荒地形成的原因及其治理措施[J]. 安徽农学通报，2016，22（7）：11-12.

[20] 郑财贵，邱道持，叶公强，等. 基于 GIS 空间分析的撂荒地空间分布特征研究——以重庆市璧山县大路镇为例[J]. 农机化研究，2010，32（3）：31-36.

[21] 罗正富，陈有模. 中央再三强调加强农业　这里耕地还在撂荒[J]. 粮食问题研究，1996，2：52-53.

[22] 范远江，郎永建. 改善库区农户抛荒耕地行为对策研究——以重庆万州区为例[J]. 生产力研究，2010，11：162-163.

[23] 龚成才. 关于耕地转包、抛荒问题研究——对长寿县 5731 个农户的调查与思考[J]. 农村经济，1994，7：27-29.

[24] 谭术魁，彭艳丽. 对湖北省部分县市耕地撂荒现状及规避措施的调查[J]. 国土经济，2003，3：37-40.

[25] 程晓兵，方银来. 我国农村耕地撂荒原因及对策研究[J]. 现代农业科技，2015，10：343-345.

[26] 祝友胜. 武汉市耕地撂荒问题得到初步控制[J]. 统计与决策，1993，5：40-41.

[27] 钟云海，赵昌美，卢德喜，等. 处理好农村弃耕撂荒问题[J]. 农村财政与财务，2000，7：9-10.

[28] 刘天运，金从书. 农民弃耕现象透视[J]. 统计与决策，2001，9：44.

[29] 黄其正. 如何看待农民弃耕现象[J]. 中外房地产导报，2001，10：12.

[30] 张晓超. 农村耕地抛荒的治理与制度完善[J]. 中国集体经济，2016，1：19-20.

[31] 吴立峰. 耕地抛荒现象透视[J]. 统计与决策，2001，7：43.

[32] 鲁德银. 耕地撂荒的调查与思考[J]. 农村经济，2002，4：14-16.

[33] 周静，刘勤. 农地抛荒的再阐释与管理创新研究[J]. 改革与战略，2016，32（3）：78-80.

[34] 蒋育林，付春雷，霍华. 长阳县耕地抛荒严重. 中国统计，2009，3：42-43.

[35] 别彩妍，李天麒. 农村承包土地撂荒问题研究——以宁夏隆德县为例[J]. 南方农村，2013，29（7）：36-51.

[36] 刘和俊. 农村耕地撂荒问题透视[J]. 农村经营管理，2014，7：24-25.

[37] 曾庆亮. 浅析开江县耕地撂荒的原因及对策建议[J]. 四川农业与农机，2014，1：22-23.

[38] 蒲春玲. 浅谈江石乡农村土地撂荒现状与措施探究[J]. 农村经济与科技，2016，27（24）：11-15.

[39] 文华成. 四川丘区农村耕地撂荒问题研究[J]. 农村经济，2003，10：18-20.

[40] 王玲. 边远山区解决土地撂荒的对策与思考[J]. 北京农业，2009，25：4-5.

[41] 王毅，何映舟. 平昌县耕地撂荒问题分析及对策措施[J]. 四川农业科技，2007，10：14-15.

[42] 程凤翔. 对武胜县耕地撂荒的调查与思考[J]. 四川农业科技，2008，8：21-22.

[43] 庾莉萍. 从“命根子”到“弃如敝屣”——探讨我国土地撂荒问题及解决办法[J]. 资源与人居环境，2008，15：18-21.

[44] 刘吕权. 利用撂荒土地做文章[J]. 农村经营管理，2010，5：26-27.

[45] 冯彬. 资中县撂荒耕地现状及对策[J]. 四川林勘设计，2014，3：28-30.

[46] 周丽娟，冉瑞平，林武阳，等. 农户耕地撂荒影响因素研究——基于宜宾市南溪区 158 户农户的调查[J]. 农村经济，2014，4：46-50.

[47] 钟顺清，黄恩齐，邹兴才，等. 农村耕地撂荒现象剖析及解决办法[J]. 四川农业

科技，2013，9：56-58.

[48] 荣西武，鲍家伟. 农村耕地撂荒问题不容忽视——来自四川省阆中市的调查[J]. 中国经贸导刊，2015，12：37-39.

[49] 胡东升. 关于农民弃耕撂荒和粗放经营现象的调查与思考[J]. 中共乐山市委党校学报，2000，6：22.

[50] 王泽模，徐超，潘丽，等. 耕地撂荒的深层次原因分析及对策[J]. 农业开发与装备，2016，6：89.

[51] 梁琳. 贫困山区土地抛荒问题的调查与分析——以四川省旺苍乡县福庆乡为例[J]. 改革与开放，2009，8：114.

[52] 曾德平. 遏制农地撂荒 实现农业和谐发展[J]. 科技咨询导报，2007，29：191-192.

[53] 曹飞. 辩证看待农村耕地抛荒——以桂阳县为例[J]. 岭南学刊，2003，2：77-80.

[54] 贺文华. 农村土地抛荒研究[J]. 衡阳师范学院学报，2004，5：35-37.

[55] 周建设. 资源型农村应在解决耕地抛荒问题上率先作为——以湖南省冷水江市中连乡为例[J]. 湖南人文科技学院学报，2010，1：17-20.

[56] 姜保国，刘珊，雷贵，等. 关于我国土地撂荒现状的思考——基于对武陵山片区土地撂荒的调查分析[J]. 今日中国论坛，2013，17：52-56.

[57] 易天佑，申海洋. 湖南省农民弃耕撂荒情况的调查与思考[J]. 农村合作经济经营管理，1999，3：40-42.

[58] 张东轩. 关于耒阳市耕地抛荒问题的思考[J]. 湖南农业科学，2008，6：136-139.

[59] 文锦菊，李跃军，吴胜锋. 关于永州市耕地抛荒情况的调查研究[J]. 湖南行政学院学报，2012，5：66-71.

[60] 莫警. 对当前农村耕地大面积撂荒现象的思考[J]. 企业家天地下半月刊（理论版），2008，1：166-167.

[61] 田惠平. 敢叫荒芜变绿洲——慈利县龙潭河耕地抛荒治理模式调查[J]. 中国农业信息，2016，19：41.

[62] 卿秋艳. 农村土地抛荒问题影响因素及对策探讨——基于湖南郴州龙海村的调查[J].

山东农业大学学报（社会科学版），2010，12（2）：50-54.

[63] 何卓成. 对当前农民“弃耕”现象的调查与思考[J]. 中国农村经济，1993，6：57-59.

[64] 黄建强，李录堂. 从农村劳动力视角探析耕地抛荒行为——基于会同县农村的实证研究[J]. 北京理工大学学报（社会科学版），2009，11（6）：42-47.

[65] 马清欣，何三林. 对当前农村耕地撂荒和耕地质量下降问题的探讨[J]. 中国农业资源与区划，2002，4：22-24.

[66] 李克虎，朱树林，周德荣，等. 寿县地区土地抛荒的原因及对策[J]. 安徽农学通报，2000，6：51-52.

[67] 安徽省农村社会经济调查队课题组. 耕地抛荒的现象与本质——安徽省农村耕地抛荒调查[J]. 调研世界，2001，12：19-21.

[68] 梁剑. 关注耕地抛荒 引导耕地流转[J]. 中国粮食经济，2004，9：49-50.

[69] 曹志宏，郝晋珉，梁流涛. 农户耕地撂荒行为经济分析与策略研究[J]. 农业技术经济，2008，3：43-46.

[70] 王文彬，赵海云. 我国粮食大市耕地撂荒问题研究——以安徽省亳州市为例[J]. 市场研究，2013，6：28-29.

[71] 陈爱国，李鹏. 肥东县耕地抛荒现象调查[J]. 安徽农学通报，2014，20（9）：1-5.

[72] 詹琳. 农村土地抛荒问题探析[J]. 湖北农业科学，2010，49（7）：1752-1754.

[73] 徐萌. 农村土地抛荒原因探析[J]. 现代农业科技，2007，2：119-120.

[74] 张进伍. 定远农民重耕抛荒田[J]. 中国老区建设，2002，7：51.

[75] 代春燕，恭元芳. 曲靖市农村土地撂荒现象的原因及对策分析[J]. 学理论，2016，6：15-16.

[76] 张炳林. 龙岩市耕地撂荒情况调查[J]. 现代农业科技，2007，14：233-234.

[77] 罗胜奎. 永定县耕地抛荒成因分析与解决对策[J]. 福建农业科技，2008，3：88-89.

[78] 张开荣. 这里农村为什么弃地抛荒?[J]. 中国老区建设，2003，8：56.

[79] 谢启庚，肖端亮，伍启忠. 将乐县耕地抛荒现状调查及解决途径[J]. 福建水土保

持，2002，2：44-46.

[80] 纪永茂. 城郊耕地抛荒的成因及对策——后坂村耕地使用的调查与思考[J]. 农村经济与社会，1994，5：31-34.

[81] 王温鑫. 闽东沿海丘陵山区土地抛荒现象的初步考察——基于福建省霞浦县崇儒乡的个案分析[J]. 安徽农业科学，2015，43（7）：318-320.

[82] 伊梅英. 松溪县耕地抛荒的原因及对策[J]. 现代农业科技，2014，18：330-331.

[83] 马永锋. 探讨耕地撂荒问题成因及其对策[J]. 中国集体经济，2013，7：9-10.

[84] 常连余，李天科. 静宁县农村耕地撂荒情况的调查与思考[J]. 农业开发与装备，2014，8：21-22.

[85] 张文华，马国林，董京宏. 通渭县撂荒地的形成原因与解决办法[J]. 农业科技与信息，2015，20：24-25.

[86] 效淑荣. 安定区农村土地撂荒、流转现状调研及对策[J]. 企业导报，2016，2：70-72.

[87] 林小凤. 陇西县土地撂荒现状及对策[J]. 农业科技与信息，2015，2：112-113.

[88] 王军强，蒋李庆，李丽萍，等. 农村土地撂荒现状调查分析——以榆中县高崖镇为例[J]. 农业科技与信息，2016，35：24-25.

[89] 王亚平. 礼县农村土地撂荒和流转情况的调查[J]. 发展•调查研究，2014，8：48.

[90] 桑广书，欧玉婷，陈烨. 浙江非农经济发达地区耕地撂荒问题分析——以余姚市低塘街道为例[J]. 安徽农业科学，2007，5：1459-1463.

[91] 冯建平. 关于大横渡村耕地抛荒问题的调查[J]. 中国乡镇企业，2012，1：84-85.

[92] 徐明华，颜金云. 浙江省温岭市农村耕地抛荒情况的调查[J]. 浙江教育科学，2005，4：8-11.

[93] 牛继强，林昊，牛樱楠，等. 经济欠发达地区撂荒耕地空间格局与驱动因素分析[J]. 农业机械学报，2017，48（2）：141-149.

[94] 邢成举. 新土地抛荒现象值得关注[J]. 中国老区建设，2011，6：30-31.

[95] 张小红，李强. 农田撂荒问题应引起高度重视[J]. 协商论坛，2001，8：22.

[96] 田玉军，李秀彬，马国霞，等. 劳动力析出对生态脆弱区耕地撂荒的影响[J]. 中国土地科学，2010，24（7）：4-9.

[97] 梁逢超. 阳城县耕地撂荒情况与思考[J]. 农业技术与装备，2014，20：57-61.

[98] 王云平，郭青霞，师学义，等. 陵川县耕地撂荒问题及对策的研究[J]. 山西农业大学学报，1999，2：42-44.

[99] 解晓悦，赵月红. 耕地有效流转的必要性及其途径——对孝义市驿马乡耕地撂荒的思考[J]. 山西农业大学学报，1997，3：73-96.

[100] 黄杰，黎英明，姜晓璇. 西部民族地区农村抛荒土地的流转研究——以广西百色市田东县平马镇与桂林市阳朔县阳朔镇为例[J]. 法治与社会，2016，7：262-263.

[101] 向志伟，郭巧云. 玉屏县耕地撂荒的成因及对策[J]. 现代农业，2016，7：67-68.

[102] 鲁静芳，李孔敏，陈泫月. 农村土地抛荒的原因及对策研究——基于贵州省旧村的实证分析[J]. 管理观察，2016，27：32-34.

[103] 胡百钧，唐品龙，王群. 农村耕地撂荒的解决办法与对策[J]. 江西农业经济，1997，5：63.

[104] 徐勋元，王丽娟. 瑞昌市农村耕地抛荒成因及对策[J]. 江西农业学报，2008，20（11）：171-175.

[105] 薛宝全. 汉中市汉台区农村耕地撂荒成因分析及对策[J]. 安徽农业科学，2017，45（27）：243-250.

[106] 宋世雄，梁小英，梅亚军，等. 基于 CBDI 的农户耕地撂荒行为模型构建及模拟研究——以陕西省米脂县冯阳坬村为例[J]. 自然资源学报，2016，31（11）：1926-1937.

[107] 杜文文，行怀勇，王令华. 山东庆云县农村耕地撂荒问题调查研究[J]. 农村经济与科技，2015，26（11）：25-27.

[108] 常振亮，陈军林. 对农村土地撂荒问题的调查[J]. 农村牧区机械化，1995，2：43-44.

[109] 甘龙，吴梅，李琳，等. 民益村耕地抛荒的原因及对策[J/OL]. 南方农业，2016，32：2017-08-26. http：//kns. cnki. net/kcms/detail/50. 1186. S. 20170826. 1356. 038.

html. DOI：10. 19415/j. cnki. 1673-890x. 2016. 32. 058.

[110] 刘海棠，李莉. 西部民族地区耕地撂荒现象剖析及解决途径——以青海省大通县为例[J]. 农业开发与装备，2016，9：66-91.

[111] 成金秀. 大通县浅脑山耕地荒芜的调查与思考[J]. 农村经济与科技，2013，24（8）：54-55.

[112] 浙江省统计信息网：http://tjj.zj.gov.cn/tjsj/tjnj/DesktopModules/Reports/14.%E6%B5%99%E6%B1%9F%E7%BB%9F%E8%AE%A1%E5%B9%B4%E9%89%B42017/indexch.htm.

[113] 福建省统计局：http://www.stats-fj.gov.cn/tongjinianjian/dz2017/index-cn.htm.

[114] 安徽省统计局：http://www.ahtjj.gov.cn/tjjweb/web/tjnj_view.jsp?strColId= 13787135717978521&_index=1.

[115] 江西省统计局：http://www.jxstj.gov.cn/resource/nj/2016CD/indexch.htm.

[116] 湖北省统计局：http://www.stats-hb.gov.cn/.

[117] 湖南省统计局：http://data.hntj.gov.cn/sjfb/tjnj/16tjnj/indexch.htm.

[118] 四川省统计局：http://www.sc.stats.gov.cn/tjcbw/tjnj/2016/zk/indexch.htm.

[119] 重庆统计信息网：http://www.cqtj.gov.cn/tjnj/2017/indexch.htm.

[120] 贵州省统计局：http://www.gz.stats.gov.cn/tjsj_35719/sjcx_35720/gztjnj_40112/2017/201711/t20171113_2970018.html.

[121] 第五次人口普查数据：http://www.stats.gov.cn/tjsj/pcsj/rkpc/5rp/index.htm.

[122] 第六次人口普查数据：http://www.stats.gov.cn/tjsj/pcsj/rkpc/6rp/indexch.htm.

[123] 国家统计局. 中国统计年鉴[M]. 北京：中国统计出版社，1991.

[124] 中华人民共和国农业部. 新中国农业 60 年统计资料[M]. 北京：中国农业出版社，2009：144-146.

[125] 中国农业年鉴编辑委员会. 中国农业年鉴[M]. 北京：中国农业出版社，1996—1993.

[126] 中国农业年鉴编辑委员会. 中国农业年鉴[M]. 北京：中国农业出版社，2008—2009.

[127] 中国农业年鉴编辑委员会. 中国农业年鉴[M]. 北京：中国农业出版社，2014.

[128] 中国农业年鉴编辑委员会. 中国农业年鉴[M]. 北京：中国农业出版社，2016.

[129] 中华人民共和国国土资源年鉴编辑部. 中国国土资源年鉴[M]. 北京：中华人民共和国国土资源部，2001—2000.